高等学校规划教材

综合化学创新实验

叶艳青　黄　超　熊华斌　陈名红　主编

化学工业出版社

·北京·

内容简介

《综合化学创新实验》以云南特色资源为教学素材、融入现代化学研究方法、结合教师多年科研成果编写而成，在巩固学生基本理论知识和基本实验操作技能的基础上，引入新实验方法和新知识点，拓宽学生知识面，进一步提高学生综合运用理论知识和实验操作技能、分析问题和解决实际问题的能力，强调以专业知识揭示区域特色资源的化学本质，以专业技能实验探索其中的化学问题，全面培养学生科学思维能力和创新意识，为未来区域资源开发利用打下坚实的基础。本书内容主要涉及分子和材料的合成、分离分析、性能测定及应用等，具有综合性、新颖性和实用性等特点。

《综合化学创新实验》适合综合性大学和师范类院校化学、应用化学、化工、材料、能源等对化学要求较高的专业的学生和教师使用。

图书在版编目（CIP）数据

综合化学创新实验/叶艳青等主编．—北京：化学工业出版社，2021.9

高等学校规划教材

ISBN 978-7-122-40037-6

Ⅰ.①综…　Ⅱ.①叶…　Ⅲ.①化学实验-高等学校-教材　Ⅳ.①O6-3

中国版本图书馆CIP数据核字（2021）第203707号

责任编辑：褚红喜　宋林青

责任校对：王佳伟　　　　装帧设计：刘丽华

出版发行：化学工业出版社（北京市东城区青年湖南街13号　邮政编码100011）

印　　装：涿州市般润文化传播有限公司

787mm×1092mm　1/16　印张12　字数273千字　　2021年9月北京第1版第1次印刷

购书咨询：010-64518888　　　　售后服务：010-64518899

网　　址：http://www.cip.com.cn

凡购买本书，如有缺损质量问题，本社销售中心负责调换。

定　　价：32.00元

《综合化学创新实验》编写人员

主　编　叶艳青　黄超　熊华斌　陈名红

编　者（按姓氏笔画排序）

马林转　马钰璐　王红斌　王凯民　叶艳青　白　玮

向明武　刘晨辉　李宏利　杨丽娟　杨海英　汪正良

张艳丽　陈名红　周　强　周永云　庞鹏飞　段开娇

袁明龙　夏丽红　夏福婷　高　磊　郭俊明　唐怀军

黄　超　蒋　琳　熊华斌　樊保敏

前言

化学是一门实验性很强的科学。已故著名化学教育家戴安邦教授曾指出："全面的化学教育要求化学教学不仅传授化学知识和技术，更训练科学方法和思维，还培养科学品德和精神。"化学实验室是实施全面化学教育最有效的场所，因为化学实验教学不仅可以培养学生的动手能力，而且也是培养学生严谨的科学态度、严密科学的逻辑思维方法和实事求是的优良品德的最有效形式；同时更是培养学生创新意识、创新精神和创新能力的重要环节。

因材施教、学以致用一直是化学实验教学的目的，但实际教学与生产生活存在脱离现象，亟需与生产生活实际融合的化学实验内容，以达到人才培养、服务地方经济的目的。《综合化学创新实验》是以云南特色优质资源为实验选材而编写出版的，全书分为区域特色化学、植物药物化学、有色金属矿产化学、绿色先进材料化学和现代技术化学应用五个章节，共计设置 45 个实验项目，代表性地反映了云南特色优质资源的独特优势以及云南民族大学化学与环境学院教师的科研成果。

云南省素有"动物王国""植物王国""有色金属王国"和"生物基因库"的美誉。它是全国植物种类最多的省份，涵盖热带、亚热带、温带甚至寒带的植物品种。在全国约 3 万种高等植物中，云南占 60%以上。此外，药材、花卉、香料、菌类的种类也位居全国之首，享有"药物宝库""香料之乡"之称。云南省多种矿产储量居全国前列，其中锡、铟、镉、钽、铍等 8 种矿产储量居全国首位，其优势及重要矿产为铅、锌、锡、铜、钨、金、银、磷、锗、铟、钛、煤、铁、铝土矿、锰、镍、钼、岩盐。

本书着力于突出两个特色。其一是突出地方特色。实验选材主要以云南当地特色、优势、优质资源为主。其二是突出实用特色。在编写本书时，在努力提高其学术价值的同时，特别注意突出实验教学应用的特点，在每个实验项目中，除了介绍实验原理、实验步骤等常规内容外，还选择了该项目的实验选材作为背景知识加以介绍，为读者提供更多的参考，更好地全面指导实验教学。这对于扩大云南特色优质资源的开发利用，提高其应用价值，具有重要的意义。

本书由叶艳青、黄超、刘晨辉、陈名红、熊华斌负责策划、编写、编排、审订及最后的统稿、复核工作。参加本教材编写的还有云南民族大学化学与环境学院的樊保敏、周永云、周强、王凯民、段开娇、白玮、向明武、杨海英、杨丽娟、汪正良、张艳丽、庞鹏飞、高磊、袁明龙、夏福婷、王红斌、马林转、马钰璐、李宏利、郭俊明、唐怀军、夏丽红、蒋琳老师。

本书在编写过程中得到了学校、学院领导及许多教师的无私帮助，也得到了云南民族大学化学学科建设经费的资助。在此一并表示衷心的感谢。

由于编者水平所限，书中疏漏和不当之处在所难免，恳请读者批评指正。

编者

2021 年 4 月

目录

第一章　区域特色化学 / 001

第二章　植物药物化学 / 050

第三章　有色金属矿产化学 / 097

第四章　绿色先进材料化学 / 122

第五章　现代技术化学应用 / 146

附录 / 179

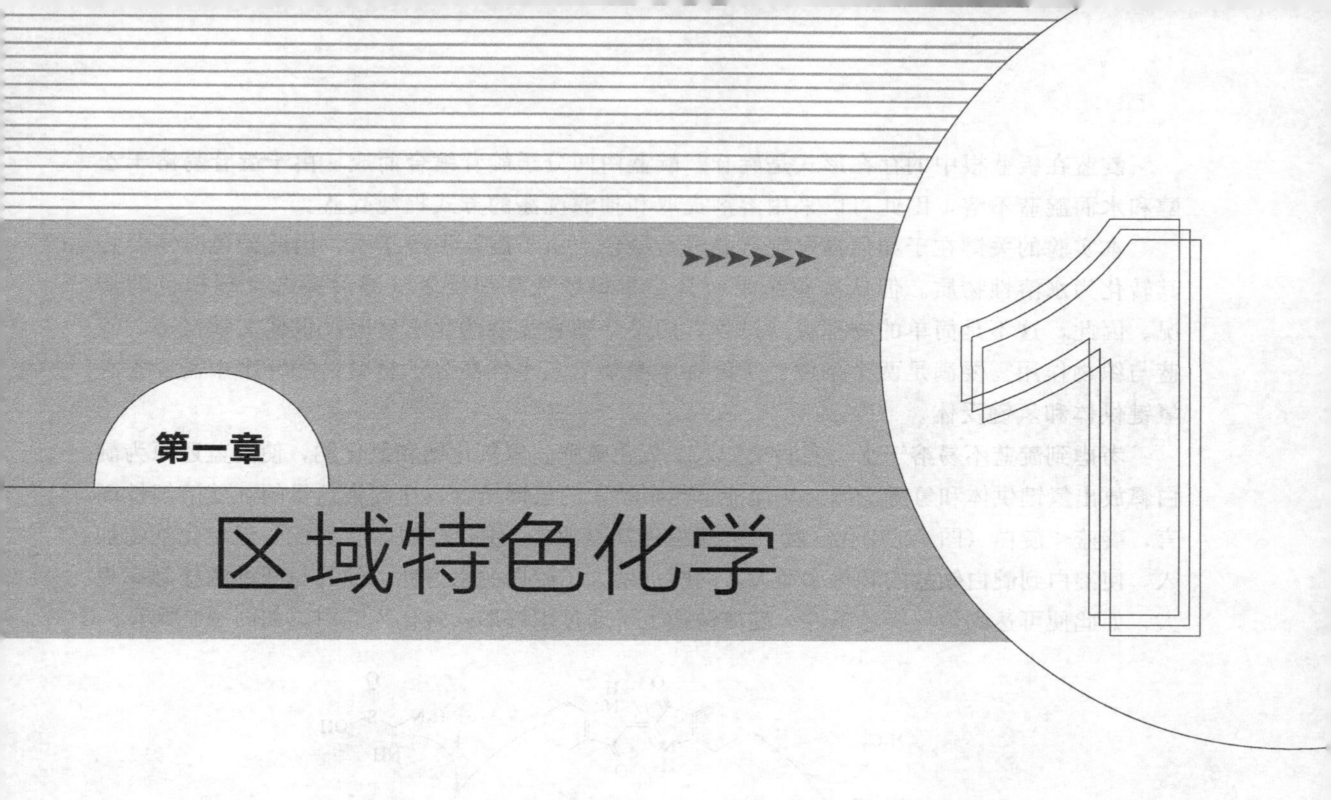

实验 1　大理白族扎染中天然植物染料的研究与应用

一、实验目的

(1) 通过板蓝根中靛蓝的提取和分离，了解天然产物的提纯和分离方法。
(2) 了解靛蓝在生产生活中的应用前景。
(3) 了解分析仪器的使用方法以及图谱解析方法。
(4) 掌握溶剂浸泡提取的原理和基本方法。

二、实验原理

靛蓝作为一种常见的双吲哚类生物碱化合物，是常用的印染试剂。目前，已知含有靛蓝的原料较多，如板蓝根、蓼蓝、菘蓝、木蓝、马蓝等。其中，板蓝根中靛蓝的含量较高，是板蓝根制剂的质控指标。有关靛蓝的提取工艺和应用也有大量报道。

在调研大理白族扎染过程中，关于靛蓝提取、合成、鉴定、染色等的报道很多，但是，将提取靛蓝应用于传统扎染的教学实验却未有报道。于是，立足于多年的化学实验教学基础，综合实验的实用性和新颖性，结合实验的可操作性和必要性，引入云南丰富的动植物资源和各类民族传统工艺的区位优势，以非物质文化遗产大理白族传统扎染为背景，创新设计了从板蓝根中提取靛蓝应用于扎染的创新实验教学。

板蓝根作为一种常用的中药材，具有清热解毒、凉血利咽的功效。同时，它也是一种历史悠久且应用广泛的染料，其主要染色物质是靛蓝（图 1-1 中化合物 a），其含量可达 8.820 μg/g，另有少量靛玉红。靛蓝又名食用蓝，蓝色粉末，分子式为 $C_{16}H_{10}N_2O_2$，熔点 390～392 ℃。

靛蓝在板蓝根中的存在形式是靛苷。靛蓝由两分子靛苷缩合而成，由于靛苷易溶于乙醇和水而靛蓝不溶，因此可以采用溶剂提取和抽滤洗涤的方式提纯靛蓝。

本实验的关键在于如何提取靛蓝并进行染色。由于靛蓝不溶于水，因此染色时需要将其转化为水溶性物质。但从实验结果而言，布料经洗涤剂反复洗涤后并未发现褪色的情况。因此，这不是简单的物理吸附过程，而是伴随着复杂的化学反应。根据文献报道，靛蓝与织物作用需要满足两个条件：①纤维本身要为亲水性高分子材料；②纤维中需要含有氢键供体和氢键受体。

考虑到靛蓝不易溶于水，实验中加入二氧化硫脲、氢氧化钠和氯化钠，使靛蓝还原为靛白释放出氢键供体和氢键受体，从而能够与布料中的氢键结合，达到染色目的。就溶解性而言，靛蓝＜靛白（图 1-1 中化合物 b）＜靛白钠盐（图 1-1 中化合物 c）。因此，氢氧化钠的加入，使靛白到靛白钠盐的转化率增大，同时也增大了靛白的水溶性，使其与纤维的接触率更大，如此便可达到最佳染色条件。靛白钠盐也可通过水解形式转化为靛白，如图 1-1 所示。

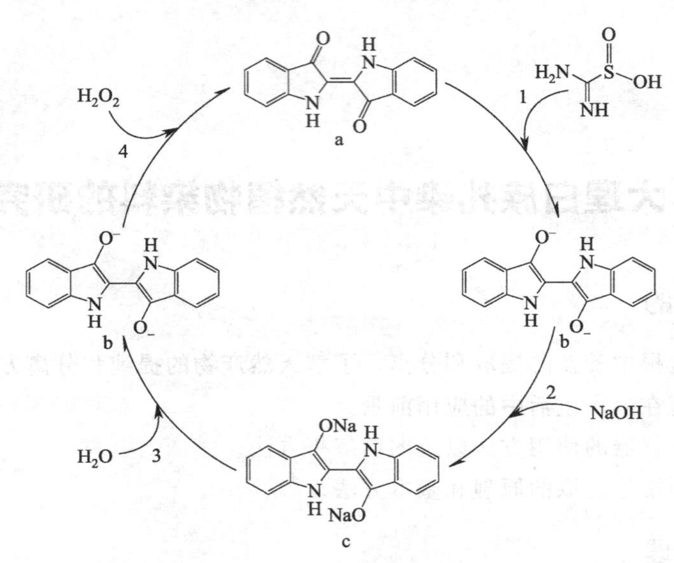

图 1-1　靛蓝染色机理

a—靛蓝；b—靛白；c—靛白钠盐

三、实验用品

（1）仪器

分析天平（上海天平仪器厂）、薄层色谱硅胶板（青岛海洋化工厂）、傅里叶红外光谱仪（Thermo Fisher Scientific 公司）、高效液相色谱仪（美国安捷伦公司）、紫外光谱仪（美国安捷伦公司）、色谱柱（美国安捷伦公司）、石英比色皿、烧杯、量筒、研钵、玻璃棒、称量瓶等。

（2）材料

板蓝根枝叶、麻布、棉布、涤纶等。上述材料均为市售商品。

（3）试剂

无水乙醇、蒸馏水（课题组制备）、二氧化硫脲、氧化钙、氢氧化钠、氯化钠、过氧化氢、氯仿、纯水（色谱纯）、甲醇（色谱纯）、溴化钾（色谱纯）等。除特殊标注外，试剂均为分析纯。

(4) 其他

剪刀、镊子、pH试纸、称量纸、药匙等。

四、实验步骤

1. 靛蓝提取实验

称取15.0 g新鲜板蓝根叶片，剪碎并研磨后，转移至250 mL烧杯中。加入75%乙醇水提取液100 mL。浸泡0.5 h（期间可以进行扎花的操作，染色实验进行该步骤）后，加入50 mL H_2O和2.0 g CaO，调pH至9～11，搅拌均匀后放置0.5 h。当有大量蓝色物质生成后，加入H_2O_2生成靛蓝沉淀，离心，抽滤后用乙醇水洗涤3～5次，得到深蓝色固体，干燥后即可得到纯度较高的靛蓝粉末。

2. 染色实验

染色过程无需提纯靛蓝，靛蓝提取后在烧杯中直接配制染液即可。在靛蓝提取实验过程中有大量蓝色物质生成后，加入0.7 g二氧化硫脲、0.7 g NaOH和0.1 g NaCl，搅拌均匀，将扎好图案（可自行设计）的布放入其中，浸泡5 min后取出，然后转移至盛有40 mL 30% H_2O_2的100 mL烧杯中。浸泡5 min后取出，用洗涤剂洗去浮色。晾干后即可得到不同样式图案的扎染成品。

五、实验结果与分析

1. 提取工艺特点

本实验所述染布方法用时2 h以内即可完成，具有高效、绿色、原料廉价等优点。将保险粉替换为二氧化硫脲，有效解决了传统工艺耗时长以及污染严重的问题。

2. 表征结果

(1) TLC高效板：展开剂$CHCl_3$: EtOH＝9 : 1（体积比），样品的R_f值、点形态和颜色与标样相同，如图1-2所示。

样品　靛蓝

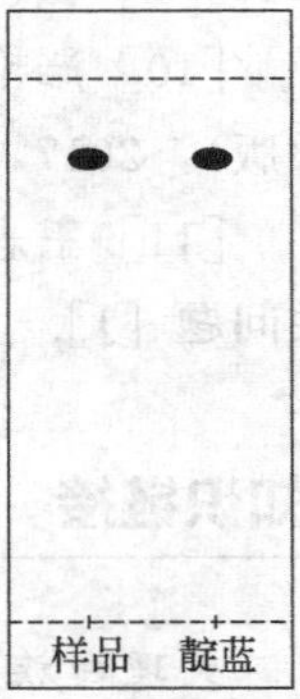

图1-2　样品的薄层色谱图

(2) IR谱图数据：IR（KBr）(ν_{max}，cm^{-1})：3268，2026，1625，1482，1461，1585，1173，1073，754。

(3) UV谱图数据：靛蓝在氯仿中浓度为4.1×10^{-5} mol/L时，测得最大吸收波长为603 nm。

六、注意事项

(1) 注意观察提取中颜色的改变过程。

(2) 染色过程中注意布料的不同和染色时间的差异。

七、思考题

(1) 靛蓝溶解性较差，为什么还可以使用溶剂提取法？影响靛蓝提取率的因素有哪些？

（2）氧化钙在实验中起什么作用？氢氧化钠在实验中起什么作用？

（3）为什么要加入二氧化硫脲？其作用原理是什么？

（4）染色过程是化学变化还是物理变化？为什么？

（5）如何选择 HPLC 的色谱条件？

八、参考资料

[1] 林琳，刁勇，周心怡，等．靛蓝的生物活性研究进展［J］．染料与染色，2019，56（4）：16-18.

[2] 黎艳光，梁青云，梁真宝，等．板蓝根有效成分的测定及比较［J］．合成材料老化与应用，2016，45（2）：60-61，105.

[3] 吕海涛，刘静，单虎，等．正交实验法优选大青叶中靛蓝和靛玉红的提取工艺［J］．食品科技，2011，36（12）：246-250.

[4] 贾秀玲，崔运花，韩雅岚，等．植物靛蓝染料的开发应用现状及展望［J］．纺织科技进展，2011，2：24-26.

[5] 姚继明，吴远明．靛蓝染料的生产及应用技术进展［J］．精细与专用化学品，2013，21（4）：13-18.

[6] 黄超，杨丽娟，蒋琳，等．有机化学实验［M］．北京：科学出版社，2016.

[7] 叶艳青，郭俊明．基础化学实验Ⅰ［M］．杭州：浙江大学出版社，2014.

[8] 李嵘，孙航．植物系统发育区系地理学研究：以云南植物区系为例［J］．生物多样性，2017，25（2）：195.

[9] 董继梅．现代化背景下云南民族民间传统文化整理与出版研究［J］．学术探索，2018，（4）：76.

[10] 严艳．大理白族扎染的传统工艺与图案设计［J］．中央民族大学学报（自然科学版），2017，26（2）：61.

[11] 王志鹏．有机染料靛蓝的合成与应用——介绍一个国外本科生实验并讨论其相关问题［J］．大学化学，2016，31（4）：83.

知识链接

大理白族自治州大理市周城村和巍山彝族回族自治县的大仓、庙街等地至今仍保留着扎染这一传统技艺，其中以周城白族的扎染业最为著名，有“民族扎染之乡”的称号。大理白族扎染是白族人民的传统民间工艺产品，该产品集文化、艺术为一体，其花形图案由规则的几何纹样组成，布局严谨饱满，多取材于动植物形象和历代王宫贵族的服饰图案，充满生活气息。扎染工艺经由手工针缝扎、植物染料反复浸染，所得产品不仅色彩鲜艳、永不褪色，而且对皮肤有消炎保健作用，克服了现代化学染料损害人体健康的副作用。2006 年，白族扎染技艺经国务院批准列入第一批国家级非物质文化遗产名录。

据有关资料记载，早在公元前 221 年的秦汉时代，绞缬、印花技术已经出现。从唐代

《南诏中兴国史画卷》和宋代《大理国画卷》中人物的衣着服饰来看，早在1000多年前，白族先民便掌握了印染技术。宋代《大理国画卷》所绘跟随国王礼佛的文臣武将中有两位武士头上戴的布冠套，同传统蓝地小团白花扎染十分相似，这可能是大理扎染近千年前用于服饰的直观记录。特别是在盛唐年间，扎染在白族地区已成为民间时尚，扎染制品也成了向皇宫进献的贡品。唐贞元十六年，南诏奉圣乐舞队到长安献艺时，所穿的舞衣“裙襦鸟兽草木，文以八彩杂革”即为扎染而成。十世纪，宋仁宗明令严禁扎染物品民用，把它作为宫廷专用品。明清时期，洱海白族地区的染织技艺已达到很高的水平，出现了染布行会，明朝洱海卫红布、清代喜洲布和大理布均是名噪一时的畅销产品。到了民国时期，居家扎染已十分普遍，以一家一户为主的扎染作坊密集著称的周城、喜洲等乡镇，已经成为名传四方的扎染中心。

近代以来，大理染织业继续发展，周城成为远近闻名的手工织染村。1984年，周城兴建了扎染厂，带动近5000名妇女参加扎花，80%以上销往日本、英国、美国、加拿大等10多个国家，供不应求。这里，妇女们个个在扎花，户户在入染，已成为重要的扎染织物产地。

实验2　建水紫陶化学物质结构与成分分析

一、实验目的

（1）学习检测建水紫陶泥料和烧结成品化学成分、矿物组成和微观结构特征的分析方法。

（2）了解X射线荧光光谱分析（XRF）、X射线衍射分析法（XRD）、场发射扫描电子显微镜（SEM）的工作原理、基本构造和使用方法。

二、实验原理

云南建水紫陶是中国四大名陶（江苏宜兴紫砂、云南建水紫陶、广西钦州坭兴陶和重庆荣昌安陶）之一，是一种以刻填、无釉磨光为主要工艺特征的高温泥陶，其主要原料产自云南省建水县城区以西的碗窑村。建水紫陶以露天开采的天然五色土按一定比例配兑成细陶泥料经高温烧制而成。五色土天然呈紫、白、青、黄、五花五种颜色，具有质地细腻、柔滑、可塑性强、饱水易软化等特点。这种天然陶土因不同矿层的成矿条件不同，矿藏地泥料成分也有略微差异，而泥料化学成分的差异也直接影响制陶工艺和陶器品质。

本实验利用现代分析技术（XRF、XRD、SEM）检测现场采集的建水紫陶矿物泥料和烧制以后成品的化学成分及微观结构特征，可为合理开发利用陶土矿物资源和进一步提高产品质量提供基础数据。

（1）X射线荧光光谱分析（XRF）

X射线是一种频率很高的电磁波，其波长在0.001～100 nm，远比可见光短得多，其穿透力很强，且在磁场中的传播方向不受影响（X射线具有一定的辐射，对人体有一定的副作用，目前主要用铅玻璃来进行屏蔽）。X射线是由高速运动的电子流与其他物质发生碰撞时骤然减速且与该物质中的内层原子相互作用而产生的。X射线照射在物质上而产生的次级X射线叫作X射线荧光，而用来照射的X射线叫作原级X射线。

XRF是确定物质中元素种类和含量的一种无损分析方法。其仪器由X射线管和探测系统构成。X射线管产生入射X射线，激发被测样品。受激发样品中的每一种元素会放射出二次X射线，并且不同元素所放射出的二次X射线具有特定的能量特性或波长特性。探测系统测量这些放射出来的二次X射线的能量及数量。然后，仪器软件将探测系统所收集到的信息转换成样品中各种元素的种类和含量信息。

（2）X射线衍射分析（XRD）

XRD是研究晶体物质物相组成及含量的主要分析方法。它是利用X射线在晶体中的衍射现象来获得衍射后X射线信号特征，经过处理得到衍射图谱（在一定波长的X射线照射下，不同晶体结构产生完全不同的衍射图谱）。利用衍射谱图可以确定晶体的物相组成及含量、晶胞参数、晶粒尺寸、结晶度等。XRD测试仪主要由X射线发生器、测角仪、探测器、记录和数据处理系统组成。X射线衍射分析法具有不损伤样品、无污染、快捷、测量精度高、能获得晶体大量结构信息等优点。因此，X射线衍射分析法作为材料结构和成分分析的一种现代分析方法，已广泛应用于各学科研究和生产中。

（3）场发射扫描电子显微镜（SEM）

SEM是用聚焦得很细的电子束以光栅扫描方式照射样品表面，与试样发生相互作用后产生二次电子和背散射电子等物理信号，然后收集和处理这些信号，从而进行微观形貌观察；并用X射线能谱仪或波谱仪，测量电子与试样相互作用所产生的特征X射线的波长与强度，对样品微区元素进行定性或半定量分析。

SEM具有高性能X射线能谱仪，能同时进行样品表层微区点线面元素的定性、半定量及定量分析，具有对形貌、化学组分综合分析的能力。

三、实验用品

（1）仪器

X射线荧光光谱仪（日本岛津EDX 8000）、X射线粉末衍射仪（德国Bruker D8 ADVANCE A25X）、场发射扫描电子显微镜（美国NOVA NANO SEM 450）、离子溅射仪（KYKY SBC-12）、管式炉（合肥科晶GSL-1300X）。

（2）材料

建水紫陶泥料：红泥、白泥（天然五色土按一定比例配兑成的细陶泥料），均采自云南省建水县城区以西的碗窑村。

四、实验步骤

1. 泥料样品的干燥、烧制

将采集的建水紫陶泥料（红泥、白泥）制成边长约20 mm、厚度约5 mm的4个坯片样品。

取其中两个样品（红泥、白泥各一个），置于干净的表面皿中，放入烘箱，在95 ℃下烘1 h。

另外两个样品（红泥、白泥各一个）放在室温环境下阴干。将完全阴干的两个样品放在坩埚中，放入管式炉中烧结，烧结过程分为升温、高温烧制和降温三个阶段。设置初始温度为 25 ℃，目标温度为 1150 ℃，升温时间 180 min，保温时间 30 min。待温度降至 100～150 ℃时，即可取出样品。

取出已烘干和烧制的 4 个实验样品，分别用玛瑙研钵磨细至 200 目左右，装入样品管中待用。

2. X 射线荧光光谱法测试

本实验采用日本岛津 EDX 8000 X 射线荧光光谱仪对紫陶泥料（红泥、白泥）的化学成分及含量进行检测。

将红泥、白泥粉末状样品分别倒入样品槽中，均匀平铺在底部，将样品放入样品室，打开仪器 EDX 8000 电源，待仪器预热 15 min 后，打开电脑软件 PCEDX，选择用户组，点击样品序列表，登记样品，输入样品名称，点击开始，即进行泥料粉末样品化学成分及含量的检测。测试完成，从文件内调出测试样品实验数据即可。

3. X 射线衍射法测试

本实验采用固体粉末法分别对紫陶泥料（红泥、白泥）及其烧成物粉末样品进行 XRD 测试，分析紫陶泥料及其烧成物的主要矿物组成。

将粉末状样品倒入干净的样品槽中，用称量纸盖住样品，再用玻璃片压实，保证样品表面平整。装入上样台，按 Open Door 开门，将压实后的样品放入测试舱进行测试。

打开仪器控制软件，选择 Lab Manager，进入软件界面。设置实验条件为：Cu 靶，$\lambda=1.5406$ Å（1 Å$=10^{-10}$ m）；Ni 片滤光，工作电压 40 kV，电流 40 mA，扫描范围 10°～80°，步长 0.02°。点击 Start 即可开始测量。当次扫描结束后，扫描自动停止，并保存相应的文件。

最后使用 jade 软件和粉末衍射卡片 PDF 对数据进行处理分析。

4. 场发射扫描电子显微镜分析

用场发射扫描电子显微镜 SEM 来观察紫陶泥料（红泥、白泥）及其烧成物的晶相、形貌等，进一步了解紫陶矿物的微观结构特征。

将待测样品置于粘有导电胶的样品台上，放入离子溅射仪中进行喷金处理。

打开软件，进入 xT Microscope Server 的操作界面，当操作界面中（Console devices、Motion、Imaging）三个圆形变成绿色以后，单击 Start 进入操作系统。

将样品放入样品仓，观察 CCD 图像，对图像进行放大、聚焦处理；把样品台升到 5 mm，再次聚焦放大，直到获得比较清晰的图片，此时按 F2 拍照，保存数据，测试完成。

五、实验结果与分析

（1）根据 XRF 测试结果，将两种泥料的主要化学成分及含量列表。

（2）根据建水紫陶常用泥料及其烧成物的 XRD 图，结合粉末衍射 PDF 卡片，分析建水紫陶泥料及其烧成物的主要矿物组成。

(3) 对建水紫陶两种泥料及其烧成物的SEM微观形貌进行表征。

六、注意事项

(1) 日本岛津EDX 8000 X射线荧光光谱仪使用注意事项

① 不能直接分析具有挥发性、腐蚀性和强磁性的样品。

② 分析液体和流体样品前，务必进行容器和薄膜的耐溶性、耐腐蚀性确认；如果薄膜损坏或安装不当，样品会流入仪器内部，造成损失。

③ 禁止在真空条件下分析液体、流体和未经特殊处理的粉末样品。

④ 不能将样品掉落入测试孔内。

(2) 德国Bruker D8 X射线粉末衍射仪使用注意事项

① 在打开X射线高压开关前，一定要检查循环水是否正常工作。因为高压下电子轰击靶枪时，除了少部分能量以X射线的形式放出外，其余能量均转化为热量，需要冷却水吸收。若冷却水循环没有正常工作，将会严重损坏设备。

② 打开X射线粉末衍射仪护罩门时，必须先按Open Door开门，禁止强制拉开护罩门。

③ 对于颗粒较大的样品，一定要充分研磨，这样有利于测量分析。同时，换样时一定要轻，不要将样品撒到样品台上；而且不要使样品盘在接触样品台时发生碰撞而将部分样品弹出，这样有可能会导致样品表面不平，对测量角度有影响。

(3) 美国NOVA NANO SEM 450场发射扫描电子显微镜使用注意事项

① 样品必须干燥、不能被电子束分解、热稳定性好、能提供导电和导热通道，观察面应该清洁、平整。

② 观察镜筒的真空情况，Gun pressure（扫描电子枪压力）应小于5×10^{-7} Pa。

③ 灯丝的发射电流在50～300 μA属于正常。

④ 检查冷却循环水、空压机是否正常工作。

⑤ 控制室内温湿度，温度控制在20 ℃±3 ℃，湿度小于70%。

七、思考题

(1) 简述X射线粉末衍射仪与X射线荧光光谱仪在原理和用途上的区别。

(2) 简述X射线粉末衍射仪由哪几部分组成。它们各自有哪些作用?

(3) 简述场发射扫描电子显微镜（SEM）测试对测试样品有什么要求？对于块状和粉末样品，该如何制备测试样品？

(4) 通过实验结果讨论建水紫陶两种泥料及其烧成物化学成分与微观结构之间的差异。

八、参考资料

[1]《矿产资源工业要求手册》编委会．矿产资源工业要求手册[M]．北京：地质出版社，2010.

[2]《中国大百科全书》编委会．中国大百科全书：陶瓷[M]．北京：中国大百科全

书出版社，2009.

［3］吴俊，管志荣，汪灵，等．云南建水紫陶矿物原料的组成与结构特征［J］．矿物岩石，2018，38（3）：12-18.

［4］曹剑华．建水紫陶工艺及其开发利用研究［D］．云南师范大学，2015.

［5］郑伟林．建水紫陶：中国陶艺奇葩［J］．红河学院学报，2015，13（6）：13-15.

［6］毛显丽，易中周，翟凤瑞，等．云南建水紫陶泥料配比与工艺性质对比研究［J］．红河学院学报，2020，18（4）：48-50.

知识链接

中国陶瓷世界闻名，也是中华民族悠久历史和灿烂文明的象征。陶瓷是陶器和瓷器的总称，一般按陶瓷器物吸水率的大小，将吸水率大于3%的器物称为陶器，吸水率为0.5%～3%的器物称为炻器，吸水率小于0.5%的器物称为瓷器。我国陶器产地和生产企业众多，但著名的有江苏宜兴紫砂、云南建水紫陶、广西钦州坭兴陶和重庆荣昌安陶，并称为中国四大名陶。

1. 建水紫陶的起源与发展

建水紫陶因产于建水呈赤紫色而得名，它还有一个富于诗意的名字“滇南琼玉”。云南建水在3500多年前便出现了原始的制陶业，到汉代已经有了较为完美的陶器，至宋代已烧制出成熟的青瓷；从元代到明代，云南建水陶瓷业进入了百花争艳的鼎盛时期；自清代中期开始，建水陶逐渐发展为以紫陶为主的产业，形成了别具一格的紫陶工艺。二十世纪早期建水紫陶主要以个体作坊为主开展生产，发展缓慢；新中国成立后，建水建立了集体所有制制陶厂，紫陶技艺逐渐得到恢复；进入二十一世纪，建水紫陶技艺被列为非物质文化遗产，建水紫陶的发展逐渐走向繁荣。

2. 建水紫陶的品种与特点

建水紫陶的产品丰富多样，器型精美，主要器型有茶壶、茶杯、汽锅等（图1-3），尤其是烟斗、汽锅、花缸造型独特，深受人们的喜爱。建水紫陶素有“花瓶装水不发臭，花盆栽花不烂根，茶壶泡茶味正香郁，餐具存肴隔夜不馊”的特点，用紫陶汽锅蒸制的菜肴异常鲜美，“三七汽锅鸡”更是滇中名菜。

(a) (b)

图1-3　云南建水紫陶汽锅（a）与茶壶（b）照片

建水紫陶硬度高，强度大，表面富有金属质感，叩击有金石之声，经无釉磨光、精工细磨抛光后，质地细腻，光亮如镜，色泽沉静，质感质朴高雅。建水紫陶的器型较多，小到烟斗，大到几十厘米的罐、瓶，部分造型有青铜器之遗风；建水紫陶的颜色更丰富，整件陶器的基本色为深浅不同的暗紫红色，色深者紫黑凝重如铜，色浅者润泽如红玛瑙。建水紫陶的器型样式紧密贴近大自然和人们的生活，花草虫鱼、飞禽爬兽、唐诗宋词等都是紫陶器表达形式的主要素材。

3. 建水紫陶的制作工艺

建水紫陶的制作过程一般要经过泥料制备、拉坯成型、湿坯装饰、刻填修整、高温烧制、无釉磨光六道工艺数十道工序，大多数工序以手工完成，机械方式难以或不可能替代。

建水紫陶的泥料取自建水，采回来后需要摊开放置，自然风干，将不同的制陶黏土分别捣成粉末过筛，按制陶的要求把不同的泥料进行配比，加水制成浆状并搅拌淘洗，待含砂浆泥沉落缸底，便取出上面的漂浆再次淘洗。最后自然凝干成泥，制成的泥料腻如膏脂，无丝毫砂粒。建水紫陶一般采用拉坯成型；书画装饰工艺是在湿润的陶坯器表面进行手绘装饰；刻填则是在陶面上雕刻填泥，以泥为彩，注重的是色块之间的对比协调；建水紫陶经高温烧制成型后，可通过磨光工艺让其呈现出凝润如脂、光可鉴人的艺术效果。

建水紫陶的烧制一般有还原和氧化两种烧制方法。还原烧是在窑内温度上升至 900 ℃左右之后，开始减少窑内的氧气，使窑中缺氧，使用还原法烧制的建水紫陶红泥可呈现“猪肝红”的暗红色，白泥则呈现明度较高的黄白色（象牙白）。氧化烧就是在烧制过程中，保证窑炉内一直有充足的氧气供给。建水紫陶红泥经过氧化烧后呈现黑褐色，白泥则呈现青灰色。建水紫陶烧制的窑火温度一般需要在 1100～1180 ℃之间，“过火则老，老不美观，欠火则稚，稚沙土气”。

建水紫陶制作工艺流程见图 1-4。

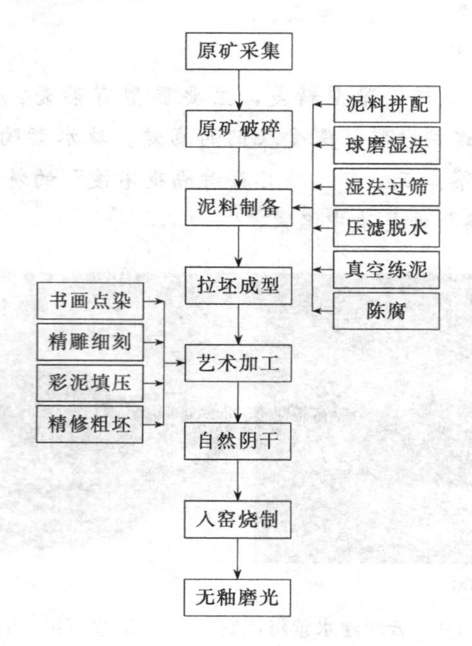

图 1-4 建水紫陶工艺流程图

实验3 微波消解-火焰原子吸收光谱法测定云南野生菌中的微量元素

一、实验目的

(1) 学习微波消解样品的原理和方法。

(2) 掌握原子吸收光谱法基本原理及测定锰和锌等微量元素的技术。

(3) 学习测定方法的准确度、精密度试验。

二、实验原理

微量元素是人体必需的元素，微量元素是人体无法自身产生、合成的，也不会在体内代谢过程中消失，但每天随着机体的代谢过程会排泄损失掉一部分。野生菌所含有的大量蛋白质和多种维生素以及铁、锌、铜、硒、铬等微量元素，可以避免因摄入动物性食品而带来的高脂肪、高胆固醇危险。许多野生菌已被证实具有显著的防癌、抗癌、抗辐射、提高人体免疫力等疗效，被誉为“素中之荤”。

本实验采用微波消解-火焰原子吸收光谱法对云南野生菌中的微量元素锰和锌进行测定，以期从微量元素角度为云南野生菌的营养机理提供实验依据。

1. 消解

消解处理的作用是破坏有机物、溶解颗粒物，并将各种价态的待测元素氧化成单一高价态或转换成易于分解的无机化合物。目前常用的消解方法有**湿式消解法**和**干灰化法**。其中干灰化法也称高温分解法，多用于固态样品如沉积物、底泥等底质以及土壤样品的消解。植物样品的消解多采用湿式消解法。湿式消解法用无机强酸/强氧化剂溶液将土壤或植物样品中的有机物质分解、氧化，使待测组分转化为可测定形态，是一种替代干法消解制备元素全量分析样品的方法。常用的氧化性酸和氧化剂有浓硝酸、浓硫酸、高氯酸、高锰酸钾、过氧化氢等。一般单一的氧化性酸不易将样品分解完全，且在操作中容易产生危险，因此在日常工作中多将两种或两种以上的强酸或氧化剂联合使用，使有机物质能快速而又平稳地消解。

用于湿式消解法的加热设备有电炉、水浴锅、油浴锅、电热板和微波消解仪等，其中微波消解仪因具有消解彻底、样品损失少等特点，已广泛地应用于分析检测中样品的处理。微波是一种频率范围在300～300000 MHz的电磁波，位于电磁波谱的红外光谱和无线电波之间。微波消解通过分子极化和离子导电两种效应对物质直接加热，促使固体样品表层快速破裂，产生新的表面与溶剂作用，可在数分钟内完全分解样品。微波可以直接穿入试样的内部，在试样的不同深度，微波所到之处同时产生热效应，这不仅使加热更迅速，而且更均匀，大大缩短了加热时间，一般要比常规加热法快10～100倍。

2. 原子吸收光谱法

原子吸收光谱法是根据物质所产生的基态原子蒸气对特征谱线（通常是待测元素的特征谱线）的吸收作用来进行元素定量分析的方法。原子吸收是一个受激吸收跃迁的过程。当有辐射通过自由原子蒸气，且入射辐射的频率等于原子中电子由基态跃迁到较高能态

（一般情况下都是第一激发态）所需要的能量频率时，原子就要从辐射场中吸收能量，产生共振吸收。特征谱线因吸收而减弱程度与被测元素含量呈正比。原子吸收光谱分析的基本过程：试样雾化→与燃气混合→导入火焰（干燥、蒸发、解离为气态基态原子）→吸收光源辐射的特征谱线→分光、检测。原子吸收光谱原理如图 1-5 所示。

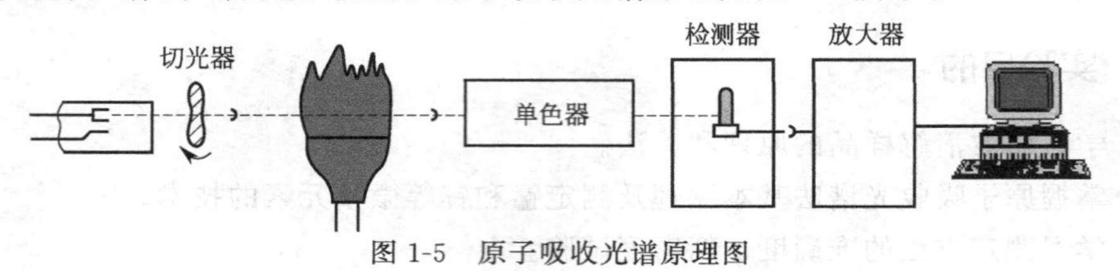

图 1-5　原子吸收光谱原理图

三、实验用品

（1）仪器

EXCEL 微波快速消解仪、AA-6300 原子吸收分光光度计、锰和锌空心阴极灯、电子天平、电热恒温干燥箱。

（2）材料

云南野生菌（购于昆明农贸市场，带包装）。

（3）试剂

硝酸、盐酸、30% H_2O_2，均为分析纯；实验用水为去离子水。1000 $\mu g/mL$ 锰和锌标准溶液（国家钢铁材料测试中心制）。

四、实验步骤

1. 器皿处理

为保证检测结果的准确性，玻璃仪器、Teflon（特氟龙）微波消解罐等均需用 1%（体积分数）HNO_3 溶液浸泡 24h 以上，然后用蒸馏水反复冲洗，再用去离子水冲洗三遍，自然晾干后方可使用。

2. 样品处理

（1）将云南野生菌置于烘箱中恒温（80 ℃）干燥 24 h 至恒重，然后用高速粉碎机粉碎至粉末状，转入塑料自封袋中备用。

（2）用分析天平称取备好的野生菌样品 0.2 g，并转移至 Telfon 微波消解罐中，加入浓 HNO_3 7.00 mL 和 30% H_2O_2 1.00 mL，置于电热板上（200 ℃）加热 5 min。

（3）将冷却至室温的 Telfon 微波消解罐加盖，然后包裹防爆膜后放入套管中。在微波消解罐“0 号罐”上端插入温度计探头，盖子侧端放入防爆膜片，然后插入压力检测探头，最后将整个罐体安装到固定架上，拧紧上方的固定螺丝。

（4）重复上述操作，对称安装所有 Telfon 微波消解罐。

（5）微波消解程序分三步：①150 ℃，10 atm，10 min；②180 ℃，20 atm，5 min；③200 ℃，30 atm，15 min。消解完成待温度降至室温后取出微波消解罐，置于电热板上（200 ℃）加热赶酸，直至消解液澄清透明且剩余 1～2 mL，冷却后转移至 50 mL 容量瓶，用去离子水定容，得待测样。同法制备空白试液。

3. 样品测定

（1）配制标准使用溶液：用1% HNO_3 分别稀释1000 μg/mL的标准溶液配制6个不同浓度梯度的Mn和Zn溶液。其中Mn溶液的梯度浓度为0.5 μg/mL、0.8 μg/mL、1.0 μg/mL、3.0 μg/mL、5.0 μg/mL、8.0 μg/mL；Zn溶液的梯度浓度为0.1 μg/mL、0.16 μg/mL、0.2 μg/mL、0.5 μg/mL、0.8 μg/mL、1.0 μg/mL。

（2）仪器测定：按表1-1的工作条件设置仪器分析的参数，首先测定标准使用溶液吸光度，并绘制标准曲线，然后根据线性回归方程及相关系数，判断仪器是否达到最佳工作条件和标准溶液稀释是否满足要求。最后依次测定空白样、试样的浓度。

表1-1　火焰原子吸收光谱法工作条件

元素	波长/nm	狭缝宽度/nm	灯电流/mA	燃烧器高度/mm	空气流量/(L/min)	乙炔流量/(L/min)
Mn	279.5	0.2	10	7	13.5	2.0
Zn	213.66	0.7	8	7	15	2.0

（3）结果计算：

$$C_{样}=(C_{测}-C_{空})\times V\times N/m_{样} \tag{1-1}$$

式中，$C_{样}$ 为样品中待测元素的浓度，mg/kg；$C_{测}$ 为仪器所测样品溶液中的待测元素浓度，μg/mL；$C_{空}$ 为仪器所测空白溶液中的待测元素浓度，μg/mL；V 为消解完成后样品定容体积，mL；N 为仪器测量前稀释的倍数；$m_{样}$ 为被测样品的称重量，mg。

4. 方法的准确度、精密度试验

（1）准确度试验：准确度是指测得结果与真实值接近的程度，表示分析方法测量的正确性。由于真实值无法准确知道，因此通常采用加标回收率试验来表示。称取同样重量的样品，按上述样品处理方法加入相同量的混酸后分别加入50 μL、100 μL、200 μL浓度为1000 μg/mL的Mn和Zn的标准溶液，相当于野生菌中Mn和Zn的加标量为10 mg/kg、50 mg/kg、100 mg/kg，然后用相同的方法消解样品并测定。计算加标回收率和标准偏差，判定测试方法的准确度。

加标回收率=(加标试样测定值－试样测定值)÷加标量×100%

参考值：被测组分的含量≤1 mg/L时，回收率的允许限为80%～120%；被测组分的含量在1～100 mg/L时，回收率的允许限为90%～110%；被测组分的含量≥100 mg/L时，回收率的允许限为95%～105%。

（2）精密度试验：精密度是指在规定测试条件下，同一均匀样品，经多次取样测定所得结果之间的接近程度。本实验采取由同一小组不同成员对同一定容溶液分别取样用同一仪器在相同工作条件下测定，并计算相对标准偏差（RSD），由此最终判断仪器的精密度是否满足野生菌中Mn和Zn含量测定的要求。

五、微波消解仪使用注意事项

（1）每次实验前，套筒、框架、微波消解罐必须彻底烘干。

（2）每次实验前，必须检查防爆膜的情况。如果安全膜已破损或中心严重鼓包必须更换防爆膜。

（3）控制罐（主控罐）用于全过程监测仪器工作时的温度和压强，所以不准只装标准罐，标准罐要与控制罐同时使用，且同一批次消解时，每罐装的样品和溶剂种类、质量、体积相等，起始温度相同。特别注意：控制罐不能做空白对照。

(4) 样品称量过程必须严格按照有关规定执行，有机质样品消解过程中会产生大量气体和热量，故称重不超过 0.2 g。对于未曾消解过的陌生样品应从 0.05 g 开始试验，逐步增量，并进行相关的预处理使其变为无机质。

(5) 消解前，应将装有样品和消解酸液的敞口溶样罐放在专用的预处理炉上（控温不超过 200 ℃），加热一会儿，释放出一些气体和热量后，再放入微波消解系统。

(6) 样品处理完成后盖紧罐盖，拧紧放气螺丝，套上套筒，垫片凹槽向上置于消解罐盖顶，放入框架，先用手，再用限距扳手拧紧（听到“咔”的声音即可）。

(7) 反应罐为改性聚四氟乙烯塑料，工作温度不得超过 235 ℃。本机最高压力设定值为 60 atm（1 atm＝1.01×10^5 Pa），最高温度设定值为 260 ℃。

(8) 对于不熟悉样品，可用分步消解的方式，即：先低温（100～120 ℃）低压（2～5 atm）；再中温（150～180 ℃）中压（15～20 atm）；最后高温（200 ℃）高压（20 atm 以上）。这样既安全又有利于样品消解。

(9) 消解前必须确认已可靠地关好安全门。

(10) 消解后，所有微波消解罐必须待温度降至 80 ℃以下且压力显示降至 5 atm 以下时，才可以在通风橱内慢慢松开放气螺丝，待罐内气体释放完毕后方可松开顶丝取出微波消解罐，否则带压操作将导致高温高浓度酸液喷溅到实验人员身上，造成伤害。

六、思考题

(1) 简述采用混酸湿法消解与微波消解的特点和区别。

(2) 微波消解中如何选择消化溶剂及消化条件？

(3) 加标回收率实验应注意哪些事项？

(4) 计算野生菌中锰和铜的含量和相对标准偏差（RSD）。

(5) 结合实验操作和测试结果总结如何提高试验的安全性和准确性。

七、参考资料

[1] 刘佳，殷忠，高敏，等. 野生牛肝菌化学成分分析及遗传毒性研究 [J]. 微量元素与健康研究，2007，24 (3)：3-5.

[2] 张毅，张龙旺，罗雯，等. 微波消解-原子吸收光谱法测定蓬莱葛中的金属元素 [J]. 云南化工，2011，38 (2)：18-20.

[3] 刘鸿高，王元忠，李涛，等. ICP-AES 测定云南 16 种野生菌中的 11 种金属元素 [J]. 光谱实验室，2012，29 (1)：71-74.

[4] 王志强，钟加成，叶锡恩，等. 微波消解-ICP-AES 和 ICP-MS 测定棠梨中 29 种元素的含量 [J]. 中国食品添加剂，2020，8：96-101.

[5] 林丽，晋玲，高素芳，等. 微波消解-电感耦合等离子体质谱仪测定藏药黑果枸杞中 5 种元素含量 [J]. 药物分析杂志，2018，38 (12)：2135-2140.

[6] 杨薪正，王兰，沈文，等. 微波消解 ICP-MS 同时测定复杂样品中 6 种重金属及

聚类分析 [J]. 应用化工，2018 (12)：2796-2799.

知识链接

云南复杂的地形地貌，多种多样的森林类型、土壤种类以及得天独厚的立体气候条件，孕育了丰富的野生食用菌资源，其种类多，分布广，产量大，且名扬四海。云南野生菌分为两个纲、十一个目、三十五个科、九十六个属、约二百五十种，占全世界食用菌一半以上，占中国食用菌的三分之二，被誉为“真菌王国”。云南野生食用菌，生长于山林之间，是天然绿色食品。它富含多种维生素、优质蛋白及其他有益于人体的成分，营养丰富，风味独特。有的食用菌还有治疗癌症和多种疾病的药理作用。

1. 松茸

松茸，又名松口蘑、松蘑。菌盖初为半球形，后展开成伞状，表面干燥、呈灰褐色或淡黑褐色，菌褶白色，秋季生于红松、落叶松和油松林地。松茸在日本、欧洲享有很高的声誉，历来被视为食用菌中的珍宝，有“蘑菇之王”的美誉。据分析，鲜松茸约含粗蛋白17%、纯蛋白8.7%、粗脂肪5.8%、可溶性无氮化合物61.5%，还含有丰富的维生素B_1、维生素B_2、维生素C及维生素PP。许多文献记载，松茸具有强身、益肠胃、止痛、理气化痰、驱虫等功效，还具有治疗糖尿病、抗癌等特殊作用。由于松茸所含有的激素类物质较多，对改善更年期内分泌失调、性功能失调等症状有一定疗效。

2. 鸡枞

鸡枞，俗名鸡盅，又名白蚁菇、鸡肉丝菇。菌盖刚出土时呈圆锥形，展开后中央凸起，表面呈黄褐色或黑褐色，中央色较深，边缘往往呈放射状裂开。菌褶白色，煮熟时色微黄，菌肉白色，细嫩肥厚，清蒸，氽汤清香四溢，鲜甜可口，回味无穷，故为古今中外颇受赞誉的珍贵食用菌。鸡枞营养丰富，据分析，100 g干鸡枞中，含蛋白质28.8 g、碳水化合物42.7 g、磷750 mg。100 g鲜鸡枞中含维生素5.41 mg。此外，据《本草纲目》所载，鸡枞有“益味、清神、治痔”的作用。

3. 干巴菌

干巴菌，学名绣球菌，也叫对花菌、马牙菌等，是云南省特有的珍稀野生食用菌，中国其他省份及国外都无法生长。刚出土时呈黄褐色，老熟时变成黑褐色而且有一股酷似腌牛肉干的浓郁香味，腌牛肉干被群众称为干巴，故此菌得名干巴菌。它生长在滇中及滇西的山林松树间，产于七八月雨季，至今仍未实现人工栽培。虽然干巴菌黑黑的并带有一层白色，但味道鲜香无比，是野生食用菌中的上品，如用干巴菌炒青椒或炒鸡蛋，其味甚佳。

实验4　云南芒果皮提取物在弱酸环境中对金属腐蚀的影响

一、实验目的

(1) 掌握动电位扫描测定极化曲线及交流电化学阻抗谱的基本原理和方法。

(2) 理解缓蚀剂减缓腐蚀的机理。

（3）了解极化曲线、阻抗谱图在腐蚀影响分析中的意义和作用及电化学反应机理。

（4）了解电极制作的步骤、数据处理方法、等效电路的意义。

二、实验原理

1. 缓蚀剂减缓腐蚀的机理

缓蚀剂是以适当的浓度和形式存在于环境（介质）中时，可以防止或减缓腐蚀的一种化学物质或几种化学物质的混合物。它通过在金属表面吸附，形成一层保护膜，阻滞金属的阴极或阳极反应，从而达到降低金属腐蚀速率的目的。一般含有不饱和结构，π 键，C、N、S、O 等杂原子的化合物容易通过这些官能团结构与金属发生交互作用，在金属表面吸附成膜，从而具有抑制金属腐蚀的作用。

植物的不同部分，如植物的根、茎、叶、花和果实，均可作为廉价的、可生物降解的绿色缓蚀剂来源。许多含芳香环/其他官能团如羟基、羰基和羧基的有机分子，它们是强供电子基团，可以通过强化学键与铁表面相互作用，而植物体除了水分之外，含量最大的便是这类有机物。芒果皮中含有黄酮类、糖及苷类、酚类、有机酸和挥发油等多种活性成分，因此提取的产物将是优良的缓蚀剂。

2. 极化曲线法

极化曲线描述的是电极电位与电流密度之间的关系。在外加电流作用下，电极电位发生变化或者偏离可逆值的现象称为**电极的极化**，电极电位与电流密度的关系曲线称为**极化曲线**。从极化曲线的形状可以看出电极极化的程度，从而判断电极反应过程的难易。极化曲线的测定及分析是揭示金属腐蚀机理和探讨控制腐蚀措施的基本方法之一。极化曲线测量技术分为稳态极化和暂态极化。而人们使用的测量技术是稳态极化的一种，可用稳态极化测定电极过程控制步骤的动力学参数，研究电极过程动力学规律及其影响因素。

稳态极化测试一般有：①**开路电位法**；②**恒电位法**；③**动电位扫描法**；④**恒电流法**；⑤**动电流扫描法**。

本实验使用动电位扫描法，测定极化曲线时需要同时测量研究电极上流过的电流和电极电位，因此一般采用**三电极**（工作电极、辅助电极、参比电极）**体系**，构成**极化电路**（电流测量回路）和**电位测量回路**两个回路。被研究电极过程的电极称为研究电极或工作电极。辅助电极（对电极）与工作电极构成电流测量回路，其面积通常较研究电极要大，以降低该电极的极化。参比电极是测量研究电极电位的比较标准，与研究电极组成电位测量回路。参比电极应是一支电极电势已知且稳定的可逆电极，该电极的稳定性和重现性要好。为减少电极电势测试过程中的溶液电位降，两者之间通常以鲁金毛细管相连。鲁金毛细管应尽量靠近但不能接触研究电极表面，以防对研究电极表面的电力线分布造成屏蔽效应，见图 1-6。

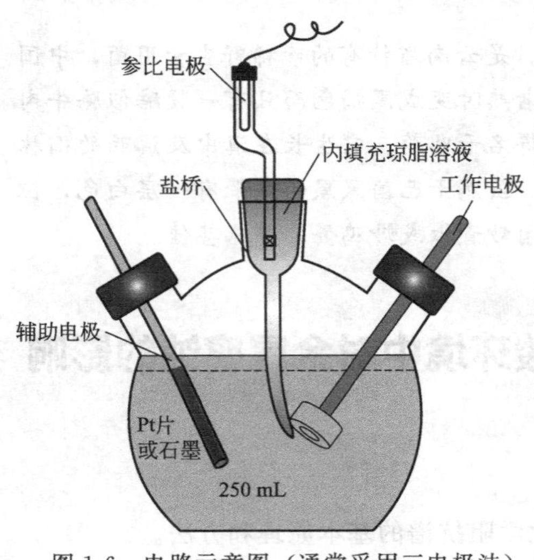

图 1-6　电路示意图（通常采用三电极法）

早在1905年，Tafel发现，对于一些常见的电极反应，其超电势与电流密度之间在一定范围内存在如下定量关系：

$$\eta = a + b\lg j \tag{1-2}$$

式(1-2) 被称为**Tafel公式**。式中，j 是电流密度；η 是单位电流密度时的超电势值；a 与电极材料、表面状态、溶液组成和温度等因素有关，是超电势值的决定因素；b 在常温下一般等于 0.05 V。当研究电极极化足够大(一般相对开路电位上下 110 mV 幅度以上扫描）时，极化曲线进入 Tafel 强极化区。此时外加极化电流密度的对数与过电位呈线性关系，见图 1-7。本实验只是在开路电位上下 250 mV 进行动电位扫描，得到 Tafel 极化曲线。通过数据拟合会得到斜率 b 的值，下支阴极极化的斜率为 b_c，上支阳极极化的斜率为 b_a，两条虚线的交点所对应的横坐标即腐蚀电流、纵坐标即腐蚀电位。这些可以用软件进行拟合得出。

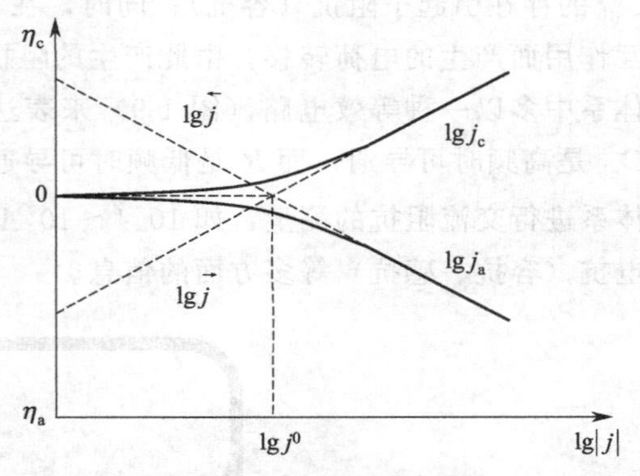

图 1-7　动电位扫描-Tafel 极化曲线

缓蚀剂的缓蚀效果可以用缓蚀率（IE）进行表示，根据腐蚀电流密度值的大小，可以用下式求算缓蚀剂的缓蚀率：

$$\mathrm{IE} = \frac{j_{\mathrm{corr(o)}} - j_{\mathrm{corr(inh)}}}{j_{\mathrm{corr(o)}}} \times 100\% \tag{1-3}$$

式中，$j_{\mathrm{corr(o)}}$ 和 $j_{\mathrm{corr(inh)}}$ 分别是没加缓蚀剂和加入缓蚀剂后的腐蚀电流密度值。

3. 电化学阻抗谱法

电化学阻抗谱法是电化学测量技术中一种十分重要的研究方法，近几十年来发展非常迅速。它在电极过程动力学，各类电化学体系（如电沉积、腐蚀、化学电源），生物膜性能，材料科学包括表面改性、导电材料和电子元器件的研究中得到了越来越广泛的应用。**电化学阻抗谱**又称为交流阻抗，它是一种以小振幅的正弦波电位或电流为扰动信号，使电极系统产生近似线性关系的电化学测量方法。由于以小振幅的信号对体系进行扰动，一方面可以避免对体系产生较大影响，另一方面也使得扰动与体系的响应之间近似呈线性关系。同时，电化学阻抗谱法又是一种频率域的测量方法，它通过测量得到的频率范围很宽的阻抗谱来研究电极系统，因而能比其他常规的电化学方法得到更多的动力学信息及电极界面结构的信息。

电化学阻抗谱的测量目的：一是根据测量得到的电化学阻抗谱图，确定电化学阻抗谱的等效电路或数学模型，与其他的电化学方法相结合，推测电极系统中包含的动力学过程及其机理；二是如果已经建立起一个合理的等效电路或数学模型，那么就要确定数学模型中有关的参数或等效电路中有关元件的参数值，从而估算有关过程的动力学参数或有关体系的物理参数。例如：可以通过电化学阻抗谱结果，根据等效电路图得出从参比电极到工作电极之间的溶液电阻、双层电容以及电极反应电阻（转移电阻）的信息。

等效电路的含义：在图 1-8 三电极两回路体系中，参比电极的盐桥尾部和研究电极（工作电极）的界面部分区域分成了三部分：首先是盐桥尾部到研究电极界面附近区域，由于溶液的存在产生了溶液电阻 R_s；再次，由于金属电极表面的剩余电荷（－）的存在而使界面左侧溶液相邻区域带了正电荷（＋），这样，形成了双电层结构，双电层电容 C_{dl} 的存在引起了阻抗（容抗）；同时，在界面处还应考虑由于官能团结构与金属发生交互作用而产生的电荷转移，由此产生的阻抗即电荷转移电阻 R_{ct}。因此，这三个元器件在体系中多以一种等效电路（图 1-9）来表达：R_{ct} 和 C_{dl} 并联后再与 R_s 串联。图 1-9 中，C_{dl} 是高频时可导通，而 R 是低频时可导通。这样，人们就可在一个比较大的频率范围对体系进行交流阻抗的测量，如 10^{-2}～10^5 Hz。因此，在此较大的范围内，可以得到电阻、电抗（容抗、感抗）等多方面的信息。

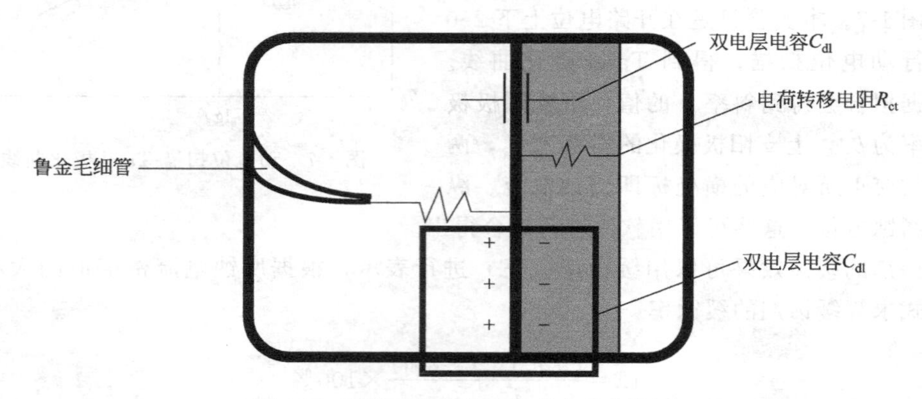

图 1-8　等效电路在实际体系中的含义图

交流阻抗的测量方法一般分为以下三种。①**阻抗-频率扫描**；②**阻抗-时间扫描**；③**阻抗-电位扫描**。

本实验采用阻抗-频率扫描测量方法。腐蚀体系常见交流阻抗谱图-Nyquist 图（图 1-10）。直流电下，阻抗仅以电阻 R 的形式体现，$E=IR$；而交流电下，由于电流或电阻的周期性变化：$E_{ac}=I_{ac}Z$，其中 Z 为阻抗，$I_{ac}=I_m\sin\omega t$，$Z=Z_{Re}+jZ_{Im}$，$Z_{Re}=R_s+\dfrac{R_{ct}}{1+\omega^2C_{dl}^2R_{ct}^2}$，$Z_{Im}=\dfrac{\omega C_{dl}R_{ct}^2}{1+\omega^2C_{dl}^2R_{ct}^2}$。阻抗不仅以 R 的形式在实轴体现，还会在虚轴以容抗$\left(-j\dfrac{1}{\omega C}\right)$或感抗（$j\omega L$）的形式体现。也就是说，阻抗是一个矢量，复数，且由实轴 Z_{Re}（或 Z'）和虚轴 Z_{Im}（或 Z''）组成。由这个较典型的阻抗图谱（见图 1-10），它是由实轴的数学表达和虚轴的数学表达，通过两式消去角频率 ω 后，获得一个形状如圆的基本方程的表达式(1-4)：

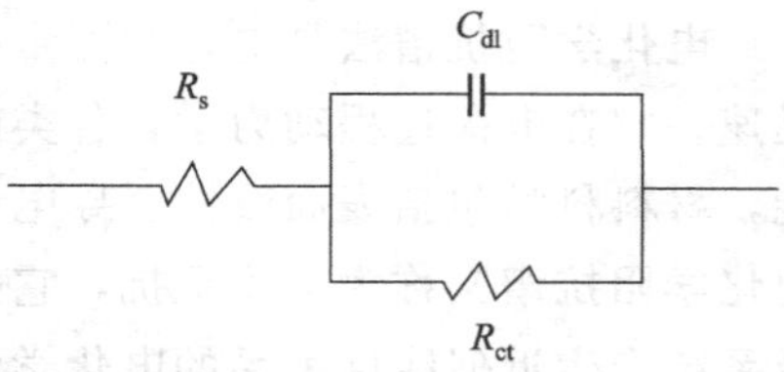

图 1-9　等效电路的一种常见图

$$\left(Z_{Re}-R_s-\frac{R_{ct}}{2}\right)^2+Z_{Im}^2=\left(\frac{R_{ct}}{2}\right)^2 \tag{1-4}$$

通过实轴可以找到 R_s 和 R_{ct}，通过虚轴可以间接找到 C_{dl} 理想电容的值。实际体系中，由于表面粗糙度的影响，电容成为了非理想电容，即 Q 或 CPE-C，粗糙度越大，偏离理想情况越多，弥散系数即指数部分数值越小于 1，半圆压扁程度越大。图 1-10 为一个时间常数 τ 的常见理想交流阻抗谱图-Nyquist 图中，是从高频到低频测量的，且随着频率的降低，实轴数值从 0 向坐标轴的右侧方向，虚轴数值由 0 向负值方向（上方）变化。其中，时间常数 $\tau=\frac{1}{\omega^*}$。

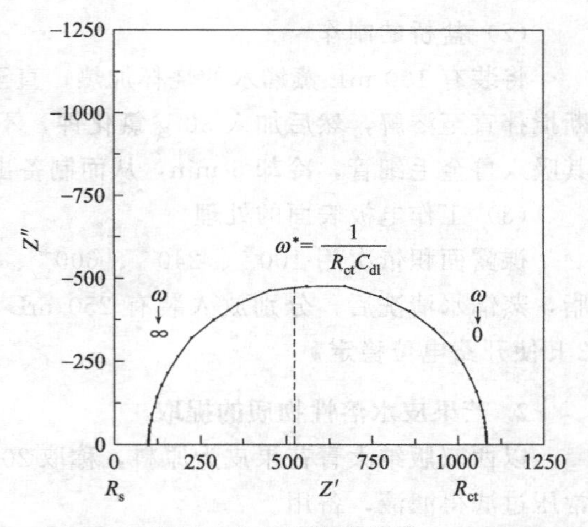

图 1-10　常见理想交流阻抗谱图-Nyquist 图

测出图形后，通过设计等效电路和拟合可以得出 R_s、C_{dl} 以及 R_{ct}。根据电化学阻抗谱转移电阻 R_{ct} 的数据也可以计算缓蚀剂的缓蚀率，其计算方法如式(1-5)：

$$IE=\frac{R_{ct(inh)}-R_{ct(0)}}{R_{ct(inh)}}\times 100\% \tag{1-5}$$

式中，$R_{ct(0)}$、$R_{ct(inh)}$ 分别是不加缓蚀剂和加缓蚀剂后的转移电阻值。

三、实验用品

（1）仪器、设备

CS350 电化学工作站（武汉科思特仪器有限公司）、AL204 电子分析天平、烧杯（250 mL）、移液管、简易过滤装置、铂电极（213 型）、饱和甘汞电极（232 型）、容量瓶（250 mL）、自动打磨机、电焊工具。

（2）材料

西双版纳大青芒果皮、冷轧钢片（昆明钢铁厂）（各元素质量分数为：C 0.05%，Si 0.02%，Mn 0.28%，P 0.023%，S 0.019%）、铜导线、鲁金毛细管、PVC 管、砂纸。

（3）试剂

冰乙酸（CH_3COOH，AR）、丙酮（AR）、蒸馏水、琼脂、AB 胶。

四、实验步骤

1. 电极的准备

（1）工作电极的焊制和灌封

首先准备长短合适的铜线，分别去掉两端塑料外壳，将一端用钳子折弯，之后将其用锤子敲扁备用；再用砂纸打磨直径为 1.0 cm 的钢片，直到无锈、亮白为止，备用；最后进行焊接，将钢片放置在石棉网之上，下方用电热炉（调至适当温度）加热，用电烙铁将焊丝熔化并焊接在钢片上，得到完整牢固的电极。

用环氧树脂和聚酰胺树脂按 1∶2 的比例灌封工作电极（裸露面积为直径 1.0 cm 圆的面积）。

（2）盐桥的制作

将装有 100 mL 蒸馏水的烧杯加热，直至水沸腾。当水沸腾时，先加入 1 g 琼脂，不断搅拌直至溶解，然后加入 30 g 氯化钾，不断搅拌直至溶解。待其全部溶解，沸腾时将其吸入鲁金毛细管，冷却 5 min，从而制备出饱和氯化钾盐桥。

（3）工作电极表面的处理

裸露面积依次用 $100^{\#}$、$240^{\#}$、$600^{\#}$、$800^{\#}$、$1000^{\#}$ 砂纸打磨至镜面光亮，丙酮脱脂，蒸馏水清洗后，分别放入装有 250 mL 缓蚀剂溶液和空白溶液体系的烧杯中，浸泡 2 h 使开路电位稳定。

2. 芒果皮水溶性物质的提取

以西双版纳大青芒果皮为原料，称取 200 g，加入蒸馏水 500 mL，搅拌破碎后，常温常压过滤得滤液，备用。

3. 溶液的配制

分别配制 1 mol/L 乙酸溶液、含芒果皮滤液（100 mL）的 1 mol/L 乙酸混合溶液于 250 mL 容量瓶内备用；各取 200 mL 1 mol/L 乙酸溶液、含缓蚀剂的 1 mol/L 乙酸溶液于 250 mL 烧杯内作为空白溶液和缓蚀剂溶液。

4. 电解池的安装和参数设置

（1）电解池的安装

辅助电极为铂电极（213 型），参比电极为套有鲁金毛细管的饱和 KCl 甘汞电极（232 型，SCE），所有电位均相对于 SCE。安装工作电极、辅助电极、参比电极，使鲁金毛细管尖端靠近研究电极工作表面（1 mm 左右），将仪器上的线与待测电极体系相连，以备动电位扫描和交流阻抗测试用。

（2）参数设置

电极在溶液中浸泡 2 h 后开始进行相关测试。动电位扫描中扫描速率为 0.5 mV/s，扫描区间为 $-250 \sim 250$ mV（相对于腐蚀电位）。交流阻抗测试，阻抗测量频率 $0.1 \sim 10^5$ Hz，交流激励信号幅值 10 mV。

5. 程序设定

打开计算机中的 CorRctest 电化学测试程序，选择交流阻抗，在随后的对话框里选择阻抗-频率扫描，设定相关参数，保存，然后开始测试。

选择动电位扫描，在随后的对话框里设置扫描起始电位、终止电位、扫描速率、参比电极等参数。保存设置参数，然后开始测试。

测试结束后，按试样号保存好曲线，退出。试样取出，将溶液倒掉，彻底清洗烧杯。依次关闭程序、CS350 电化学工作站、电脑。

6. 数据处理

分别通过 ZVIEW 和 CVIEW 软件拟合相关数据，用于腐蚀影响分析。

五、实验结果与分析

（1）用 Origin 绘图分析软件绘制腐蚀体系测量得到的 $E\text{-}\lg|j|$ 极化曲线图，$Z'\text{-}Z''$ 阻

抗图。

（2）用动电位极化拟合参数（表1-2）确定腐蚀电位（E_{corr}）、腐蚀电流密度（j_{corr}）、阴极Tafel斜率（b_c）、阳极Tafel斜率（b_a）。再由式(1-2)计算出缓蚀率IE。

表1-2 极化曲线拟合数据

c/(mg/L)	b_a/mV	b_c/mV	j_{corr}/($\mu A/cm^2$)	E_{corr}/mV	IE/%

（3）通过交流阻抗测量的数据拟合处理来确定参数（表1-3），分别为R_s（$\Omega \cdot cm^2$）表示溶液电阻，R_{ct}（$\Omega \cdot cm^2$）表示电荷转移电阻，CPE-T（$\mu F/cm^2$）表示双电层电容，CPE-P为弥散指数，再由式(1-5)计算出缓蚀率IE（%）。

表1-3 电化学阻抗谱拟合数据

c/(mg/L)	R_s/($\Omega \cdot cm^2$)	R_{ct}/($\Omega \cdot cm^2$)	CPE-T/(μF/cm)	CPE-P	IE/%

（4）根据测量得到的电化学阻抗谱图，建立电化学阻抗谱的等效电路图。

（5）分析腐蚀规律及体系的电化学反应机理。

六、注意事项

（1）测定前仔细了解仪器的使用方法。

（2）电极表面一定要处理平整、光亮、干净，不能有点蚀孔。磨试样时试样表面状态要求均一、光洁，需要进行表面处理。制作试样时已经过机加工，试验前还需用砂布打磨，以达到要求的光洁度，表面上应无刻痕与麻点。平行试样的表面状态要尽量一致。

（3）环氧树脂灌封电极时，焊接处一定和金属片接触紧密，以防环氧树脂类固定时流入，出现导电不畅问题。导线裸露处一定要灌封好。

（4）盐桥中间无气泡，盐桥的溶胶冷凝后，管口往往出现凹面，此时用玻璃棒蘸一滴热溶胶滴加在管口即可。

七、思考题

（1）做好本实验的关键有哪些？

（2）植物缓蚀剂减缓腐蚀的机理是什么？

（3）测量极化曲线时，三电极有哪三种？各自发挥的作用是什么？

（4）工作电极如何准备？若简单把导线和金属片连接，可以吗？为什么？

（5）极化曲线和电化学阻抗谱法测试的目的是什么？

（6）使用电化学工作站有哪些注意事项？

八、参考资料

［1］Zaferani S H，Sharifi M，Zaarei D，et al. Application of eco-friendly products as corrosion inhibitors for metals in acid pickling processes：A review [J]. Journal of Environmental Chemical Engineering，2013，1 (4)：652-657.

[2] 范贵锋，樊保民，刘浩，等．酸性介质下植物提取缓蚀剂作用机理研究进展[C]. 第二十一届全国缓蚀剂学术讨论会论文集，2020，11：314-323.

[3] Asadi N，Ramezanzadeh M，Bahlakeh G，et al. Utilizing Lemon Balm extract as an effective green corrosion inhibitor for mild steel in 1M HCl solution：A detailed experimental，molecular dynamics，Monte Carlo and quantum mechanics study [J]. Journal of the Taiwan Institute of Chemical Engineers，2019，95：252-272.

[4] Fan G，Liu H，Fan B，et al. Trazodone as an efficient corrosion inhibitor for carbon steel in acidic and neutral chloride-containing media：Facile synthesis，experimental and theoretical evaluations [J]. Journal of Molecular Liquids，2020，311.

[5] Ajila C M，Bhat S G，Prasada R. Valuable components of raw and ripe peels from two Indian mango varieties [J]. Food Chemistry，2007，102 (4)：1006-1011.

[6] 李荻．电化学原理 [M]. 北京：航空航天大学出版社，2008.

[7] 查全性．电极过程动力学导论．3 版．北京：科学出版社，2002.

[8] Mug N，Zhao T P. Effect of metallic cations on corrosion inhibition of an anionic surfactant for mild steel [J]. Corrosion. 1996，52 (11)：853-859.

[9] 曹楚南，张鉴清．电化学阻抗谱导论 [M]. 北京：科学出版社，2002.

[10] 胡会利，李宁．电化学测量 [M]. 北京：国防工业出版社，2007.

知识链接

金属腐蚀给人类日常生活、工农业生产带来了巨大的损失。腐蚀不仅造成金属材料的浪费，还影响人们的生产、生活。若采取有效的防护措施，金属腐蚀损失将会减少。金属腐蚀防护措施有非金属保护、金属保护层、电化学保护、缓蚀剂保护等。在缓蚀剂保护中，由于缓蚀剂的种类相当多，其作用机理各有所不同。所以，要正确地了解缓蚀剂的缓蚀机理，根据缓蚀剂种类及在腐蚀介质中的性能，加以全面考虑。目前，已从不同的方面对缓蚀机理作出三种解释：成膜理论、吸附理论及电化学理论。这三种理论之间存在着内在的联系。

(1) 成膜理论：缓蚀剂在金属表面生成一层由金属、缓蚀剂和腐蚀介质离子间相互反应所形成的难溶、有保护作用的保护膜，从而达到阻止腐蚀的目的。

(2) 吸附理论：缓蚀剂主要通过物理作用（静电引力、分子间力）或者化学作用（缓蚀剂中的孤对电子与金属形成配位键），在金属表面上形成吸附保护膜层来隔离介质对金属的腐蚀，从而起到缓蚀的作用。

(3) 电化学理论：从电化学观点出发，电化学理论主要通过增大腐蚀阳极及阴极过程的阻力来减缓金属腐蚀，缓蚀剂分为阳极、阴极和混合抑制型。通常具有氧化性的缓蚀剂大部分为阳极抑制型，而有还原能力的缓蚀剂大多是阴极抑制型，同时对阴、阳极反应有抑制作用的有机缓蚀剂为混合抑制型。

实验 5　高效液相色谱法测定云南小粒咖啡中咖啡因含量系列实验

一、实验目的

（1）学习生物碱提取方法。

（2）掌握用索氏提取器提取云南小粒咖啡中的咖啡因。

（3）掌握高效液相色谱仪的使用方法和外标标准曲线法测定物质的含量。

（4）了解反相色谱的原理和应用。

二、实验原理

咖啡因具有刺激心脏、兴奋中枢神经、松弛平滑肌和利尿等作用，因此主要用作中枢神经兴奋药。它是复方阿司匹林（APC）等药物的组分之一，也是一些无酒精饮料（如可乐）等的成分之一。现代制药工业多用合成方法来制得咖啡因。

咖啡因属黄嘌呤衍生物，化学名称为 1,3,7-三甲基黄嘌呤。咖啡因是存在于小粒咖啡或咖啡中的一种生物碱，能兴奋大脑皮层。咖啡因在咖啡中的含量为 1.2%～1.8%，在小粒咖啡中的含量为 2.0%～4.7%。含结晶水的咖啡因为白色针状结晶，味苦。其在 100 ℃时失去结晶水，开始升华，120 ℃时升华显著，178 ℃以上升华加快。无水咖啡因的熔点为 238 ℃，其分子式为 $C_8H_{10}O_2N_4$，结构式如图 1-11 所示。

从小粒咖啡中提取咖啡因：通过适当的溶剂（氯仿、乙醇等）在索式提取器中连续抽提，浓缩定容得到咖啡因样品液。本实验采用的高效液相色谱法是用 Econosphere C_{18} 反相色谱柱进行分离，用紫外检测器进行检测，以咖啡因标准系列溶液的色谱峰面积对其浓度作标准曲线，再根据样品中咖啡因的峰面积，由标准曲线计算出样品中咖啡因的浓度。

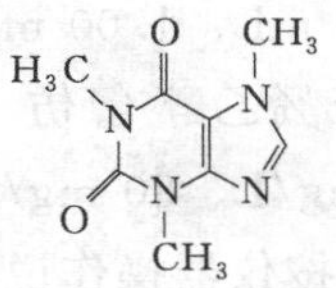

图 1-11　咖啡因的结构式

三、实验用品

（1）仪器

分析天平（上海天平仪器厂）、索氏提取器（Soxhlet 提取器，又称脂肪提取器）、索式提取装置、减压蒸馏装置、蒸发皿、滤纸、漏斗、水浴；高效液相色谱仪，紫外检测器，Econosphere C_{18} 色谱柱（3 μm，10 cm×4.6 mm）等。

（2）材料

云南小粒咖啡等，均为市售商品。

（3）试剂

无水乙醇、生石灰、甲醇（色谱纯）、二次蒸馏水、氯仿、咖啡因标准品等。除特殊标注外，试剂均为分析纯。

（4）其他

剪刀、镊子、称量纸、药匙等。

四、实验步骤

1. 云南小粒咖啡中咖啡因的提取

称取 1.00 g 小粒咖啡（品种“卡蒂姆”），研细后，放入索氏提取器（脂肪提取器）的滤纸套筒中。实验中要注意滤纸套筒大小是否合适，以既能紧贴器壁，又能方便取放为宜，其高度不得超过虹吸管；要注意小粒咖啡末不能掉出滤纸套筒，以免堵塞虹吸管；纸套上面折成凹形，以保证回流液均匀浸润被萃取物，也可以用脱脂棉代替滤纸套筒。用少量脱脂棉轻轻阻住虹吸管口。装入的样品量不要超过虹吸管上端。

然后将 80 mL 95%乙醇-氯仿（体积比为 1∶1）混合溶剂缓慢加到索式提取器内，当液面超过虹吸管上端时，产生虹吸溶剂流入圆底烧瓶中，水浴加热，连续抽提约 1 h，直到提取液为浅色，待冷凝液刚刚虹吸下去时，停止加热。稍冷，将索氏提取装置改成减压蒸馏装置，回收提取液中的大部分乙醇-氯仿溶剂。瓶中乙醇不可蒸得太干，否则残液很黏，转移时损失较大。将该提取液转移至 100 mL 容量瓶中，用 95%乙醇-氯仿（体积比 1∶1）混合溶剂定容至刻度。

2. 高效液相色谱法测定咖啡因的标准曲线

首先配制咖啡因标准贮备溶液：准确称取在 110 ℃下烘干 1 h 的咖啡因标准品 0.1000 g，用 95%乙醇-氯仿（体积比为 1∶1）混合溶剂溶解后，转移至 100 mL 容量瓶中，并用 95%乙醇-氯仿（体积比为 1∶1）混合溶剂稀释至刻度线，即得浓度为 1000 mg/L 的咖啡因标准贮备溶液。然后配制咖啡因标准系列溶液，分别准确量取 0.40 mL、0.60 mL、0.80 mL、1.00 mL、1.20 mL、1.40 mL 咖啡因标准贮备溶液于 6 只 10 mL 容量瓶中，用 95%乙醇-氯仿（体积比为 1∶1）混合溶剂定容至刻度线，即得浓度分别为 40 mg/L、60 mg/L、80 mg/L、100 mg/L、120 mg/L、140 mg/L 的咖啡因标准系列溶液。

按仪器操作说明书开机并调试，使色谱仪正常工作。设置色谱条件为：柱温为室温；流动相为甲醇∶水＝60∶40；流动相流量 1.0 mL/min；检测波长 275 nm。待液相色谱仪基线平直后，注入咖啡因标准系列溶液 10 μL，重复 2 次，并保证 2 次所得的咖啡因色谱峰面积基本一致，将有关数据记录于表 1-4。以咖啡因浓度为横坐标，平均峰面积为纵坐标绘制标准曲线。

表 1-4　高效液相色谱法测定咖啡因的标准曲线

编号	1	2	3	4	5	6
浓度/(mg/L)	40	60	80	100	120	140
保留时间/min						
峰面积(A_1)						
峰面积(A_2)						
平均峰面积(A)						

3. 测定云南不同产区小粒咖啡中咖啡因的含量

采集云南保山市、临沧市、普洱市三大产区（不同海拔）的咖啡生豆，按照实验第一步方法提取，采用高效液相色谱法测定。注入样品溶液 10 μL，根据保留时间确定样品中咖啡因色谱峰的位置，再重复 2 次，取平均值即为实验结果。实验后的仪器处理则按仪器操作说明书要求，清理并关好仪器。

五、实验结果与分析

1. 不同产区咖啡因含量高低比较

通过高效液相色谱法中记下的咖啡因色谱峰面积，进行咖啡因含量测定。全面了解不同产区、不同海拔咖啡生豆和焙炒咖啡豆中咖啡因含量变化规律。根据样品中咖啡因色谱峰的峰面积，由标准曲线计算出小粒咖啡中咖啡因的质量浓度（用 mg/g 表示）。

2. 表征结果

三大产区咖啡生豆中咖啡因平均含量随着海拔的升高而增高，这可为提高云南咖啡品质和产业发展提供一定的科学依据和参考。对保山市、临沧市、普洱市三个产区咖啡生豆进行咖啡因含量测定，实验结果表明：咖啡生豆中咖啡因含量为 0.863%～1.216%，均高于国家标准中不低于 0.8%的要求，咖啡因含量随着海拔的升高而增高，三个产区咖啡生豆咖啡因含量从高到低依次为保山市、临沧市、普洱市。

六、注意事项

（1）因为咖啡因具有升华性，所以不能敞口加热，否则影响测量结果。

（2）为获得良好结果，样品和标准溶液的进样量要严格保持一致。

七、思考题

（1）为什么滤纸套筒不要高过索式提取器支管上口？

（2）采用乙醇和氯仿混合溶剂提取比单一溶剂提取具有什么优势？

（3）索式提取器的工作原理是什么？有何优点？

（4）若标准曲线用咖啡因浓度对峰高作图，能得出准确结果吗？

（5）如何选择 HPLC 的色谱条件？

八、参考资料

[1] 张绍龙，邱碧丽，刘超，等．云南小粒咖啡中咖啡因含量比较分析 [J]．云南化工，2018，45（7）：79-81.

[2] 邱碧丽，代丽玲，刘超，等．HPLC 法同时测定云南小粒咖啡中 4 种成分的含量 [J]．安徽农业科学，2018，46（34）：173-175.

[3] 李晓娇，付文相，杨丽华，等．云南小粒咖啡果皮中果胶的提取及其水解物抑菌活性研究 [J]．食品工业科技，2020，41（11）：79-84，110.

[4] 代妮娅，何桂源．超声波法提取咖啡中水溶性固形物工艺研究 [J]．价值工程．2017，36（23）：114-116.

[5] 张云鹤，付晓萍，林奇，等．云南小粒种咖啡果皮提取物工艺优化 [J]．农产品加工，2017，5：29-32，36.

[6] 疏义，邱明华．云南小粒咖啡活性成研究 [J]．安徽农业科学，2014，42（10）：

3062-3063，3066.

[7] 周斌，任洪涛，夏凯国，等．云南小粒咖啡的香气成分分析 [J]. 现代食品科技. 2013，29 (1)：186.

知识链接

目前，云南省是我国最大、最重要的咖啡豆生产基地，咖啡种植面积及生豆产量均达全国97%以上，并逐步形成了集种植、生产、加工于一体的发展格局。到2017年，种植面积发展到12.2万公顷，总产量14.4万吨，产量占全球总产量的1.5%，全球排名第12，亚洲地区排名第4。2017年，云南有咖啡企业1000家左右，从育种、种植、加工到消费饮品生产、市场销售的整个产业链条和环节已经完备，产品远销欧美、日韩、中东等地，云南咖啡已成为我国参与全球市场竞争的重要农产品之一。同时，云南小粒咖啡也已成为云南高原特色十大重点农业产业之一，超过烟草和蔬菜成为云南出口创汇第一的农业产业。

据调查，云南小粒咖啡分东西两路传入云南。其中东路是1892年由法国传教士引进的，种植到北纬26度、海拔1400米的宾川县朱苦拉。这一种源"波帮"占69%，"铁毕卡"占31%，在云南的栽培面积不大。西路则是1914年由景颇族边民引进到瑞丽县弄贤寨种植作为庭院观赏之用，1952年初云南农科院热带亚热带作物研究所科技人员在做社会调查时发现，并采回鲜果35 kg带到保山市潞江坝试种，从而形成了云南咖啡的主要栽培种。20世纪50年代起，小粒咖啡逐步在云南扩大种植面积。云南优良的地理、气候环境适宜小粒种咖啡的生长，并形成了云南小粒咖啡"浓而不苦、香而不烈、略带果味"的独特风味，深受国际咖啡市场欢迎。1993年在比利时布鲁塞尔举办的世界咖啡评比大会上，云南的"保山小粒咖啡"(地理标志保护产品) 荣获世界"尤里卡"金奖，从此，"云南小粒咖啡"在世界市场上崭露头角，并成为云南咖啡的地域品牌。1998年，云南省人民政府发布《云南省人民政府关于加快咖啡产业发展的意见》，从政府层面为云南咖啡产业的发展指明了方向。随后在咖啡豆价格一路高涨的市场推力下，云南小粒咖啡种植面积迅速扩大。

实验6 普洱茶中茶多酚的微波浸提和抗氧化性测定及其护手霜的制备

一、实验目的

(1) 掌握茶多酚的微波浸提原理及基本方法。

(2) 掌握茶多酚的含量及抗氧化性能测定的原理及方法。

(3) 了解分析仪器的使用方法以及图谱解析。

(4) 了解茶多酚护手霜的制备。

二、实验原理

普洱茶具有降脂、降糖、消炎、抗氧化、抗肿瘤、抗菌、抗病毒等药理功能。这是因为普洱茶含有茶多酚、茶多糖、总黄酮、茶氨酸等药理成分，其中含量最高的是茶多酚，占茶叶总重的15%～35%。茶多酚是一种纯天然的高效抗氧化剂，可抑制或阻止人体新陈代谢产生自由基，保护内脏器官，延缓衰老，它的抗氧化能力是维生素E的9.6倍，是维生素C的100倍。因此，人们致力于它的提取、分离、纯化及鉴定。茶多酚是茶叶中多羟基酚类化合物的复合物，由30种以上的酚类物质组成，其主体成分是儿茶素及其衍生物，其结构通式和表观形貌如图1-12所示。由图1-12可见，茶多酚具有共同的结构特性——**2-苯基苯并吡喃**和**多羟基取代基**，它们是其抗氧化作用的结构基础。其中2-苯基苯并吡喃是抗氧化作用的结构骨架，羟基是抗氧化作用的结合位点，羟基的位置和数目决定着茶多酚抗氧化活性的大小。

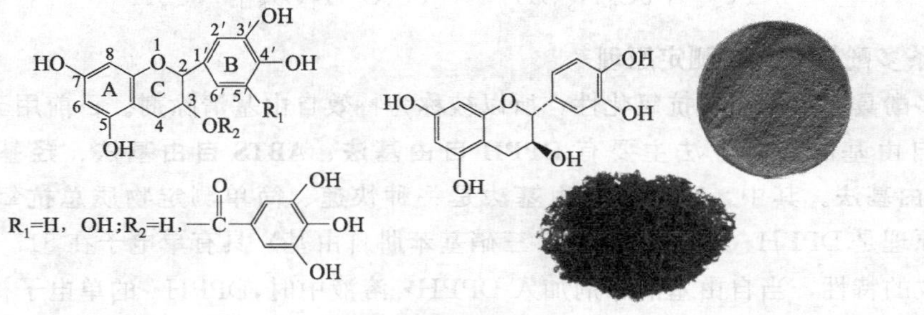

R_1=H，OH；R_2=H，—C(=O)—(3,4,5-三羟基苯基)

图1-12 儿茶素的结构通式和表观形貌

1. 茶多酚的提取原理

茶多酚具有多羟基取代的结构特性，所以茶多酚易溶于乙醇、甲醇、乙酸乙酯、丙酮等有机溶剂，所以本实验选用对茶多酚溶解度大、对茶叶中其他成分溶解度小的乙醇溶剂开展提取实验。乙醇溶解茶多酚的原理为：乙醇因扩散和渗透作用逐渐通过细胞壁进入到细胞内溶解茶多酚等物质，造成细胞内外浓度差，细胞内的浓溶液不断向外扩散，乙醇溶剂又不断进入茶叶组织细胞内，经过一段时间的渗透作用，细胞内外溶液浓度达到动态平衡，将饱和溶液过滤、分离，就可以将茶多酚提取出来。但是，仅用乙醇溶剂提取茶多酚存在提取速度慢和耗时长的缺点，所以，随着科技的发展，出现了超临界萃取法、微波浸提法和超声波浸提法等新方法。其中，微波浸提法是近几年兴起的新方法，基本原理是高频电磁波穿透溶液，到达普洱茶内部维管束和腺胞系统，细胞吸收微波能，内部温度迅速上升，细胞分子在微波场中发生高频运动，细胞内部的压力超过细胞壁膨胀承受能力，导致细胞破裂（简称"破壁"），细胞内有效成分自由流出，在较低的温度下和较短的时间内就可以方便、快捷地提取茶多酚，且大大减少了茶多酚长时间在高温下的氧化，提高了产品的品质与收率。

目前常用的微波系统主要有两类，分别是**密闭式微波**（closed microwave）反应系统和**开放式微波**（open microwave）反应系统。其中密闭式微波反应系统主要用于微波消解，温度一般设置在60～120 ℃，但这种系统存在高温高压的风险和目标物质易降解的缺陷。于是人们通过将商用或家用微波炉改装，制成开放式微波反应系统，便可以根据实验需求安全稳定地操作。本实验用乙醇作为溶剂，为避免乙醇挥发的潜在危险，采用带有冷凝功能的开放式微波反应系统（图 1-13）进行茶多酚的微波浸提。

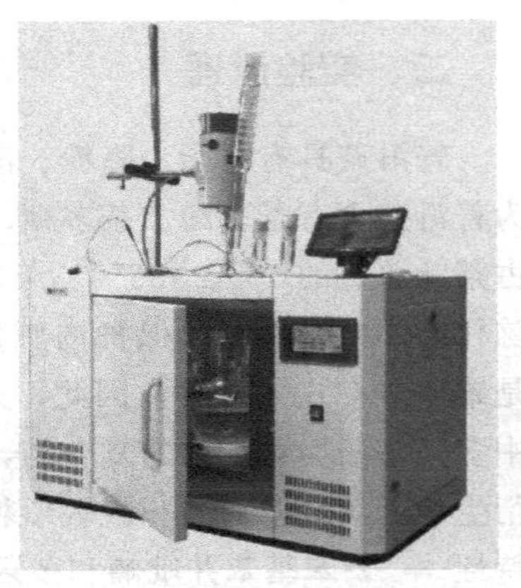

图 1-13　实验用开放式微波反应系统

2. 茶多酚的含量测定

茶多酚的含量是评价普洱茶品质的关键因素，所以需要测定其含量。目前使用较多的含量测定方法是**酒石酸亚铁法**（GB/T 8313—2002）。具体测定原理是：茶多酚物质与亚铁离子反应生成电离度很大的络合物，该络合物呈紫蓝色，可用紫外-可见分光光度法测定其含量。反应方程式如式(1-6)：

$$Fe^{3+} + 6C_6H_5OH \longrightarrow [Fe(C_6H_5O)_6]^{3-} + 6H^+ \quad (1\text{-}6)$$

3. 茶多酚抗氧化性测定原理

茶多酚具有天然高效抗氧化性，所以被称为特效自由基清除剂。目前用于检测抗氧化剂清除自由基的实验方法主要有 **DPPH 自由基法**、**ABTS 自由基法**、**羟基自由基法**和 **PTIO 自由基法**。其中，DPPH 自由基法是一种快速、简单测定物质总抗氧化效果的方法，其原理是 DPPH·（1,1-二苯基-2-三硝基苯肼自由基）具有单电子在 517 nm 处呈深紫色强吸收的特性，当自由基清除剂加入 DPPH· 溶液中时，DPPH· 的单电子被配对使深紫色吸收逐渐消失，褪色程度与接受的电子数成定量关系，因而可用分光光度法进行定量分析。茶多酚对 DPPH· 的清除是茶多酚把电子和质子传递给 DPPH·，生成稳定的分子态 DPPH2 新物质的结果，反应方程式如式(1-7)：

$$\text{DPPH}\cdot \xrightarrow[\text{抗氧化剂}]{+e^-,\ +H^+} \text{DPPH-H} \quad (1\text{-}7)$$

DPPH ·

4. 茶多酚的应用

鉴于茶多酚的抗氧化性，茶多酚是化妆品和日用品的优良添加剂，有很强的抗菌作用和抑制氧化酶作用，同时可以防止太阳光线对皮肤的伤害。因此，茶多酚可作为抗氧剂、保质剂、防皱剂、皮肤增白剂、防晒剂添加入化妆品和日用品中，因此本实验采用**加入法**将提取物茶多酚添加入护手霜，能够提高护手霜的抗氧化和抑菌能力，有助于护手霜的保存。

三、实验用品

(1) 仪器

普析 TU-1950 紫外-可见分光光度仪、自改装 300 W 微波炉、旋转蒸发仪及真空抽滤机、真空干燥箱、分析天平、水浴锅、容量瓶、烧杯、量筒、研钵、玻璃棒、称量瓶等。

(2) 材料

普洱生茶，产自云南勐海。

(3) 试剂

酒石酸钾钠、硫酸亚铁、磷酸二氢钾、磷酸氢二钠、DPPH 自由基粉末、无水乙醇、蒸馏水、丙三醇、茶多酚试样、凡士林、T-60、白油、单甘酯等。

(4) 其他

剪刀、镊子、称量纸、药匙等。

四、实验步骤

1. 标准溶液配制实验

(1) 配制 50％乙醇溶液：量取 50 mL 无水乙醇于烧杯中，加入少量蒸馏水混合，然后转移至 100 mL 容量瓶中定容。

(2) 配制酒石酸亚铁溶液：准确称取 0.1g 硫酸亚铁和 0.5g 酒石酸钾钠于烧杯中混合，用适量蒸馏水溶解后移入 100 mL 容量瓶定容。

(3) 配制 DPPH 标准溶液：用牙签挑取 DPPH 自由基粉末于烧杯中，用无水乙醇试剂溶解，并以无水乙醇作为空白参比，在 517 nm 波长下测定 DPPH 的吸光度。通过添加 DPPH 粉末或添加无水乙醇的方式将 DPPH 的吸光度调至 $A_{DPPH}=0.7$（误差为±0.02），放置备用。

(4) 配制磷酸氢二钠溶液：准确称取磷酸氢二钠 2.9695g 于烧杯中，用适量蒸馏水溶解后移入 250 mL 容量瓶定容，设为 A 标准溶液。

(5) 配制磷酸二氢钾溶液：准确称取 2.2695g 磷酸二氢钾，用适量蒸馏水溶解后移入 250 mL 容量瓶定容，设为 B 标准溶液。

(6) 配制缓冲液：取 A 标准溶液 85 mL，B 标准溶液 15 mL 混匀，可得 pH＝7.5 的缓冲液。

2. 微波浸提茶多酚实验

取适量普洱生茶样品用研钵研磨成粉状，倒入烧杯中备用。准确称取 10 g 茶粉（记为 $m_{普洱茶}$）置于烧杯中。将蒸馏水煮沸冷却 3～5 min，直至水降温至约 80 ℃，倒入快速洗茶。然后加入 90 mL 50％乙醇标准溶液，后倒入圆底烧瓶中并放入沸石，将圆底烧瓶小心放置于带冷凝装置的开放式微波系统中，设置微波时间为 8～10 min，打开冷凝水开始微波浸提。待时间截止后，关闭冷凝水，取下圆底烧瓶后趁热抽滤。重复上述微波辅助浸提和真空抽滤操作 2～3 次，即可得到茶多酚浸提液。

取另一只洁净的圆底烧瓶，盖上另一锡箔纸准确称取其质量 m_0 后装入茶多酚浸提液，设置初始温度 30 ℃，调节转速开始蒸馏。随着茶多酚浸提液中水分和乙醇含量的降低，缓慢升温至约 40 ℃，待无液体蒸出停止蒸馏，取下圆底烧瓶得到金黄色黏稠状茶多酚粗提物。

盖上原锡箔纸，将茶多酚粗提物在 90 ℃真空干燥箱中干燥 6 h，取出圆底烧瓶可见瓶壁上琥珀色镶金边的茶多酚样品。准确称量装有茶多酚样品的圆底烧瓶质量（注意不要取下原锡箔纸），记为 m_1。由 m_1-m_0 可计算得 10 g 普洱茶中茶多酚的提取量 $m_{茶多酚}$。通过式(1-8) 计算普洱茶中茶多酚的提取率。刮下茶多酚在玛瑙研磨中研成粉末备用。

$$提取率=\frac{m_{茶多酚}}{m_{普洱茶}}\times100\% \quad (1\text{-}8)$$

3. 茶多酚含量测定实验

(1) 配制待测液：称取 0.05 g 茶多酚粉末，用蒸馏水溶解后于 50 mL 容量瓶中定容备用。移取上述溶液 1 mL 于 25 mL 容量瓶，加入 4 mL 蒸馏水和 5 mL 酒石酸亚铁溶液，用缓冲液定容，摇匀。

(2) 配制空白参比液：取 5 mL 蒸馏水于 25 mL 容量瓶中，继续加入 5 mL 酒石酸亚铁溶液，用缓冲液定容。

(3) 茶多酚含量测定：接通紫外-可见分光光度仪的电源，打开开关，掀开样品室暗箱盖，预热 10 min。将配制好的空白参比液加至 1 mL 比色皿 3/4 处，用滤纸擦干外壁后放入仪器参比空白处，盖上仪器。设置分光光度仪波长为 540nm，点击校零。取另一比色皿，用茶多酚提取物待测液润洗，将待测液加至 3/4 处，用滤纸擦干外壁，放入样品室内。测试前再次观察当前吸光度是否为零，如果不为零则需要重新校零。如果为零，放置好待测液后点击开始，测定其吸光度 A。将测得的吸光度 A 代入下列式(1-9) 可计算出茶多酚的含量。

$$茶多酚含量=\frac{A\times1.957\times2}{1000}\times\frac{L_1}{L_2\times m_0\times m}\times100\% \quad (1\text{-}9)$$

式中，A 为茶多酚试样液的吸光度；L_1 为试液总体积，mL；L_2 为测定时的用液量，mL；m_0 为试样的质量，g；m 为试样干物质的含量，%；1.957 为用 1 cm 比色皿测得吸光度等于 0.5 时每毫升试样液中含茶多酚 1.957 mg。

4. 茶多酚抗氧化性测定实验

取 0.05 g 提取物，以乙醇为溶剂定容至 50 mL，作为茶多酚提取物的醇溶液。设置紫外-可见分光光度仪波长为 517 nm，将无水乙醇作为参比加至 1 cm 比色皿 3/4 处，擦干后放入参比空位，盖上盖子点击校零。先移取 1 mL 提取物醇溶液于离心管中，再移取 5 mL DPPH 紫色标准溶液（吸光度值要求为 0.7±0.02）放入离心管中，混合振荡反应 10 min，可观察到紫色褪去。将该褪色溶液加至 1 cm 比色皿 3/4 处，擦干后放入样品室测其吸光度。重复三组，取吸光度的平均值，代入式(1-10) 便可计算 DPPH 自由基的清除率。

$$\text{DPPH}\ 清除率=\frac{A_{\text{DPPH}}-\bar{A}}{A_{\text{DPPH}}}\times100\% \quad (1\text{-}10)$$

式中，$\bar{A}$ 为试样吸光度平均值；A_{DPPH} 为 DPPH 的吸光度；

5. 茶多酚护手霜制备实验

称取 0.3 g 茶多酚，分别量取 2 mL 丙三醇、15 mL 蒸馏水放入 50 mL 烧杯中，记为 A。分别称取 2 g 凡士林、1 g T-60（吐温）、1 g 单甘酯，量取 1 mL 白油放入另一只 50 mL 烧杯中，记为 B。将 A 和 B 用铁架台固定，分别置于 70～85 ℃水浴锅中加热，搅拌，待 A 和 B 完全溶解后，将 A 烧杯中的物质加入 B 烧杯中，继续于水浴锅中剧烈搅拌，形成乳浊液后取出，用玻璃棒搅拌至室温，陈化一段时间后便可得到茶多酚护手霜。

五、实验结果与分析

1. 提取工艺比较

本实验所采用的微波辅助浸提茶多酚方法，在 30 min 内即可完成茶多酚的高效、快捷、安全提取，且茶多酚的提取率较高，明显优于传统的乙醇溶剂浸提法。

2. 含量测定和抗氧化性测定结果

（1）含量测定：紫外-可见分光光度仪读数平均值为 0.2～0.3，计算后得到普洱生茶中茶多酚的含量为 20%～30%。普洱茶属后发酵茶，普洱茶发酵程度越深，茶多酚氧化聚合缩合程度越高，儿茶素含量越少，茶红素和茶褐素含量越多，茶多酚相对含量越少。因此一般普洱茶生茶中茶多酚含量较熟茶高，普洱茶熟茶中的茶多酚含量一般小于 15%，主要成分为茶红素、茶褐素、没食子酸，儿茶素含量极低。

（2）抗氧化性测定：试样平均吸光度为 0.05～0.12，这表明普洱茶茶多酚提取物对 DPPH 自由基的清除率为 82%～95%，显示了极强的抗氧化性能。与苹果对 DPPH 自由基的清除率相比，普洱茶的抗氧化性能是苹果抗氧化性的 1～2 倍。

3. 护手霜产品评价

实验制备茶多酚护手霜的膏体滋润，未加入香精也有淡淡花果香，涂抹于手部能明显感觉到手部皮肤变得光滑水润。后续吸水性实验显示，加入茶多酚的护手霜比尚未加入茶多酚的吸水性强，但目前尚缺乏长期追踪实验。

六、注意事项

（1）蒸馏时初始蒸馏温度先设定为 30 ℃以防止暴沸，并随时观察和调整参数。

（2）DPPH 自由基标准溶液现用现配，配制好后放置在 4 ℃的冰箱内。

（3）茶多酚与 DPPH 自由基的反应时间需大于 10 min，且保证三个平行样反应时间一致。

七、思考题

（1）茶多酚含量的测定方法还有哪些？为什么本实验选择用酒石酸亚铁法？

（2）微波辅助浸提茶多酚的优点是什么？为什么？

（3）茶多酚护手霜为什么有香味？

八、参考资料

[1] 杨新，陈莉，卢红梅，等．茶多酚提取与纯化方法及其功能活性研究进展 [J]．食品工业科技，2019，40（5）：322-332.

[2] 吕海鹏，谷记平，林智，等．普洱茶的化学成分及生物活性研究进展 [J]．茶叶科学，2007，27（1）：8-18.

[3] 赵卫星，姜红波，王艳，等．天然抗氧化剂——茶多酚提取、分离和纯化方法 [J]．广东化工，2010，37（8）：7-8，15.

[4] 吕慧，夏云兰，韩萍，等．香蕉皮多糖的提取及其在护手霜中的应用 [J]．食品与机械，2015，31（4）：191-193.

[5] 周增志，周斌星，王燕．普洱茶茶多糖提取工艺研究［J］．安徽农业科学，2011，37（11）：5117-5119.

[6] 李赓，徐涛，王平．响应面设计法优化超声波辅助提取金针菇多糖的研究［J］．安徽农学通报，2016，22（24）：24-26，42.

[7] 谢小花，戴缘缘，陈静，等．微波法从绿茶中提取茶多酚的工艺研究［J］．佳木斯大学学报（自然科学版），2019，37（3）：443-446.

[8] 李志强，葛彦双，曾春菡，等．油茶叶茶多酚的提取及其抗氧化活性研究［J］．四川大学学报（自然科学版），2014，51（5）：1056-1062.

[9] 梁红冬，葛雅莉．含香蕉皮提取物的保湿护手霜的制备［J］．精细与专用化学品（新产品开发），2018，26（11）：40-43.

[10] 杨贤强，王岳飞，陈留记，等．茶多酚化学［M］．上海：上海科学技术出版社，2003.

[11] 陈贞纯，刘晓慧，吴媛媛，等．茶多酚提取分离技术研究进展［J］．中国茶叶，2013，1：9-12.

知识链接

茶多酚常温下为淡黄至茶褐色的粉状固体或结晶，易溶于水和甲醇、乙醇、丙酮、乙酸乙酯等，不溶于苯、氯仿和石油醚。依照其结构，茶多酚主要分为儿茶素类、花青素类、黄酮及黄酮醇类、酚酸及缩酚酸类四大类。其中，儿茶素类含量最高，约占茶多酚含量的65%～80%。儿茶素类主要包括6种多酚类化合物：儿茶素（catechin，C）、表儿茶素（epicatechin，EC）、表没食子儿茶素（epigallocatechin，EGC）、表儿茶素没食子酸酯（epicatechin gallate，ECG）、表没食子儿茶素没食子酸酯（epigallocatechin gallate，EGCG）和没食子儿茶素没食子酸酯（gallocatechin gallate，GCG）。其中含量最高的儿茶素为EGCG，其次为ECG，再次为EGC。

茶多酚具有抗氧化、抗菌、抗肿瘤、抗病毒、抗辐射等功效，还有降血脂、抗血小板聚集、抑制心血管疾病等功能。同时，茶多酚可用作食品抗氧化剂、保鲜剂、保色剂、除臭剂等，在日化行业中还可作为增白剂、防腐剂用于护肤品、洗护用品等产品中。

备受关注的茶多酚抗肿瘤作用是有科学依据的：茶多酚在体外表现为抗突变作用，能抑制啮齿类动物由致癌物引发的皮肤、肺、前胃、食道、胰腺、前列腺、十二指肠、结肠和直肠等肿瘤。茶多酚抑制肿瘤的机制主要有以下几种：①抗氧化、清除自由基。②阻断致癌物的形成和抑制体内的代谢转化。茶多酚能阻断具有强致癌作用的亚硝基化合物在体内的合成，进一步抑制亚硝基胺类化合物的致癌作用。③抑制具有促癌作用的酶的活性，如抑制端粒酶的活性从而实现其抗癌活性。④提高机体免疫力。⑤对肿瘤细胞多药耐药性的逆转作用。⑥对PT孔道（线粒体通透性转变孔道）开放的影响。推测茶多酚可能直接作用于PT孔道的蛋白质组分，从而调控线粒体通透性转变孔道的开放，保护线粒体免遭破坏。⑦抑制肿瘤细胞DNA的生物合成。茶多酚在肿瘤细胞中可诱使DNA双链断裂，表现出茶多酚浓度和DNA双链断裂程度之间的正相关关系，抑制肿瘤细胞DNA的合成，进一步抑制肿瘤细胞的生长和增殖。

实验 7　云南大叶种茶籽油真假鉴别——脂肪酸组分分析

一、实验目的

（1）掌握脂肪酸甲酯化的原理和方法。

（2）掌握油酸、亚油酸和亚麻酸的气相色谱检测和分析方法。

（3）了解分析仪器的使用方法以及谱图解析。

二、实验原理

云南大叶种茶树是云南地理标志范围内广泛栽培的茶树品种，通常每年的 9 月—10 月下旬开花，10 月—11 月结籽。云南大叶种茶树的茶籽资源非常丰富。茶籽富含茶籽油和茶皂素，其中茶籽油是指茶籽经传统压制和现代物理精炼技术所得到的木本食用油。茶籽油不仅含有角鲨烯、生育酚等功能组分，还含有丰富的油酸、亚油酸和亚麻酸等不饱和脂肪酸以及许多生物活性成分，因而具有抗氧化、抗癌、消炎、治疗心血管疾病等诸多功能。茶籽油的不饱和脂肪酸中含量最高的是油酸 $C_{18:1}$，其次是亚油酸 $C_{18:2}$，最后是亚麻酸 $C_{18:3}$。大量研究表明，油酸含量在 78.52%～80%，亚油酸含量在 6.54%～13%，亚麻酸含量在 0.31%～0.45%。

油酸具有降低血清甘油三酯和总胆固醇、调节免疫、预防高血压等功能。亚油酸能防止人体血清胆固醇在血管壁的沉积，有“血管清道夫”的美誉，对高血压、高血脂、心绞痛、冠心病、动脉粥样硬化、老年性肥胖症的防治极为有利。亚麻酸则有防治糖尿病、改善眼疾等作用。所以，茶籽油不仅可作为食物油，而且在医药保健、化妆品行业也具有广泛的应用潜力。另外，茶籽油的烟点为 200～240 ℃，而一般植物油的烟点在 100 ℃附近，因此用茶籽油煎炒时极少产生油烟，大大降低了因长期吸入油烟中致癌物质而患肺癌的可能性，也不会使油烟黏附在墙壁上。再者，茶籽油的出油率只有 15%左右，远远低于大豆油、菜籽油和玉米油等。鉴于以上原因，茶籽油价格高昂，许多不法商贩为了提高经济利润，常将低价的大豆油、菜籽油、玉米油等掺杂到茶籽油中欺骗消费者。因此，利用现代分析测试技术，提取和分析茶籽油中不饱和脂肪酸的组分及含量，对鉴别茶籽油的真假具有十分重要的意义。

茶籽油中油酸、亚油酸、亚麻酸等不饱和脂肪酸的结构十分相似（图 1-14），加上

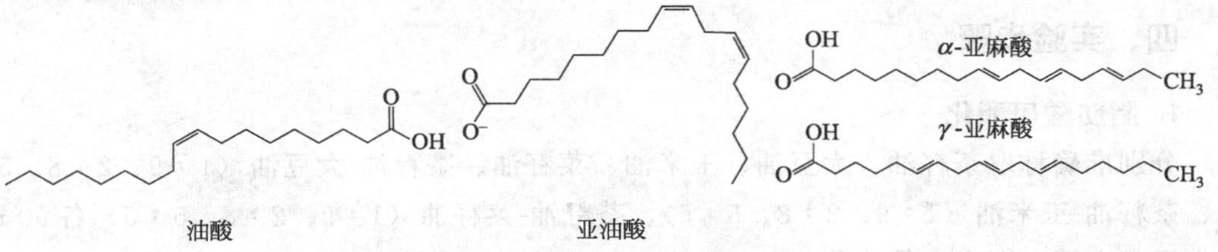

图 1-14　油酸、亚油酸、亚麻酸的结构式

它们的极性较强，沸点高，低温下不易挥发，高温下易发生聚合、脱羧、裂解等副反应造成损失，使得分离、纯化、检测都相当困难，所以需要经过甲酯化使脂肪酸衍生为易挥发、沸点相差更大、性质更稳定性的脂肪酸甲酯。脂肪酸甲酯化是脂肪酸与甲醇发生酯化反应得到脂肪酸甲酯的过程，反应通式如式(1-11)所示。脂肪酸甲酯化可分为**酸催化**和**碱催化**两大类。酸催化通常以浓硫酸作为催化剂，对原料的要求较低，但反应速度慢，转化率较低。碱催化通常以氢氧化钾为催化剂，转化率较高，但对原料的要求较高。为了缩短反应时间，并保证脂肪酸酯化完全，本实验选取氢氧化钾-甲醇溶液作为甲酯化试剂。

$$C_nH_{2n+1}COOH+CH_3OH \xrightarrow{\text{催化剂}} C_nH_{2n+1}COOCH_3+H_2O \qquad (1\text{-}11)$$

目前食用植物油中脂肪酸检测手段主要包括色谱法、光谱法等方法。色谱法主要有**气相色谱法（GC）**、**液相色谱-质谱法（HPLC-MS）**；光谱法主要有**近红外光谱分析（NIR）**和**中红外光谱分析（MIR）**。其中利用气相色谱法的氢火焰检测器（FID）对食用植物油中脂肪酸进行定性和定量分析最为常见，灵敏度非常高，并且已经制定了相关国家标准。为提高分离的有效性，通常把高沸点不易挥发、气化的脂肪酸通过甲酯化反应变成低沸点易挥发的脂肪酸甲酯，然后经色谱柱分离后采用FID进行测定。李卓新采用气相色谱技术，研究了各种油脂脂肪酸的含量，并用此方法测定了花生油掺入另一种油脂后脂肪酸组成的变化；穆方喆采用GC-FID测定食用油中各脂肪酸的含量，通过比较脂肪酸含量的分布状况，识别出不同的植物油，取得了理想的效果。

三、实验用品

（1）仪器

Agilent GC7890B气相色谱仪（美国Agilent公司）、HP-88色谱柱（美国Agilent公司）、37种FAME标准物质（美国NU-CHEK公司）、DF-101KS集热式恒温加热磁力搅拌器（郑州恒岩仪器有限公司）、分析天平（上海天平仪器厂）、超声水浴锅（常州易晨仪器制造有限公司）、离心管、烧杯、量筒、玻璃棒等。

（2）材料

云南大叶种茶籽油、大豆油、玉米油、菜籽油。

（3）试剂

氢氧化钾、甲醇、氯化钠、蒸馏水等。除特殊标注外，试剂均为分析纯。

（4）其他

镊子、称量纸、药匙等。

四、实验步骤

1. 脂肪酸甲酯化

分别准确称取茶籽油、大豆油、玉米油、菜籽油、茶籽油-大豆油（1∶9、2∶8、5∶5）、茶籽油-玉米油（1∶9、2∶8、5∶5）、茶籽油-菜籽油（1∶9、2∶8、5∶5）各50 mg于带塞离心管，向离心管中加入5.4% KOH-CH_3OH溶液2 mL；超声振荡20 min，静置1h，加入5% NaCl溶液10 mL，再静置30 min，分别取上清液0.5 mL注入样品瓶中得到脂肪酸甲酯样品液，以备气相色谱分析。

2. GC-FID 分析

GC 条件：毛细管色谱柱为 HP-88 柱，柱长 100m，内径 0.25 mm，膜厚 0.2 μm，最高使用温度 260 ℃。进样口温度 270 ℃，检测器温度 280 ℃。程序升温：初始温度 100 ℃，持续 130 min；100～180 ℃，升温速率 10 ℃/min，保持 6 min；180～200 ℃，升温速率 1 ℃/min，保持 20 min；200～230 ℃，升温速率 4 ℃/min，保持 10 min。载气：氮气。分流比：80∶1。进样体积：1.0 μL。恒流：2 mL/min。检测器气体：氢气，40 mL/min；空气，450 mL/min；氮气尾吹气，30 mL/min。

3. 脂肪酸组分及含量分析

脂肪酸组分分析的主要方法包括**面积百分比法**、**归一化法**、**内标法**和**外标法**。其中，面积百分比法操作最为简单，但它以检测器响应都相同为假定，多用于探索性研究及平行比较试验。以十七烷酸甲酯为内标物的内标法目前广泛用于测定脂肪酸，其缺点是在未知样品中加入内标化合物，引入的内标量必须相同、准确。为了探索各脂肪酸甲酯最优分离效果的色谱条件，更好地对未知样品中各脂肪酸甲酯进行定性，本实验以 37 种脂肪酸甲酯标准物为基础，通过校正响应因子来校正检测器对不同组分的不同响应，采用面积百分比法进行比较与优化，同时引入脂肪酸甲酯与脂肪酸的换算系数，准确地得到归一化结果，通过比较 37 种脂肪酸甲酯标准品（图 1-15）的保留时间，定量分析样品中的脂肪酸含量。

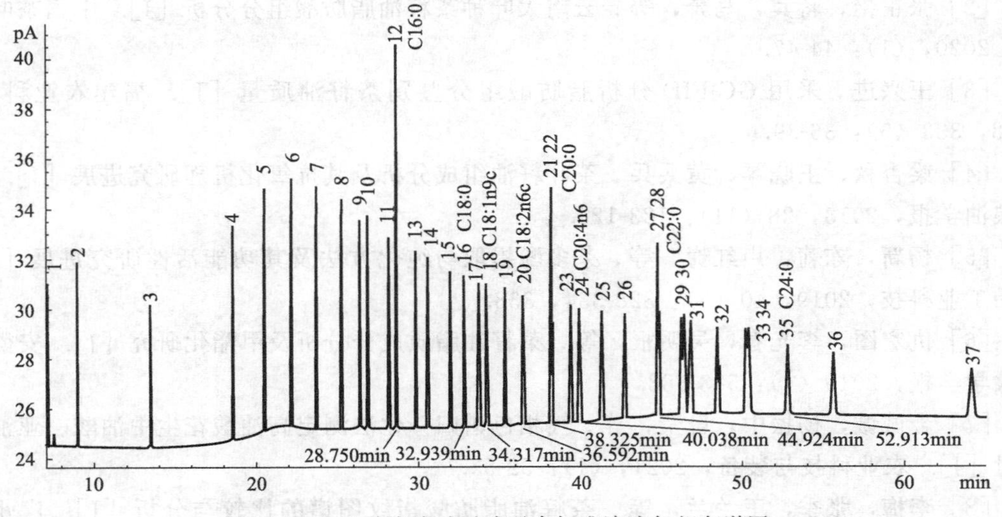

图 1-15　37 种脂肪酸甲酯混合标准溶液气相色谱图

五、实验结果与分析

通过脂肪酸组成分析，比较茶籽油与其他植物油的区别，可以作为初步鉴别茶籽油是否掺假的依据。与其他植物油相比，茶籽油中油酸含量高而亚油酸含量低。茶籽油的油酸含量（80%左右）显著高于其他植物油，而亚油酸含量（7%左右）显著低于其他植物油。

大豆油、玉米油、菜籽油的油酸含量为20%～30%，而亚油酸高达50%左右，因此，通过比较油酸以及亚油酸的含量可以鉴别茶籽油是否掺假。此外，菜籽油中亚麻酸含量明显比茶籽油高，也可以作为掺杂鉴别的依据。

掺杂大豆油和玉米油后，掺混茶籽油的脂肪酸组成明显改变，主要表现为油酸含量显著减小，而亚油酸含量显著增大；掺杂的大豆油或玉米油越多，油酸含量越低，亚油酸含量则越高。

六、注意事项

(1) 脂肪酸甲酯化的时间要满足实验要求，以保证反应进行完全。

(2) 缓慢轻微取上清液，以防止杂质成分进入。

七、思考题

(1) 实验中加入氯化钠的作用和原理是什么？

(2) 除了油酸、亚油酸和亚麻酸，茶籽油中还含有哪种脂肪酸？为什么这里不用测定？

八、参考资料

[1] 刘华蒲，黄传庆，周春卡，等．茶油脂肪酸甲酯的制备工艺研究 [J]．粮食与油脂，2021，34 (1)：66.

[2] 张正艳，蒋宾，马奔，等．云南大叶种茶籽油脂肪酸组分分析 [J]．中国茶叶加工，2020，(1)：44-47.

[3] 王兴进．采用GC-FID分析脂肪酸组分鉴别茶籽油质量 [J]．福建农业科技，2018，333 (5)：36-39.

[4] 梁杏秋，王晓琴，黄兵兵．茶叶籽油组成分析及其抗氧化机理研究进展 [J]．中国粮油学报，2013，28 (11)：123-128.

[5] 杨新，陈莉，卢红梅，等．茶多酚提取与纯化方法及其功能活性研究进展 [J]．食品工业科技，2019，40 (5)：328-334，338.

[6] 仇宏图，李光春，吴明根，等．菜籽油脂质成分分析及甲酯化研究 [J]．安徽农业大学学报，2019 (4)：583-588.

[7] 金诚诚，杨振中，曹莹，等．气相色谱归一化法测定高油酸花生中油酸、亚油酸含量 [J]．农业科技与装备，2021，(1)：52-55.

[8] 李梅，张季，王兰兰，等．茶籽油脂肪酸指纹图谱的比较与分析 [J]．广州化工，2016，44 (22)：109-111，122.

[9] 李卓新．气相色谱法测定花生油掺假的研究 [J]．粮食储藏．2001，30 (3)：41-43.

[10] 穆方喆．运用微观法识别真假食用油的研究 [J]．吉林粮食高等专科学校学报．2001，16 (2)：14-26.

知识链接

脂肪酸（fatty acid）是一类含有长链烃的脂肪族羧酸化合物，通常以酯的形式存在中性脂肪、磷脂和糖脂等各种脂质组分中，以游离形式存在的比较罕见，是机体主要能量来源之一。脂肪酸的分类：①按照碳链长度，可分为短链脂肪酸（SCFA，$C_4 \sim C_6$）、中链脂肪酸（MCFA，$C_8 \sim C_{12}$）和长链脂肪酸（LCFA，$>C_{12}$）；②按照双键数量，可分为饱和脂肪酸（SFA，碳氢链上没有不饱和键）、单不饱和脂肪酸（MUFA，碳氢链有1个不饱和键）和多不饱和脂肪酸（PUFA，碳氢链有2个或2个以上不饱和键），其中饱和脂肪酸，如肉豆蔻酸（$C_{14:0}$）和月桂酸（$C_{12:0}$），会提高血清中的脂蛋白胆固醇水平，导致动脉血管内壁胆固醇沉积，增加人体患各种心血管疾病的风险。另外，某些饱和脂肪酸，如丁酸（$C_{4:0}$），可以供应能量，同时有调节免疫应答和炎症反应作用。棕榈酸（$C_{16:0}$）能降低血清中胆固醇的含量。不饱和脂肪酸一般具有降低坏胆固醇、预防动脉粥样硬化的作用，尤其是“血管清道夫”二十碳五烯酸（EPA）与“脑黄金”二十二碳六烯酸（DHA），但其中的反式脂肪酸同样会增加胆固醇，影响生长发育。

反式脂肪酸检测一直是食品安全领域的重点工作。脂肪提取、甲酯化处理、FID气相色谱法是普及的方法，相对其他检测方法，气相色谱法在检测准确性、灵敏度上都有着绝对优势，因此广泛应用于食品中反式脂肪酸的检测。除针对反式脂肪酸的检测外，气相色谱法也广泛应用于各类食品中脂肪酸的检测，且检测结果有很好的解读价值。人们可以通过脂肪酸组成了解食品的性质从而设置合适的储存条件，也可以从中获悉产品的营养成分含量，如奶粉中的DHA、鱼油中的EPA等含量，供消费者参考。

实验8 滇红功夫茶的香气成分提取及鉴定分析

一、实验目的

（1）掌握顶空固相微萃取法提取香气成分的原理和方法。

（2）掌握气相色谱-质谱联用仪鉴定分析香气成分的原理和方法。

（3）了解分析仪器的使用方法以及谱图解析。

二、实验原理

滇红茶，也称云南红茶，自出现以来，便以“形美、色艳、香高”著称，所以鉴别滇红茶除了区分毫色，还需要鉴别香味。经走访调查发现，许多滇红茶行家仅能对它的感官香型（花香、果香、蜜香等）进行描述，鲜见对其香气成分的定性、定量描述。大部分消费者对滇红茶香型的识别及鉴定也主要依赖于感官审评，能将滇红茶的香气组分信息、茶叶香型与现代仪器分析技术紧密结合，实现茶叶香气成分鉴定分析，可以提高滇红茶香气质量的科学筛选鉴定。

茶叶香气是各种香气成分综合作用的结果，红茶属于发酵茶类，加工时因经历萎凋和发酵工序，其香气的形成与转化较其他茶类要充分得多，形成的香气成分也极为丰富。滇红茶中的芳香物质一般只占干物质质量的 0.01%～0.05%，但是其香气成分的组成和含量对产品的营养价值与风味特点有重要的影响。这些香气成分被称为“挥发性香气成分”，按有机化学的结构不同，可分为醇类、醛类、酸类、酮类、酯类、内酯类、含氮化合物和烃类共 8 类，高达数十种化合物，在含量上醇类化合物最高，其次为醛类化合物。醇类化合物（图 1-16）主要有芳樟醇及其氧化物、橙花醇、香叶醇、苯甲醇、苯乙醇、3-己烯-1-醇等；醛类化合物（图 1-17）中苯乙醛、青叶醛和正己醛的含量较高。而酮类、酯类、内酯类、酸类和烃类化合物的含量较少。

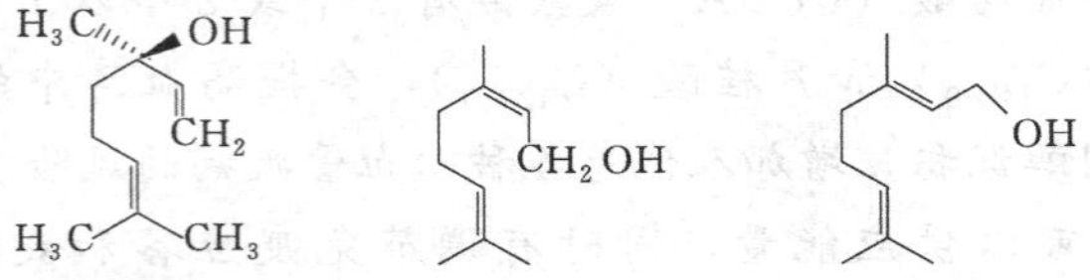

H_3C OH CH_2 H_3C CH_3 (a) CH_2OH (b) OH (c)

图 1-16　滇红茶香气成分中的芳樟醇（a）、橙花醇（b）及香叶醇（c）

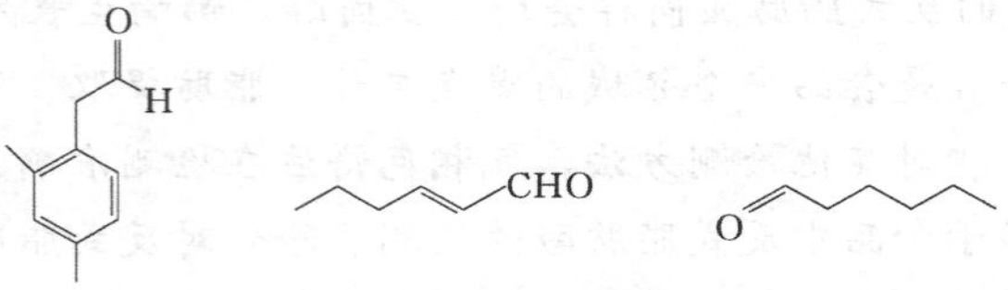

O H (a) CHO (b) O (c)

图 1-17　滇红茶香气成分中的苯乙醛（a）、青叶醛（b）和正己醛（c）

本实验的关键是香气成分的提取。由于滇红茶中的香气成分含量低微、组成复杂、易挥发、不稳定，在提取过程中受外界条件的影响易发生氧化、聚合、缩合等反应，所以，茶叶香气成分的提取方法直接影响后续香气成分的定性和定量分析结果，因此采用适当的分离提取技术才能全面真实地反映滇红茶原有的香气特征，从而正确地分析鉴定香气品质。

固相微萃取（solid phase micro-extraction，SPME）技术是一种无溶剂萃取技术，它是在固相萃取基础上发展起来的，吸取了固相萃取的优点，摒弃了其需要填充物和需要使用溶剂洗脱解吸附的弊端。SPME 技术的基本原理是将含水样品中的待测物直接吸附到一根带有涂层的熔融石英纤维上，然后通过色谱进样口提供能量完成解吸附和进样。固相微萃取技术集萃取、净化、浓缩、进样功能于一体，具有操作简单、时间短、无溶剂、用量少、选择性强的特点。SPME 技术对有机物的萃取遵循“相似相溶”原则，即不同的涂层萃取不同的待测物，非极性涂层（如聚二甲基对氧烷）对非极性物质吸附效果好；极性涂层（如聚丙烯酸酯）对极性物质的吸附非常强，所以为了提高分子涂层对有机物的萃取能力，可通过在水中加入盐类调节样品离子的强度。此外，使用**顶空萃取模式**也可以有效提高萃取能力。顶空萃取将萃取过程分为两个步骤：首先，待测组分从液相扩散穿透到气相中；然后，待测组分从气相转移到萃取固定相中，从而避免了萃取固定相受某些样品基质的影响，并进一步缩短了萃取时间。**顶空固相微萃取法**（HS-SPME）是一种检测限低、可同时测定多种有机物、精准简便的香气萃取技术，在茶叶挥发性物质的萃取中得到广泛应用。值得注意的是，HS-SPME 的萃取结果受萃取头、样品量、样品浓度、萃取温度和萃取时间以及解析时间等因素影响，所以选择合适的萃取参数对提取滇红茶的香气成分非常重要。

气相色谱-质谱联用仪（GC-MS）是目前发展最完善和应用最广泛的分析鉴定技术，它既充分利用了色谱的分离能力，又发挥了质谱的定性专长，结合谱库检索，具有灵敏度高、样品用量少、分析速度快、鉴定能力强的优点。GC-MS 的工作原理是：气相色谱仪分离试样中的各组分，起着样品制备的作用；接口把气相色谱流出的各组分送入质谱仪进行检测，起着气相色谱和质谱之间适配器的作用；质谱仪分析接口依次引入各组分，起着检测器的作用；计算机系统交互式控制气相色谱、接口和质谱仪，起着数据采集和处理的作用，同时获得色谱和质谱数据，完成复杂试样中组分的定性和定量分析。所以，HS-SPME 与 GC-MS 联用是目前提取、分离、分析鉴定茶叶香气成分的有效方法（图 1-18）。

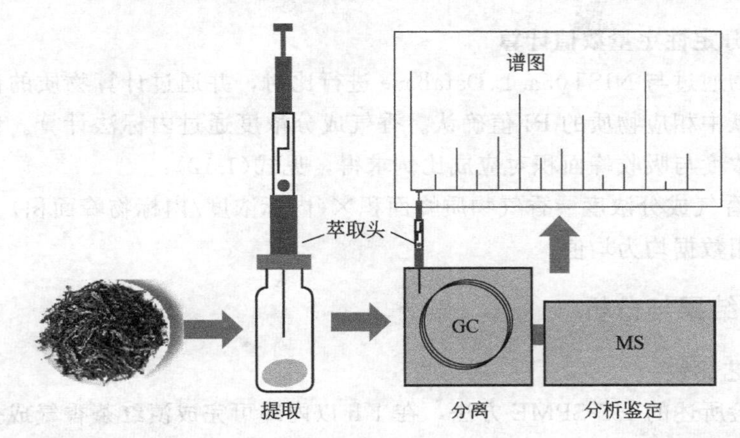

图 1-18　HS-SPME 与 GC-MS 联用提取、分离、分析鉴定滇红茶香气成分示意图

三、实验用品

（1）仪器

气相色谱-质谱联用仪（美国 Thermo Finigan）、DF-101KS 集热式恒温加热磁力搅拌器（郑州恒岩仪器有限公司）、50/30 μm DVB/CAR/PDSM 萃取头和 SPME 手动进样手柄（上海安谱科学仪器有限公司）、真空干燥箱（上海一恒公司）、分析天平（上海天平仪器厂）、移液枪（Pipet-Lite）、恒温水浴锅、烧杯、量筒、玻璃棒等。

（2）材料

大叶种滇红功夫红茶，产自云南德宏。

（3）试剂

氯化钠（AR）、L-2-辛醇（AR）和蒸馏水。

（4）其他

镊子、称量纸、药匙等。

四、实验步骤

1. 提取滇红茶香气物质

称取 3 g 滇红茶和 4.8 g NaCl 加入到 20 mL 顶空萃取瓶，加入 12 mL 蒸馏水，再加入 10 μL L-2-辛醇，密闭瓶口后，立即放入 50 ℃恒温水浴锅中平衡 5 min，然后插入 50/30 μm DVB/CAR/PDSM 萃取头，顶空萃取 40 min 后，取出插入 GC 进样口，解吸附 7 min，同时收集数据。重复上述操作检测 3 次。

2. 分析鉴定滇红茶香气成分

GC 条件：色谱柱 TG-WAX（30 mm×0.25 mm×0.25 μm）；进样口温度 250 ℃；载气为高纯氦气（纯度＞99.999%）；流速 0.8 mL/min；进样量 1 μL；分流比为 20∶1；升温程序的起始柱温为 40 ℃，先保持 2 min，然后以 4 ℃/min 升至 230 ℃后保持 5 min。

MS 条件：离子化方式为 EI；离子源温度为 250 ℃；气质接口温度为 280 ℃；电子倍增器电压 1894 V；电子能量 70 ev；扫描范围为 33～350 amu。数据处理则为将采集到的质谱图与标准谱库对照，采用峰面积归一化法计算各化学成分的相对含量。

3. 香气成分定性定量数值计算

未知化合物通过与 NIST05a. L Database 进行比对，并通过计算物质的保留指数（RI 值）或查阅文献中相应物质的 RI 值确认。香气成分浓度通过内标法计算。依据被检测物质、内标物的浓度与吸收峰面积对应成比例求得，见式(1-12)：

$$香气成分浓度=香气物质峰面积\times(内标浓度/内标物峰面积) \tag{1-12}$$

注意：所用数据均为均值。

五、实验结果与分析

1. 提取工艺比较

采用本实验所述的 HS-SPME 方法，在 1 h 以内即可完成滇红茶香气成分的提取，此方法具有操作简单、时间短、无溶剂、样品用量少、选择性强的特点。在实验中加入 NaCl 后增加了水相和有机相的极性差别，并且使水相和有机相的密度差更大，有利于两相分离，增强了萃取头上分子涂层对各种醇类、醛类和酯类有机物的萃取能力。

2. 香气成分分析鉴定结果

本实验使用 GC-MS 得到滇红茶样品的总离子流色谱图，如图 1-19 所示。

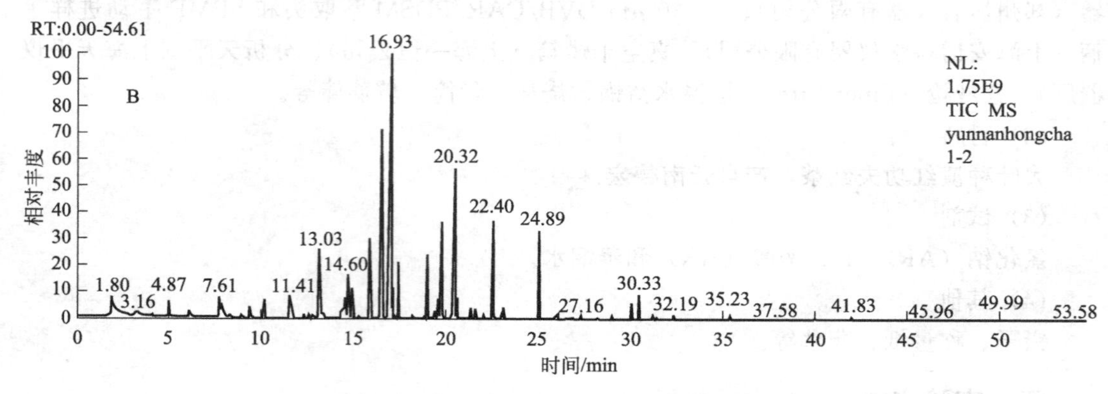

图 1-19　滇红茶的总离子流色谱图

滇红茶的香气物质中醇类化合物含量为 30%～35%，其中芳樟醇、香叶醇、橙花醇、苯甲醇、苯乙醇等含量普遍较多，芳樟醇的含量高达 10%～15%。从化合物的香气特征分析，芳樟醇具有百合花或玉兰花的香气；芳樟醇氧化物具有强的木香、花香、萜香和青香气；香叶醇具有甜香、玫瑰香气；苯乙醇具有清甜的玫瑰花样香气。

苯甲醛和苯乙醛是滇红茶最主要的醛类化合物。苯甲醛具有特殊的杏仁香气；苯乙醛具有清甜的头香及杏仁、玫瑰的底蕴。两种物质的平均含量均在 2%～4%。醛类物质的主要香气特征为新鲜的绿叶香、青草气息、脂肪香和中药香味，是红茶呈现出清香的重要来源之一。此外，酯类物质的含量在 6%～8%，酮类化合物的含量在 3%～4%。

综上，对于滇红茶，具有花香气味的萜类化合物中含量较高的芳樟醇、芳樟醇氧化物、香叶醇等香气成分对红茶香气品质起主要作用；芳香族化合物中含量较高的苯甲醛、苯乙醛、苯甲醇、苯乙醇也对红茶香气品质作了重要贡献，这些化合物使滇红茶具有明显的鲜甜香气品质，即所谓的“香高”。

六、注意事项

(1) 三次顶空固相微萃取的操作步骤必须完全一致。

(2) 做顶空固相微萃取前须对萃取头老化，老化温度务必低于它的最高使用温度。

七、思考题

(1) 滇红茶的香气物质只占干物质质量的 0.01%～0.05%，它们是如何在滇红茶的品质中发挥如此重要的作用的？

(2) 提取香气物质实验中所加入的 L-2-辛醇起到什么作用？

(3) 如何采用峰面积归一化法计算各香气成分的相对含量？

八、参考资料

[1] 郑际雄．外消滇红工夫茶精制加工与拼配技术 [J]. 中国茶叶加工，2017，(5/6)：57-60.

[2] 王秋霜，陈栋，许勇泉，等．中国名优红茶香气成分的比较研究 [J]. 中国食品学报，2013，13 (1)：195-200.

[3] 刘晓辉，万晶琼，吴函殷，等．益生菌固态发酵红茶风味品质的分析 [J]. 饮料工业，2021，24 (1)：29-35.

[4] 任洪涛，周斌，方林江，等．云南红茶的香气特征研究 [J]. 茶叶科学技术，2012 (3)：1-8.

[5] 王晨，吕世懂，廉明，等．顶空固相微萃取结合 GC/MS 分析普洱大叶种乔木茶花香气成分 [J]. 茶叶科学，2016，36 (2)：175-183.

[6] 曹晓念，周志磊，刘青青，等．基于香气成分的红茶品种比较分析 [J]. 食品与发酵科技，2020，56 (3)：119-122

[7] 王秀萍，钟秋生，陈常颂，等．高香茶树新品种春闺的选育与品质鉴定 [J]. 福建农业学报，2017，32 (6)：593-601.

[8] 刘学艳，王娟，彭云，等．基于电子鼻与 GC-IMS 技术云南昌宁红茶香气研究

[J]. 茶叶通讯，2021，48（1）：80-89.

[9] 邸太妹，傅财贤，赵磊，等．基于 HS-SPME/GC-MS 方法研究绿茶香气特征及形成［J]. 食品工业科技，2017，38（18）：269-274.

[10] 李晓旭，刘立鹏，马乔，等．便携式气相色谱-质谱联用仪的研制及应用［J]. 分析化学，2011，39（10）：1476-1481.

知识链接

滇红茶出现的时间比较晚，民国年间由汉族差遣农民工创制而成，工艺于1939年在凤庆与勐海县试制成功。其制作上采用优良的云南大叶种茶树鲜叶，经萎凋、揉捻或揉切、发酵、烘烤等工序制成，长期以来，各道工序均以手工操作。目前滇红茶主要产于滇西、滇南两个自然区。滇西茶区包括临沧、保山、德宏、大理四个州（地区），种茶面积占全省面积的52.2%，产量占全省总产量的65.5%，为滇红茶的主产区，其中凤庆、云县、双江、临沧、昌宁等地产量占滇红茶产量的90%以上。滇南茶区含思茅、西双版纳、文山、红河四个州（地区），面积占全省面积的32.7%，产量占全省总产量的30.8%。滇红茶在苏联、东欧各国和伦敦市场上享有崇高声誉，是中国出口红茶中售价高、创汇多的佼佼者。

国内主要的功夫红茶主要有安徽祁门红茶、福建闽红茶、江西宁红茶和云南滇红茶，品类和风格各异。就其香型而言最为典型的有三种：第一种芳樟醇含量较高，第二种芳樟醇和橙花醇含量较为均衡，第三种橙花醇含量较高。大量的研究对比发现，大叶种滇红茶中含有种类更加丰富的挥发性香气物质，呈香物质芳樟醇的含量普遍高于其他种类的红茶，香味轮廓更加均衡。滇红茶叶香气的形成主要受茶树品种、栽培环境、采摘季节、加工工艺等因素影响，这些因素促使茶叶香气成分的组成和含量存在差异，进而产生不同类型的香气品质。

实验9　从废弃烟叶中提取烟碱

一、实验目的

（1）了解生物碱提取的基本原理。

（2）掌握从烟叶中提取烟碱的基本操作（萃取、分离及衍生物制备）。

（3）培养在化学实际运用中废物利用、可持续发展的理念。

二、实验原理

烟碱，又名尼古丁，是烟草生物碱（含12种以上单一成分）的主要成分，于1928年首次被分离。烟碱分子结构中含有吡啶和吡咯两种含氮杂环，天然烟碱为左旋体。烟碱在商业上用作杀虫剂以及兽医药剂中寄生虫的驱除剂。烟碱有剧毒，致死剂量为40 mg，一支香烟的烟雾中可能有6 mg烟碱，其中约有0.2 mg被吸入人体。

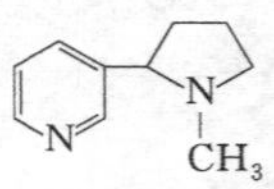

烟碱

烟碱为无色或灰黄色油状液体，无臭，味极辛辣，光照即分解，转变为棕色，并有特殊的烟臭。沸点 247 ℃（745 mmHg，1 mmHg=133.3224Pa），沸腾时部分发生分解。烟碱溶于水，在 60 ℃以下时与水结合成水合物，易溶于酒精、乙醚等有机溶剂，能随水蒸气挥发而不分解。由于分子中具有两个碱性氮原子，故一般 1 mol 烟碱能与 2 mol 酸成盐。

在自然界中，烟碱多与柠檬酸或苹果酸成盐而存在于植物体内，烟叶中含量约为 2%～3%。本实验用 5% NaOH 强碱溶液萃取烟叶，使烟碱游离，再用乙醚将其从碱液中萃取出来，并通过制备衍生物进行精制。由于烟碱为液体，从 2 g 烟叶中离析出的量很少，不易纯化和操作，因此在乙醚萃取液中加入苦味酸，使萃取出的烟碱成为二苦味酸盐后成晶体析出，并通过测定衍生物的熔点进行鉴定（纯二苦味酸烟碱盐的熔点为 222～223 ℃）。

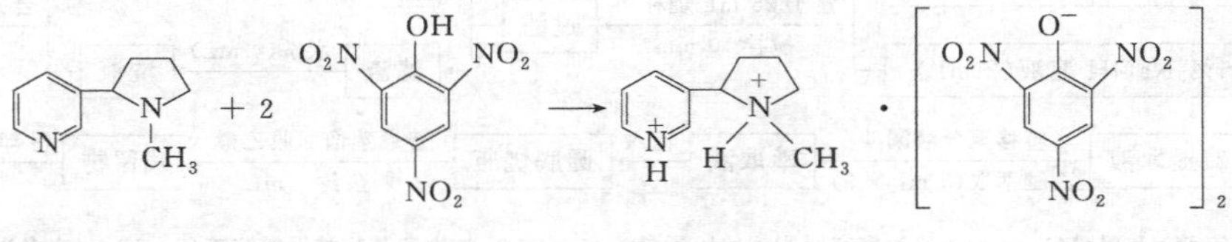

三、实验用品

（1）仪器

烧杯、锥形瓶、布氏漏斗、抽滤瓶、冷凝管、尾接管、蒸馏头、温度计、胶管（若干）、圆底烧瓶、分液漏斗、容量瓶（100 mL），显微镜熔点测定仪等。

（2）材料

云南烟厂生产中产生的废弃干燥烟叶。

（3）试剂

NaOH、蒸馏水、乙醚、饱和苦味酸甲醇溶液、甲醇等。除特殊标注外，试剂均为分析纯。

（4）其他

剪刀、镊子、称量纸、药匙等。

（5）实验装置

烟碱的提取过程需要用到普通蒸馏装置（图 1-20）及减压过滤装置（图 1-21）。

四、实验步骤

称取 2 g 干燥烟叶，研细，置于 25 mL 烧杯中，然后加入 5% NaOH 溶液 2 mL，用玻璃棒搅拌 10 min，用尼龙滤布挤压过滤，滤渣用 4 mL 水洗涤，再次挤压过滤，将水洗液与碱提取液合并后转移到 25 mL 分液漏斗中，用 15 mL 乙醚分 3 次萃取，上层醚层合并倒入 25 mL 圆底烧瓶中，经普通蒸馏回收乙醚，至残留物约 1 mL 时停止加热，冷却后加入 2 滴水和 1 mL 甲醇，振摇，使残渣溶解，用塞有脱脂棉的短颈漏斗过滤，滤液中加

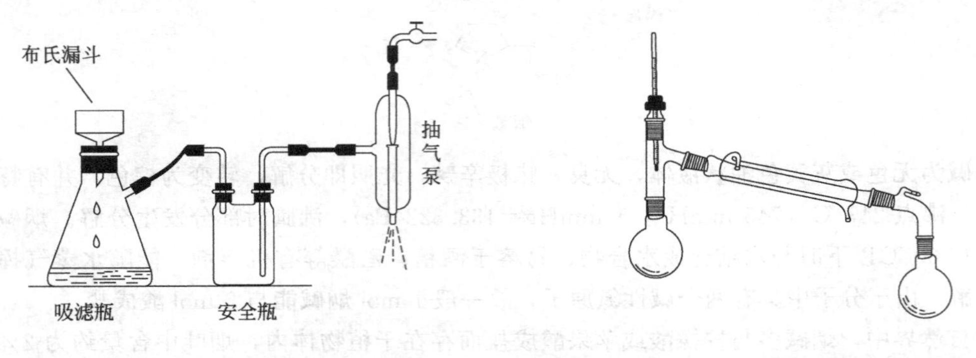

图 1-20　普通蒸馏装置　　　　　　　　图 1-21　减压过滤装置

入饱和苦味酸甲醇溶液 2 mL，冰水浴冷却，使浅黄色二苦味酸烟碱盐粗品充分析出，用玻璃砂芯漏斗过滤，干燥，称重，计算产率，测定熔点。实验流程如图 1-22 所示。

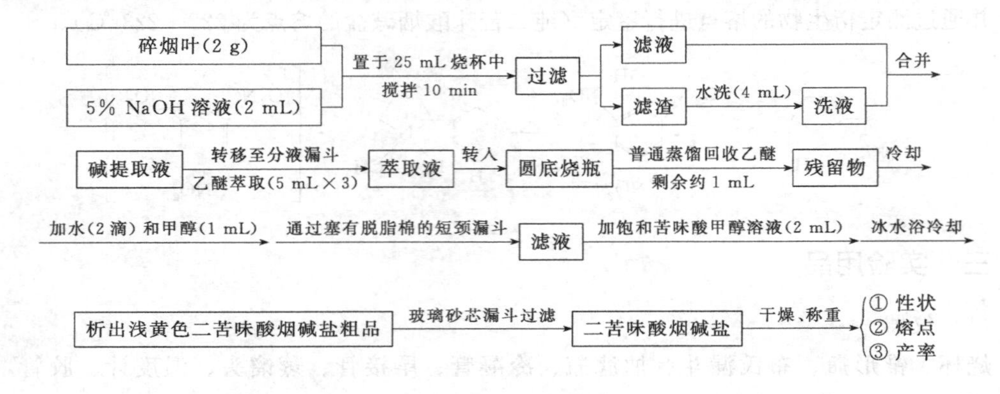

图 1-22　实验流程

五、思考题

(1) 烟叶中烟碱的提取产率主要受哪些实验因素的影响？

(2) 为什么将 5%NaOH 碱液作为烟碱提取液？

(3) 回收溶剂时需要注意什么？

(4) 在滤液中加入饱和苦味酸甲醇溶液的目的是什么？

(5) 测量熔点时，记录开始熔化时的温度、全部熔化时的温度还是熔程？

六、注意事项

(1) 滤纸在碱液中会因溶胀而失去过滤作用，此处宜采用尼龙滤布挤压过滤。烟碱有剧毒，操作时务必小心，若皮肤上不慎沾上烟碱提取液，应及时用水冲洗后再用肥皂擦洗。

(2) 滤渣中包裹有部分碱提取液，用干净的玻璃塞挤压烟叶滤饼以挤出残留碱提取液。

(3) 乙醚作为萃取溶剂用分液漏斗进行萃取时，注意不要剧烈振摇，以免产生乳化现象导致分层困难，萃取过程中应不时放气以降低乙醚蒸气在漏斗内的压力。

（4）乙醚易燃。蒸馏乙醚时应采用水浴加热，注意通风。

（5）熔点测量是通过显微镜熔点测定仪进行的，需要记录开始熔化时的温度和全部熔化时的温度，其熔程即是熔点。

七、参考资料

[1] 陈雪．“土”与“洋”：烟草在云南的在地化及其意义 [J]．民族研究，2019 (1)：46-56.

[2] Hu R S，Wang J，Li H，et al. Simultaneous extraction of nicotine and solanesol from waste tobacco materials by the column chromatographic extraction method and their separation and purification [J]. Separation & Purification Technology，2015，146：1-7.

[3] 马俊勃．烟草生产废弃物提取天然烟碱的工艺研究 [D]．东华理工大学，2012.

[4] 王敏．废次烟草中有效成分的综合利用 [J]．中国资源综合利用，2003 (02)：16-18.

[5] 周国生，义胜辉，崔建军，等．基于生物工程的废次烟叶资源化技术研究 [J]．中国烟草科学，2013 (1)：85-89.

[6] 彭艳玲．生态文明建设下玉溪市烟草产业转型升级研究 [J]．西南林业大学学报 (社会科学)，2020，4 (2)：20-22.

[7] 张佳杰，薛敏，魏天晔，等．烟碱提取方法研究进展 [J]．食品安全质量检测学报，2018，9 (10)：2285-2290.

知识链接

我国是烟草种植大国，每年烟草产量达4～5亿吨，其中不能用于卷烟制造的剩余部分都属于烟草废物，大约有2亿多吨，包括低次烟叶、烟茎、叶脉和烟草根等。这些废物具有刺激气味，可造成严重的空气和土壤污染。烟草废物含有的烟碱、茄尼醇、木质素等活性物质可以被提取利用，剩余的植物残渣可作为纸浆、纤维板和有机肥料。

据历史记载，早在16世纪末期，烟草作物分别由内地和境外进入云南。传入之初，地方社会经济发展水平较低，顺势遮蔽了烟草作为经济作物的特征，进入医疗文化结构之中，成为当地人日常生活中离不开的药物，然后逐渐向整个区域扩散。进入17世纪后，尤其是清朝康熙、雍正、乾隆时期，在稳定的社会状态之下，地方社会经济持续发展。烟草呈现出经济效应，不仅弥散至本地农业、手工业中，还形成一条烟草贸易链，跨越地域限制，连接内地与东南亚地区。20世纪初，卷烟以现代消费品形式进入云南。在短短几年间，云南烟草实业取得实质性进展。至此，烟草在云南扎根下来，成为一个新兴产业，至今影响着地方产业格局以及经济社会生活。

烟草更是其中一种极好的经济作物，为云南经济发展作出了极大的贡献，同时烟叶中的烟碱也是一种药物，其被广泛应用于现代医药行业中。烟草生产主要是利用叶的部分，因其生物碱成分含量较高，与其相对，烟草茎的部分因其生物碱含量较低而常被作为废物。为了节约资源，利用废弃烟叶提取烟碱是当今科学研究探索的目标之一。

实验 10　微波灰化-分光光度法测定烟草料液中铅的含量

一、实验目的

（1）学习微波灰化样品的原理和方法。

（2）掌握分光光度法测定烟草料液中铅的原理和实验技术。

（3）学习方法的精密度实验、回收率实验。

二、实验原理

烟草料液是一类重要的烟用添加剂，其主要成分是糖、甘油、丙二醇、香精、天然提取物等，合理的加料对于掩盖天然烟草的刺激性和杂气、提高或改善卷烟的香味、增加烟丝韧性、提高保润性、改善燃烧性和减少碎损等方面均起到重要作用。重金属的测定是烟草料液安全性控制的重要内容，为此我国烟草行业还制定了相应的检测标准，其中最为重要的是铅含量测定。由于设备简单、操作简便、成本低，分光光度法目前仍然是铅含量测定最常用的方法；但是与其他仪器技术相比，分光光度法灵敏度相对低，样品进行富集后才能满足测定的要求。

铅含量测定样品的前处理方法有干法灰化、湿法消解和微波消解等。与湿法相比，干法灰化可通过加大取样量来增加样品溶液中待测物浓度；还具有操作者不需要时常观测、操作简单、空白值小等优点；特别是近几年来微波灰化技术得到了越来越多的应用。

微波灰化炉的工作原理是：微波作为加热源升温，在高温状态下能够完成将物质进行炭化、灰化的样品处理过程。利用微波的高能量和气流中高浓度氧气结合的方式使样品的灰化时间由传统的“小时”变为“分钟”，大大提高了工作效率，减少了能量损耗，具有更好的重复性。

本实验采用微波灰化样品，通过对磺酸基苯亚甲基若丹宁（SBDR）分光光度法测定烟草料液中的铅含量。SBDR 与铅反应可生成 2∶1 稳定络合物，$\lambda_{max}=520$ nm，$\varepsilon=3.16\times10^4$ L/(mol·cm)。

三、实验用品

（1）仪器

CEM Phoenix 型微波灰化系统，功率输出为（1400±50）W，炉腔体积为 5L；EH 35B 型电子控温电热板；UV-2401 型紫外-可见分光光度计；电子天平；电热恒温干燥箱。

（2）材料

烟草料液样品（来源于云南烟草科学研究院原料研究中心）。

（3）试剂

铅标准储备液（1.0 mg/mL，国家标准物质研究中心），使用时需稀释成 10 μg/mL 的标准工作液；1.0 mol/L 硝酸溶液；SBDR 用 95%乙醇配制 0.05%的溶液。除特殊说明外，硝酸为优级纯，其余试剂为分析纯。实验用水为去离子水。

四、实验步骤

1. 实验条件的确定

(1) 微波灰化条件的选择

微波灰化是一种新型的样品分解技术，能在很短时间内实现样品灰化，和传统马弗炉法相比，大大节约了灰化时间，减少了样品前处理的能耗；而且还能低温灰化，减少了样品中易挥发元素的损失，因此，本实验选用微波灰化法。

灰化温度是影响样品灰化效果的最关键因素；温度过低，样品灰化不完全，温度过高，铅可能会有损失。试验不同灰化温度（300 ℃、350 ℃、400 ℃、450 ℃、500 ℃、550 ℃、600 ℃、650 ℃）对样品灰化效果的影响，通过实验选择样品灰化温度。

进一步试验灰化时间对样品灰化效果的影响，样品升温到 500℃后，分别保持 10 min、15 min、20 min、25 min、30 min、35 min、40 min、45 min、50 min、55 min、60 min；根据样品在 500 ℃下保持多长时间可灰化完全（用硝酸溶解灰烬时没有炭残留），确定灰化时间。

试验样品量对灰化效果的影响，分别称取 0.5 g、1.0 g、1.5 g、2.0 g、3.0 g、4.0 g、5.0 g 样品在 500 ℃下灰化 25 min，通过实验选定称样范围。

(2) 光度测定条件的选择

在铅的光度分析试剂中，对磺酸基苯基亚甲基若丹宁（SBDR）具有可在硝酸介质中显色，且显色络合物稳定性好、对比度大的优点，因此本实验选择 SBDR 作为铅测定的显色试剂。

试剂与铅在硝酸介质中显色，硝酸在 0.1～0.8 mol/L 内吸光度均稳定，本实验选择加入 10 mL 1.0 mol/L 硝酸，最终定容至 25 mL，显色体系中硝酸的浓度约为 0.4 mol/L。

显色剂的用量对显色反应的影响：试验 0.05% SBDR 用量为 0.2 mL、0.4 mL、0.6 mL、0.8 mL、1.0 mL、1.5 mL、2.0 mL、2.5 mL、3.0 mL、3.5 mL、4.0 mL 的吸光度，通过实验确定显色剂的适宜用量。

体系在室温下迅速显色，放置 5 min 后吸光度可达到稳定，显色完全后体系至少可稳定 5 h。

在选定条件下，显色络合物最大吸收为 520 nm，试剂空白最大吸收为 430 nm，$\Delta\lambda=$ 90 nm，体系对比度较大。

2. 标准曲线的绘制

配制不同浓度的铅标准溶液，在选定实验条件下，以试剂空白为参比，于 520 nm 处测定各溶液的吸光度，绘制标准曲线，并计算回归方程和相关系数。

3. 样品测定

准确称取样品 2.5 g 于 30 mL 瓷坩埚中，先在电热板上，低温挥发样品溶剂，然后将带样品的坩埚置于微波灰化炉内，20 min 内升温至 500 ℃，保持 25 min，灰化完全后移出坩埚，冷却至室温，用 10 mL 1.0 mol/L 硝酸溶解灰烬，溶液转入 25 mL 的比色管中，然后加入 2.0 mL 0.05% SBDR 溶液，用水稀释到刻度线，放置 10 min，用 2 cm 比色皿，以试剂空白为参比，于 520 nm 处测定吸光度，通过标准曲线法进行定量。

4. 精密度实验

准确称取样品 7 份，按选定实验条件平行测定 7 次，计算 7 次测定结果的相对标准偏差（RSD）；另取 7 份样品，每天测定 1 次，计算 7 次测定结果的相对标准偏差（RSD）。

5. 回收率实验

取烟草料液样品 4 份，每份 2.5 g，准确称定，其中 3 份分别加入一定浓度的铅标准溶液（0.2 μg/mL、0.5 μg/mL、1.0 μg/mL），按选定的方法进行处理并对铅含量进行测定，每个样品平行测定 3 次，取平均值，计算回收率。

$$\text{回收率}=\frac{\text{加标样品测出量}-\text{未加标样品测出量}}{\text{标准加入量}} \tag{1-13}$$

对样品进行精密度、回收率实验（回收率是样品处理过程的综合质量指标，也是估计分析结果准确度的主要依据之一），是为了考察方法的可靠性。

五、注意事项

使用微波灰化系统时一定要严格按照操作规程操作。

六、思考题

(1) 简述干法灰化与微波灰化样品的特点和区别。

(2) 如何选择消化溶剂及消化条件？

(3) 加标回收率实验怎么做？回收率如何计算？

(4) 简述重金属元素铅对身体的危害。

七、参考资料

[1] 孙力，张群芳，张强，等．微波灰化-分光光度法测定烟草料液中的铅 [J]．光谱实验室，2012，29 (2)：921-924.

[2] 王琳，胡秋芬，杨光宇，等．对磺酸基苯基亚甲基若丹宁固相萃取光度法测定银 [J]．光谱学与光谱分析，2004，24 (2)：187-189.

知识链接

铅和其化合物对人体各组织均有毒性，中毒途径为由呼吸道吸入其蒸气或粉尘，然后呼吸道中吞噬细胞将其迅速带至血液；或经消化道吸收，进入血液循环而发生中毒。铅中毒者一般有铅及铅化物接触史。口服 2～3 g 可致中毒，50 g 可致死。

铅中毒对机体的影响是多器官、多系统、全身性的，临床表现复杂，且缺乏特异性。常见表现为神经系统、造血系统、心血管系统、消化系统、泌尿生殖系统、免疫系统、内分泌系统、骨骼的终生性损害。成年人铅中毒后会经常出现疲劳、情绪消沉、心脏衰竭、腹部疼痛、肾虚、高血压、关节疼痛、生殖障碍、贫血等症状。孕妇铅中毒后会导致流产、新生儿体重过轻、死婴、婴儿发育不良等严重后果。

吸烟时烟草中所含重金属会对人体造成危害。在香烟不完全燃烧时，发生了一系列的热分解与热合成化学反应，形成大量复杂的有机物质。有研究证实，香烟燃烧中心部位温度高达800～900 ℃，燃烧的边缘温度也达到了300～400 ℃。烟草燃烧时的高温，将烟草中的重金属、类金属衍变为烟尘和雾（气溶胶），通过呼吸道进入人体内，该过程同时危害吸烟者和被动吸烟者。

检测烟草中铅的含量对于探索和研究低毒安全烟，降低吸烟对人体的危害具有现实而深远的意义。

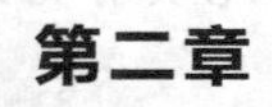

第二章

植物药物化学

实验 1　云南昭通乌天麻中天麻素和对羟基苯甲醇的测定

一、实验目的

（1）掌握天然药物中有效成分的提取方法和原理。

（2）掌握对指定成分进行定量分析的单点外标法。

（3）掌握高效液相色谱仪的基本原理及使用方法。

二、实验原理

天麻为兰科植物天麻（*Gastrodia elata* B.）的干燥块茎，主产于贵州、陕西、四川、云南、湖北等地，是一味著名的常用中药材，具有平肝息风止痉的功效。现代药理表明，天麻具有镇痛、抗炎、抗衰老、改善学习记忆力、抗惊厥的作用，临床用于头痛目晕、中风、风湿痹痛等症。天麻素和对羟基苯甲醇为天麻的主要有效成分。测定天麻素和对羟基苯甲醇含量对天麻药材及相关中成药的质量控制有着重要意义。《中国药典》（2020 年版）中规定天麻药材中天麻素和对羟基苯甲醇总含量不得少于 0.25%。天麻素和对羟基苯甲醇的结构如下：

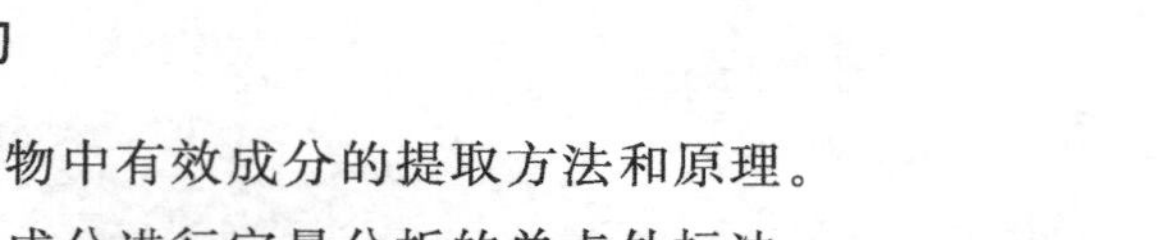

天麻素　　对羟基苯甲醇

本实验用超声提取法提取云南昭通乌天麻药材中的天麻素和对羟基苯甲醇，用高效液相色谱法对天麻素和对羟基苯甲醇进行测定。对昭通乌天麻样品中天麻素、对羟基苯甲醇含量进行分析评估，这不仅为云南道地药材天麻的种植、生产加工等提供参考，也为昭通乌天麻质量控制提供合理依据。

高效液相色谱法（high performance liquid chromatography，HPLC）是指用液体作为流动相，根据组分在固定相上吸附或分配不同使之分离的一种高效能色谱方法。其过程是用高压输液泵将具有不同极性的单一溶剂或不同比例的混合溶剂、缓冲液等流动相泵入装有固定相的色谱柱中，经进样阀注入供试品，由流动相带入柱内，在柱内各组分被分离后，依次进入检测器，色谱信号由记录仪或积分仪记录。

（1）定性分析

在相同的色谱条件下（流动相组成及比例、色谱柱、柱温等不变），任何物质都有确定的保留值（保留时间和保留体积）。因此在了解了样品来源、性质的情况下，如果在相同的色谱条件下被测化合物与标样的保留值相一致，就可以初步认为被测化合物与标样相同。

本实验采用**外标法**进行定性分析。测定已知标准物质的保留时间，当待测组分的保留时间在已知标准物质的保留时间预期范围内，即被测定。

（2）定量分析

本实验采用**外标法**进行定量分析。外标法是以被测化合物的纯品作为标准品，取一定量已知浓度的标准品溶液注入色谱柱得到其响应值（峰面积），在一定浓度范围内，标样量与响应值之间有比较好的线性关系，可用式(2-1)表示：

$$A_0 = Kc_0V_0 \tag{2-1}$$

式中，A_0 为峰面积；c_0 为标样溶液浓度；V_0 为注入标样溶液的体积。

由已知的 A_0、c_0、V_0 即可以求出系数 K。然后，在完全相同的色谱条件下，注入欲测样品，体积为 V_1，得峰面积 A_1，根据式(2-1)，由已知的 A_1、V_1 及 K 值，就能求出 c_1，即欲测组分的浓度。

三、实验用品

（1）仪器

Agilent 1260 高效液相色谱仪［Agilent ZORBAX SB-C_{18}（9.4 mm×250 mm，5 μm）色谱柱］、三号筛、万分之一电子分析天平、0.45 μm 滤膜、超声波提取仪、EYELAN-1100 型旋转蒸发仪、具塞锥形瓶、容量瓶等。

（2）材料

云南昭通乌天麻样品。

（3）试剂

天麻素对照品、对羟基苯甲醇对照品、乙腈（色谱纯）、纯净水、磷酸（色谱纯）、乙醇（分析纯）。

四、实验步骤

1. 色谱条件

色谱柱：Agilent ZORBAX SB-C_{18}（9.4 mm×250 mm，5 μm）；

流动相：A 为乙腈；B 为 0.05%磷酸水溶液；

流速：1.0 mL/min；

检测波长：220 nm；

柱温：30 ℃。

梯度洗脱程序见表 2-1。

表 2-1 梯度洗脱程序

时间/min	流动相 A/%	流动相 B/%
0～10	3 ⟶ 10	97 ⟶ 90
10～15	10 ⟶ 12	90 ⟶ 88
15～25	12 ⟶ 18	88 ⟶ 82
25～27	18 ⟶ 95	82 ⟶ 5

2. 天麻素和对羟基苯甲醇对照品溶液的制备

精密称取适量天麻素和对羟基苯甲醇对照品，用乙腈-水溶液（体积比 3∶97）溶解，制成 1 mL 含天麻素 50 μg、对羟基苯甲醇 25 μg 的混合溶液。

3. 样品供试品溶液的制备

（1）精密称定天麻药材粉末（过三号筛）约 2.0 g，置于具塞锥形瓶中，精密加入 50%乙醇溶液 50 mL，称定质量，超声提取 30 min。

（2）超声提取结束后放冷，再称定质量，然后用 50%乙醇补足减小的质量，过滤。

（3）精密量取续滤液 10 mL，浓缩至近干，残渣用乙腈-水溶液（3∶97）溶解，移至 25 mL 容量瓶中，并用乙腈-水溶液（3∶97）稀释至刻度线，摇匀。

（4）溶液过 0.45 μm 滤膜，取续滤液作为供试品溶液，备用。

4. 天麻素和对羟基苯甲醇的测定

分别精密吸取对照品与供试品溶液各 5 μL，按实验步骤 1 中色谱条件测定。根据保留时间对照确定样品中天麻素和对羟基苯甲醇色谱峰的位置，根据样品中天麻素和对羟基苯甲醇的色谱峰面积，计算天麻中天麻素和对羟基苯甲醇的含量。

五、实验结果与分析

（1）记录各步实验现象。

（2）准确记录天麻素和对羟基苯甲醇色谱峰的保留时间与峰面积。

（3）计算供试品溶液中天麻素和对羟基苯甲醇的浓度，求出云南昭通乌天麻药材中天麻素和对羟基苯甲醇的含量。

六、注意事项

（1）高效液相色谱的流动相应采用色谱纯溶剂，以满足仪器要求，避免损坏色谱柱；流动相经过滤、脱气后方可使用。

（2）严禁使用有污染的水等冲洗色谱柱，避免互不相溶的溶剂一同进入泵内。

（3）待分析的样品必须彻底溶解澄清、过滤，以避免堵塞、损坏色谱柱。

（4）若样品与标品溶液需保存，应置于冰箱中。

(5) 为获得好的结果，标样与样品的进样量要严格保持一致。

(6) 分析完成后，必须及时清洗色谱柱。

七、思考题

(1) 若待测样品中天麻素和对羟基苯甲醇无法基线分离，应如何改善色谱分离条件？

(2) 在高效液相色谱仪器操作过程中，应重点注意哪些方面？

(3) 用 HPLC 测定药材中有效成分含量的主要优势是什么？

八、参考资料

[1] 严国，蔡亚，杨易，等．新鲜天麻中天麻素与对羟基苯甲醇含量及影响因素分析[J]．食品工业科技，2021，42 (6)：233-240.

[2] 李菲，仲晓荣，田景振．天麻中天麻素的提取与含量测定 [J]．山东中医药大学学报，2016，40 (5)：474-476.

[3] 李凤，金虹，黄业传．天麻提取物微胶囊的制备 [J]．食品工业科技，2012，33 (20)：195-198.

[4] 国家药典委员会．中华人民共和国药典 [M]．一部．北京：中国医药科技出版社，2020.

知识链接

天麻是我国传统名贵中草药，近年来的研究表明，天麻对中枢神经系统有镇静止痛作用，能增强心肌收缩力、增加冠脉流量、降低外周血压、抗缺血缺氧，并能增强免疫功能。天麻能提高超氧化物歧化酶（SOD）的酶活力，消除氧自由基。天麻无任何毒副作用，可反复给药，是一种药理作用广泛的中药材。

经过多年的发展，昭通天麻以外形独特、品质最优备受到世界人民的喜爱。主要优势如下。

一是拥有独特的环境条件和种质资源。昭通植被丰富、山清水秀、空气清新，天蓝、土净无污染，独特的地理、气候、生态及植被环境为优质天麻生长提供了良好的自然环境。昭通拥有世界品质的野生天麻种质资源，作为野生“两菌”和良种繁育采种基地，从源头上保证昭通天麻品质。这些独特的环境条件和资源优势造就昭通天麻品质为全国之最。

二是拥有悠久的栽培历史和独特的林下仿野生栽培。天麻入药已有 2000 多年的历史，从 20 世纪 60 年代开始，昭通天麻种植采用仿野生栽培模式，整个生产过程不使用任何农药、化肥，完全靠蜜环菌和萌发菌提供营养，是原生态的、纯天然的、有机的。

三是拥有独特品质。在独特环境、独特栽培模式下孕育出的昭通天麻，其品质有明显的优势，昭通天麻含人体所需化学元素 29 种，其中人体必需的微量元素 14 种；含有 16 种氨基酸；含水量低至 60%～70%，比其他产区低 20%；天麻多糖含量高，平均含量 18%，比其他产区高 1.5 倍。

实验 2　文山道地三七总皂苷的提取精制和检识

一、实验目的

（1）学习用大孔树脂方法从天然中草药中分离有效成分。

（2）掌握从中药三七中提取三七总皂苷的基本原理和操作过程。

（3）学习三七总皂苷的检识方法。

二、实验原理

三七总皂苷具有良好的止血功效，能明显缩短出血和凝血时间，促进人体红细胞分裂、生长，且具有明显补血功效，还能显著提高巨噬细胞吞噬率，提高血液中淋巴细胞比值，具有活血化瘀、祛瘀生新的疗效，主要用于心脑血管疾病的治疗。三七总皂苷含有人参皂苷 Rb_1、Rb_2、R_c、R_d、R_e、R_f、Rg_1、Rg_2、Rg_3、Rh_1，以及三七皂苷 R_1、R_2、R_3、R_4、R_6 等 20 多种皂苷成分。其中以人参皂苷 Rb_1、人参皂苷 Rg_1、三七皂苷 R_1 含量最高。

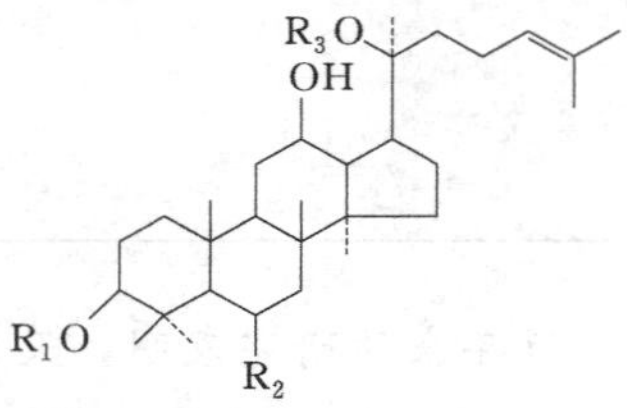

	R_1	R_2	R_3
人参皂苷 R_{b_1}	glu(2→1)glu	H	glu(6→1)glu
人参皂苷 R_d	glu(2→1)glu	H	glu
人参皂苷 Rg_3	glu(2→1)glu	H	H
三七皂苷 R_4	glu(2→1)glu	H	glu(6→1)glu(6→1)xyl
人参皂苷 R_e	H	O-glu(2→1)rha	glu
人参皂苷 Rg_1	H	O-glu	glu
人参皂苷 Rg_2	H	O-glu(2→1)rha	H
人参皂苷 Rh_1	H	O-glu	H
人参皂苷 R_1	H	O-glu(2→1)xyl	glu
三七皂苷 R_2	H	O-glu(2→1)xyl	H

三七总皂苷是从植物三七干燥根中提取的主要成分。三七为多年生草本植物，株高 30～60 cm，主根肉质，多呈短圆锥形或圆柱形；根茎粗短，上端有芽，呈暗绿色；茎直立，呈圆柱形，绿色，光滑无毛，单生、掌状复叶，3～4 片轮生于茎的顶端，叶柄细长，每片掌状叶有 5～7 片小叶，通常中间的一片最大，长椭圆形或长圆披针形，边缘有细锯齿。伞形花序，顶生，花多数，黄绿色，雄蕊 5 枚，雌蕊 1 枚。核果浆果状，肾形或扁球形，直径约 8 mm，成熟时红色。种子 1～3 粒，近球形，黄白色。花期 6～8 月，果期 8～12 月。多栽培于山地森林下或山坡人工荫棚下。主产于云南、广西，广东、福建、江西、浙江、四川、贵州等省区亦有栽培。其中云南文山的三七产量为全国之最。

目前，三七中三七总皂苷的提取方法有很多种。中国药典应用冷浸法，但较为费时；还有一些比较传统的提取方法，如水煎醇沉法、渗漉法，都是目前提取三七总皂苷的主要方法。随着现代科学技术的发展，一些其他领域的技术也应用到三七总皂苷的提取中，如超声波/微波提取技术、大孔树脂吸附技术、罐组逆流提取技术以及运用神经网络模型进行优化提取工艺。常见的提取流程有：

(1) 三七⟶70%乙醇回流提取（70%乙醇4倍量，回流提取4次，每次0.5 h，合并提取液，回收溶剂)⟶提取液⟶浸膏⟶加适量水分散⟶水溶液⟶过大孔树脂，50%乙醇洗脱⟶50%乙醇溶液⟶回收溶剂⟶三七总皂苷。

(2) 三七⟶生物酶提取⟶提取液⟶固液分离⟶分离液⟶膜分离⟶分离液⟶大孔树脂吸附，醇解吸附，回收乙醇⟶三七总皂苷。

(3) 三七⟶加速溶剂提取（以甲醇为溶剂，药材粒径为0.3～0.45 nm，提取温度150 ℃，提取压力6.895 MPa，提取15 min，提取1次)⟶提取液⟶回收溶剂至干⟶三七总皂苷。

本实验根据三七皂苷和共存物质极性、溶解特性的不同，利用低极性有机溶剂萃取，除去脂溶性物质，用树脂吸附法除去无机盐、氨基酸、糖等水溶性物质，从而制得纯度较高的三七总皂苷。

三、实验用品

(1) 仪器

分析天平、普通回流装置、减压过滤装置、大孔树脂层析柱、旋转蒸发仪等。

(2) 材料

云南文山的三七打粉（备用）等。

(3) 试剂

80%乙醇、乙醚、乙酸酐、浓硫酸、三七总皂苷标准品等。除特殊标注外，试剂均为分析纯。

(4) 其他

剪刀、镊子、称量纸、药匙等。

四、实验步骤

1. 三七总皂苷的提取

三七剪口粗粉50 g，以80%乙醇回流提取2次，溶剂用量分别为150 mL、100 mL，回流时间依次为1.5 h、1 h，合并提取液，减压回收乙醇至提取液无醇味。

2. 三七总皂苷的精制

回收乙醇后的提取液用乙醚萃取两次，以除去脂溶性物质，每次用乙醚30 mL。乙醚层弃去，水层在水浴上挥去乙醚后供柱层析用。经净化处理的大孔树脂100 g，以蒸馏水浸润湿法装柱，柱内直径2～3 cm，长约50 cm。将挥去乙醚后含三七皂苷的水溶液（约50 mL）加入层析柱，以约1 mL/min的流速缓缓通过此大孔树脂柱，使总皂苷完全吸附，然后依次用蒸馏水（50 mL)、50%乙醇（50 mL）以大约1～1.5 mL/min的流速洗脱，以除去无机盐、氨基酸、糖等水溶性物质。最后用约 100 mL 95%乙醇洗脱三七总皂苷（流速为 1 mL/min），收集此部分洗脱液，减压回收溶剂，真空干燥，即得精制三七总皂苷，称重，计算产率。

3. 三七总皂苷的检识

（1）方法 1：乙酸酐-浓硫酸（Liebermann-Burchard）反应

取自制三七总皂苷少许于白色反应瓷板上，加入 5～8 滴乙酸酐溶解，然后沿壁滴入浓硫酸 2 滴，观察实验现象。（如果呈紫红色，并且在溶液上层逐渐变绿，则证明含有甾体、三萜类或皂苷。）

（2）方法 2：薄层层析法检识

分别取三七总皂苷标准品和自制品少许溶于甲醇中，配成约 1 mg/mL 标准液及样品液，分别点于同一块板上，展开显色后二者应显示对应相同的斑点。

吸附剂：硅胶 G 板。

展开剂：正丁酸∶乙酸乙酯∶水＝4∶1∶5（上层）。

五、实验结果与分析

1. 提取分离比较

本实验所述乙醇回流提取，具有高效、绿色、原料廉价等优点。将普通的柱层析材料硅胶粉替换为大孔树脂，有效解决了快速纯化三七总皂苷的难题。

2. 表征结果

（1）Liebermann-Burchard 反应：交界面先出现红色，继而变为紫红色，并且溶液上层逐渐变绿，即为阳性反应，则证明了样品为皂苷类成分。

（2）薄层层析法检识：将 15%硫酸乙醇液作为显色剂，喷雾后烘烤显色，标准品和对照品在相同的 R_f 值处出现一些颜色类似的斑点。

六、注意事项

（1）回收乙醇后的提取液一定需要用乙醚萃取两次以除去脂溶性物质，否则这些脂溶性成分后期难以除去。

（2）三七皂苷的水溶液应缓缓通过此大孔树脂柱，否则吸附不完全，影响收率。

七、思考题

（1）从三七中提取三七总皂苷的基本原理是什么？

（2）三七总皂苷主要成分有哪些？

（3）三七总皂苷主要成分的溶解性有什么特点？

（4）染色过程是化学变化还是物理变化？为什么？

（5）如何选择 HPLC 的色谱条件？

八、参考资料

［1］陈红惠，Tarun Belwal，李刚凤，等．表面活性剂协同超声波酶法提取三七花总

皂苷工艺优化及抗氧化活性研究 [J]. 食品与发酵工业，2020，46 (20)：182-190.

[2] 蔡树杏，张慧晔，邹江林等．三七茎叶中皂苷类成分研究进展 [J]. 食品与发酵科技，2021，3：108-114.

[3] 赵凤平，张琳，蒋瑶，等．大孔树脂与氧化铝联用分离纯化三七总皂苷的工艺研究 [J]. 应用化工，2017，046 (004)：706-710，714.

[4] 赵凤平，贾成友，张传辉，等．乙醇-硫酸铵双水相提取三七总皂苷工艺的优化 [J]. 中成药，2016，38 (009)：2059-2062.

[5] 周青青，步真宁，王宝东，等. 菊三七属植物化学成分及药理学活性研究进展 [J]. 今日药学，2020，(7)：462-473.

[6] 杨婧娟，于海宁，林秋生，等. 发酵辅助提取对三七总皂苷提取物生物活性的影响 [J]. 天然产物研究与开发，2012，24 (12)：1816-1820.

知识链接

云南文山是三七的故乡，种植面积达50万亩，每年三七产量2万吨以上，年产值200多亿元。文山三七又名文州三七，明代药学家李时珍称其为“金不换”。云南三七分布较广，在海拔1200 m、1700 m的地区都有种植，以文山州各县为主要产区。文山是“三七之乡”，被誉为“中药中的阿司匹林”的三七，在文山已有三四百年的栽培历史，是云南乃至我国为数不多且能够完全实现规模化、标准化人工种植和最具产业化开发条件的中药材品种。

三七含有24种三七皂苷、77种挥发油、17种氨基酸以及三七多糖、三七黄酮等多种生理活性物质，在预防和治疗心脑血管疾病方面有独特作用，对于延缓衰老、保持机体生理平衡有显著功效。据不完全统计，全国用三七作原料的中成药品种逾300个，生产厂家达1000余家，覆盖了所有中药制药企业，如云南白药、片仔癀、复方丹参滴丸等举世闻名的中药都以三七为主要原料制成，主要有止血、散瘀、消肿、定痛功效。2009年《国家基本药物目录（基层医疗机构版）》中，三七胶囊（片）、血栓通注射液等三七及含三七的复方制剂共10个品种被收录，占中成药102个品种的近10%，骨伤科用药8个品种中有5个配方中含有三七。

三七是中药宝库中的一颗明珠，清代药学著作《本草纲目拾遗》中记载“人参补气第一，三七补血第一，味同而功亦等，故称人参三七，为中药中之最珍贵者。”

实验3　云南产黄花蒿中青蒿素提取系列实验

一、实验目的

(1) 学习青蒿素提取、纯化、鉴定的原理和方法。

(2) 了解从天然产物中提取、纯化、鉴定天然产物的全过程。

(3) 巩固结晶、柱层析、薄层层析、核磁共振等基本微型有机化学实验操作技术。

二、实验原理

青蒿素（artemisinin）是从复合花序植物黄花蒿中提取得到的一种无色针状晶体的抗疟有效成分。其特点是对疟原虫无性体具有迅速杀菌作用。青蒿素的分子式为 $C_{15}H_{22}O_5$，结构式如图 2-1 所示，属倍半萜内酯，具有过氧键和 δ-内酯环，还有一个包括过氧化物在内的 1,2,4-三噁结构单元，这在自然界中十分罕见。分子中包括 7 个手性中心，它的生源关系属于 amorphane 类型，其特征是 A、B 环顺联，异丙基与桥头氢呈反式关系。

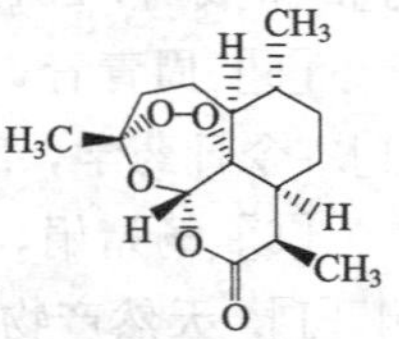

图 2-1 青蒿素的结构式

从黄花蒿中提取青蒿素的方法是以萃取原理为基础，主要有**乙醚浸提法和溶剂汽油浸提法**。挥发性成分主要采用水蒸气蒸馏提取、减压蒸馏分离，其具体工艺为：投料→加水→蒸馏→冷却→油水分离→精油。而对于非挥发性成分（如青蒿素）主要采用有机溶剂提取、柱层析及重结晶分离，其基本工艺为：干燥→破碎→浸泡、萃取（反复进行）→浓缩提取液→粗品→精制。

在传统的乙醚或者溶剂汽油提取法中，乙醚或者汽油蒸气与空气可形成爆炸性混合物，遇明火、高热极易燃烧爆炸；与氧化剂能发生强烈反应；在空气中久置后能生成有爆炸性的过氧化物。这些因素导致该实验不便于在学生实验中推广。本实验利用青蒿素在石油醚中有一定的溶解度，且其他成分溶出较少，经低温超声冷浸法提取、浓缩放置即可析出青蒿素粗晶，从而可将大部分杂质除去。青蒿素的纯化采用柱层析法，其纯度检查可采用薄层层析法，鉴定可采用核磁共振法。有条件的学校可增加红外光谱、质谱等结构鉴定方法。

青蒿素的提取实验分三大模块完成：①从黄花蒿叶中提取青蒿素粗晶；②柱层析法纯化青蒿素；③青蒿素纯度检查和检识。其提取流程图如图 2-2 所示。

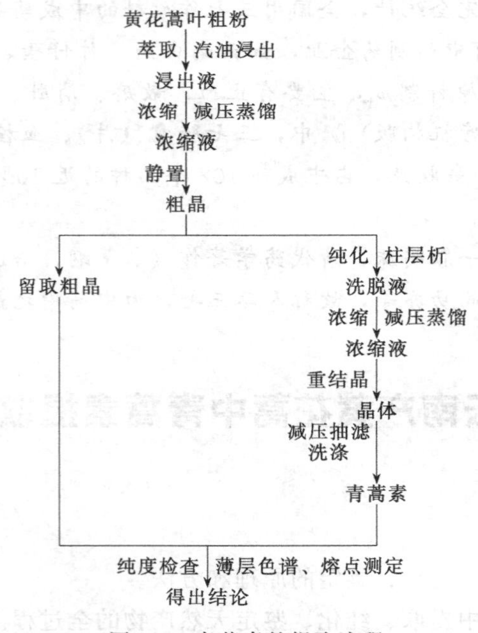

图 2-2 青蒿素的提取流程

三、实验用品

(1) 仪器

梨形分液漏斗 (500 mL)、层析管 (ϕ2.2×50 cm)、硅胶 H 板 (ϕ 4.5×12 cm)、量筒 (100 mL)、量筒 (500 mL)、滴管、干燥器、圆底烧瓶 (500 mL、250 mL)、锥形瓶 (10 mL、50 mL、250 mL)、蒸馏头、玻璃漏斗、抽滤瓶、水泵、恒温水浴、蒸发皿、玻璃棒、结晶铲、旋转蒸发仪、核磁共振仪 (400 MHz)。

(2) 材料

干燥的黄花蒿叶粗粉等。

(3) 试剂

石油醚 (沸程 30～60 ℃)、乙酸乙酯 (AR)、100～200 目层析硅胶 (青岛海洋化工厂生产)、GF254 型硅胶板 (3 cm×10 cm) 等。除特殊标注外，试剂均为分析纯。

(4) 其他

剪刀、镊子、称量纸、药匙等。

四、实验步骤

1. 从黄花蒿叶中提取青蒿素粗晶

(1) 青蒿素的浸出 (超声冷浸法提取)

称取干燥的黄花蒿叶粗粉 300 g，装于 500 mL 烧杯内，加 30～60 ℃石油醚溶剂 300 mL，浸泡 1 h。为使青蒿素尽快浸出，浸泡过程中可用超声仪每隔 5 min 低温超声 30 s，过滤上述提取液，滤液收集于 500 mL 圆底烧瓶中备用。

(2) 青蒿素粗晶的析出 (旋转蒸发仪浓缩)

将装有石油醚浸泡液的 500 mL 圆底烧瓶，装于旋转蒸发仪上，真空泵减压蒸馏回收溶剂石油醚 (旋转蒸发仪的水浴温度设为 30 ℃)，直至溶剂残留约 3 mL，趁热将其用胶头滴管转移入 10 mL 锥形瓶中，加塞，于 5 ℃左右冰箱中放置 1 h。

(3) 青蒿素粗结晶的处理

上述浓缩液放置 1 h 后，青蒿素粗晶基本析出完全，用滴管小心地将母液吸去，再用约 1 mL 石油醚将青蒿素粗晶洗涤 3～4 次，将得到的青蒿素粗晶转移至蒸发皿备用，即得青蒿素粗晶。

2. 柱层析法纯化青蒿素

(1) 层析柱的制备 (干法装柱)

取一根洁净、干燥的玻璃层析管，从上口装入一小团脱脂棉，用长玻璃棒推至管底铺平。将层析管垂直地固定在铁架上，管口放一只玻璃漏斗，称取大约 200 g 100～200 目层析硅胶，将其均匀地经漏斗装入层析管内，用洗耳球轻轻敲打铁架，使硅胶填充均匀、紧密，即得层析柱。

(2) 样品上柱 (干法上样)

量取 1 mL 乙酸乙酯，将蒸发皿上的青蒿素粗晶溶解，取 1 g 左右 100～200 目层析硅胶粉于蒸发皿中，分次吸附在硅胶上并拌匀。将吸附了样品的硅胶用漏斗加到层析柱上，用洗耳球敲击，使拌样硅胶平整。加入 20 g 左右的石英砂，即上样完成。

(3) 配制洗脱剂

用 100 mL 量筒量取 50 mL 乙酸乙酯，加入 500 mL 量筒中，用石油醚稀释至 500 mL，摇匀，即得到石油醚-乙酸乙酯洗脱剂（体积比 9∶1），备用。

(4) 显谱和洗脱

首先用滴管吸取少量石油醚加到层析柱上进行显谱，若有黄色色带，则继续用石油醚溶剂洗至无黄色色带。然后改用石油醚-乙酸乙酯洗脱剂（体积比 9∶1）进行洗脱，用 50 mL 锥形瓶分瓶收集全部洗脱液。

(5) 回收溶剂，结晶

用薄层层析法找出上述洗脱液中纯度最高的主产物的几瓶洗脱液，用减压蒸馏法回收这几瓶洗脱液至约 1 mL，静置使青蒿素结晶析出，即得青蒿素纯品。

3. 青蒿素纯度检查和检识

(1) 薄层层析法检查纯度

样品：青蒿素纯品乙醇液（0.5%），青蒿素标准品乙醇液（0.5%）。

薄层板：硅胶 H 板。

展开剂：石油醚-乙酸乙酯（体积比 3∶1）。

显色剂：碘蒸气。

根据 R_f 值及斑点数目，鉴别青蒿素，判断青蒿素粗晶和纯品的纯度（图 2-3）。

(2) 核磁共振氢谱（^{1}H NMR）法检识青蒿素

用氘代氯仿溶解 20 mg 上述得到的青蒿素纯品，在 400 MHz 的核磁共振仪器上测试其氢谱（^{1}H NMR），并对标准氢谱进行归属。

五、实验结果与分析

1. 提取工艺比较

本实验利用青蒿素在石油醚中有一定的溶解度，且其他成分溶出较少的特点，经低温超声冷浸法提取、浓缩放置，即可析出青蒿素粗品，从而除去大部分杂质。这样有效解决了传统工艺安全性的问题。实验利用结晶和柱层析相结合的方法，更利于产品纯化。利用核磁共振氢谱法表征，解决了本科生对核磁共振氢谱法不熟悉的老问题。

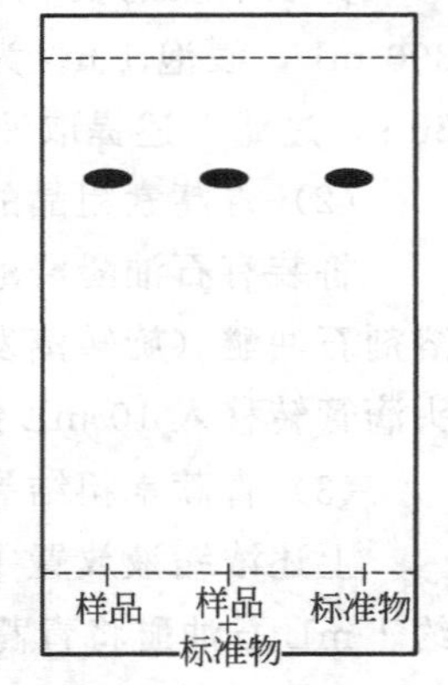

图 2-3 青蒿素的薄层层析

2. 表征结果

(1) 薄层色谱（TLC）高效板：展开剂石油醚∶乙酸乙酯＝3∶1（体积比），样品的 R_f 值、点形态和颜色与标准物相同（如图 2-3 所示）。

(2) ^{1}H NMR（400 MHz，$CDCl_3$）谱图数据：δ 5.86（s，1H），3.40（dq，J＝7.3，5.4 Hz，1H），2.47～2.39（m，1H），2.08～1.98（m，2H），1.91～1.86（m，1H），1.81～1.74（m，2H），1.51～1.34（m，3H），1.45（s，3H），1.21（d，J＝7.3 Hz，3H），1.11～1.04（m，2H），1.00（d，J＝6.0 Hz，3H）。

六、注意事项

(1) 青蒿素提取系列实验的目的在于把学生学过的一系列常量与微量有机化学实验的基本操作技能组合起来，完成从植物中提取、纯化、鉴定一个纯天然产物的过程，并使学生更加熟练地掌握这些操作技能。该实验与实际生产过程有所不同。

(2) 青蒿素的热稳定性较差，需要严格控制温度不高于 35 ℃。

七、思考题

(1) 提取、纯化青蒿素实验中要特别注意什么？

(2) 整个实验过程有哪些优点？还有哪些方面可以改进？

(3) 为什么要用低温冰浴进行超声提取？

(4) 进行核磁共振氢谱测试时对样品有什么要求？

八、参考资料

[1] 王君平．屠呦呦把青蒿素献给世界［J］．科学大观园，2021，5：56-59.

[2] 周源凯，万凌云，韦树根，等．从青蒿素重结晶废料中回收青蒿素的方法［J］．化工技术与开发，2020，49（11）：1.

[3] Lévesque F，Seeberger P H. Continuous-flow synthesis of the anti-malaria drug artemisinin［J］．Angew. Chem. Int. Ed.，2012，51（7）：1706-1709.

知识链接

云南是我国最大的蒿甲醚生产基地，也是最早实现大规模提取青蒿素的地区。作为在青蒿素产业链中耕耘近 40 年、全球唯一掌握青蒿素全产业链的企业，昆明制药厂（昆药集团的前身）担负了青蒿素提取及产业化发展的重任。事实上，青蒿素跟云南有着深厚渊源。1973 年年初，作为全国众多研究抗疟药物单位之一的云南省药物研究所的科研人员在查找文献的过程中，想起《本草纲目》上记载了黄花蒿的同类植物“烧薰可驱蚊，捣汁服可治疟”，便抱着试一试的想法，着手采集、提取和研究，并最终从一种黄花蒿中提取出大量结晶，证实这一化合物就是后来被定名的青蒿素。云南省药物研究所并没有停留在初步取得的成绩上。由于用于分离青蒿素的方法步骤较多，操作复杂，不能进行工业化生产，故青蒿素生产工艺的研究就成为必须解决的又一个难题。云南省药物研究所的相关研究人员从丙酮到氯仿，从甲醇到苯，从乙醚到溶剂汽油，进行了几十次试验，终于在 1974 年年初，发明了青蒿素溶剂汽油法制备工艺。该工艺以其稳定可靠、操作简便、流程短、经济合理、收率高，产品易纯化，有利于工业化生产等特点，又一次在全国抗疟研究工作中引起了轰动。后来在国家医药局专家的指导下，对该方法进行了完善，并进行了 10 次以上的中试生产和 10 次试生产，制得青蒿素 30 余公斤，有力地支持了国内外各地的临床研究和青蒿素衍生物的制备。云南科技工作者为青蒿素尽快走向临床运用做出了重要贡献。

实验 4　云南三颗针中黄连素的提取、精制及检识

一、实验目的

（1）学习用回流提取方法从天然中草药中提取有效成分。

（2）掌握从中药三颗针中提取黄连素的基本原理。

（3）学会从三颗针中提取黄连素的操作过程。

（4）学习黄连素的化学性质与检识方法。

二、实验原理

黄连素又名小檗碱（berberine），存在于三颗针（刺黄连）、黄连、黄柏、伏牛花、白屈菜、南天竹等中草药中，但以三颗针、黄连和黄柏中含量最高。三颗针（刺黄连）为云南省名贵药材之一，其根、茎具有清热燥湿、泻火解毒的功效，对痢疾、肠炎、上呼吸道炎、急性结膜炎、中耳炎、乳腺炎、急性黄疸型肝炎、疮疖等均有很好的疗效。三颗针的茎含小檗碱、掌叶防己碱及微量的药根碱，是提取黄连素的主要原料之一。小檗碱属异喹啉类生物碱，是一种季铵碱，在碱性条件下有季铵式、醇式、醛式三种互变异构体（图 2-4）。其中以季铵式最稳定，可以电离呈强碱性；醇式和醛式小檗碱分别为叔胺和仲胺，亲脂性强，易溶于有机溶剂。

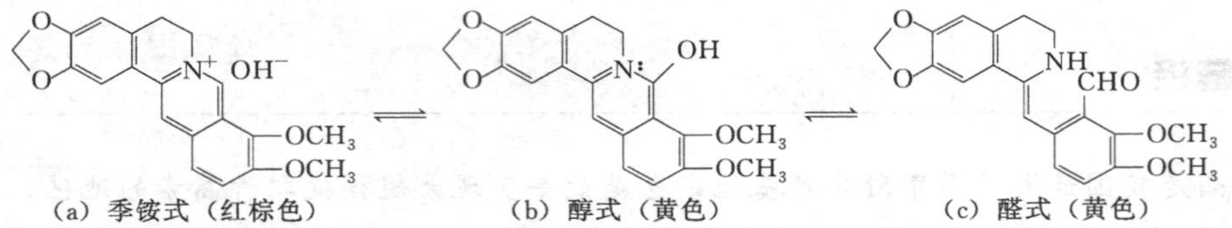

OH^-　OCH_3　OCH_3　(a) 季铵式（红棕色）

OH　OCH_3　OCH_3　(b) 醇式（黄色）

NH　CHO　OCH_3　OCH_3　(c) 醛式（黄色）

图 2-4　黄连素（小檗碱）的三种互变体

小檗碱为黄色针状结晶，味极苦。与一般生物碱不同，其微溶于水（100 mL 水常温下可溶 5 g）和乙醇，较易溶于热水和热乙醇，而难溶于氯仿、苯等有机溶剂。其无机盐类在水中的溶解度较小，如其盐酸盐，100 g 水常温下仅溶解 0.2 g，但易溶于沸水。本实验就是利用其溶解度特征，通过回流提取或浸泡、盐析、结晶、重结晶等操作过程从三颗针中制备盐酸黄连素，通过紫外-可见光分光光度法测定产品纯度，评价其是否符合中国药典规定值的要求。

三、实验用品

（1）仪器

分析天平、紫外-可见光分光光度仪、石英比色皿、烧杯、量筒、研钵、玻璃棒、称量瓶等。

（2）材料

云南产三颗针、盐酸小檗碱（黄连素）标准品等。

(3) 试剂

95%乙醇、蒸馏水、食盐、石灰乳、HCl 溶液、优氯净等。除特殊标注外，试剂均为分析纯。

(4) 其他

剪刀、镊子、pH 试纸、称量纸、药匙等。

四、实验步骤

1. 回流萃取黄连素

称取 10 g 切碎的云南产三颗针，放入 100 mL 圆底烧瓶中，加入 65 mL 95%乙醇，按回流装置安装仪器，加热回流 1 h，将提取液倾倒入 400 mL 烧杯中，用表面皿盖上；再向烧瓶中加入 40 mL 95%乙醇，再加热回流 1 h，两次提取液合并（提取液中若有不溶物，进行减压抽滤）。

2. 纯化盐酸黄连素

(1) 盐析

量取 100 mL 提取液于 400 mL 烧杯中，加 5 g 食盐，加热充分搅拌；冷却，放置，沉淀完全后，减压过滤。

(2) 精制盐酸黄连素

所得沉淀加约 50 mL 蒸馏水后，加热溶解，再逐滴加入石灰乳，调 pH 至 9～10 (15～20 滴)，沉淀完全后，减压过滤；所得滤液中逐滴加 6 mol/L HCl 调 pH 至 3～4 (4～6 滴，用 pH 试纸检测。滴加盐酸前，不溶物要去除干净，否则影响产品的纯度)，析出结晶，放置冷却，即有黄色针状盐酸黄连素析出。减压过滤，用少量蒸馏水洗涤，晾干，即得盐酸黄连素初品。

(3) 重结晶

若晶型不好，可用水重结晶一次。加入 1 mL 蒸馏水，加热溶解，静置冷却，待结晶完全后，抽滤，结晶用冰水洗涤两次（也可再用丙酮洗涤一次，加速干燥），晾干称重。

3. 检识盐酸黄连素

取米粒大小产品于点滴板孔内，加 2 滴 2 mol/L HCl 溶液，再加米粒大小优氯净，观察颜色变化，进行产品初检。取自制精制盐酸小檗碱 50 mg，加水 5 mL，缓缓加热溶解后，加 5%氢氧化钠溶液 2 滴显橙红色，放冷，加丙酮 4 滴，即发生浑浊，放置后，生成黄色沉淀，即丙酮小檗碱，然后取上清液，加丙酮 1 滴，如仍发生浑浊，再加适量丙酮使沉淀完全；过滤，取滤液 2 mL，加 10%稀硝酸 1 mL，摇匀，再加 0.1 mol/L 硝酸银试液 2 滴，即有白色沉淀产生。

4. 测定盐酸黄连素含量

(1) 标准曲线的绘制

精密称取标准品 1.0600 g，置于 50 mL 容量瓶中，加乙醇溶解稀释至刻度线。精密量取标准液 1.0 mL、2.0 mL、3.0 mL、4.0 mL、5.0 mL，分别置于 50 mL 容量瓶中，加乙醇定容，摇匀。以乙醇为空白，在 348 nm 波长处测定其吸光度，绘制标准曲线。

(2) 样品含量测定

精密称取盐酸小檗碱精制品 50 mg，置于 100 mL 容量瓶中，加乙醇定容；精密量取 1.0 mL 上述溶液，置于 50 mL 容量瓶中，加乙醇稀释至刻度线，摇匀。精密吸取 1 mL 前述溶液，加入已处理好的中性氧化铝柱中，照《中国药典（二部）》（2020 年版）中方法，用 35 mL 乙醇分次洗脱，至洗脱液无色，加乙醇稀释至 50 mL，摇匀。在 348 nm 波长处测定吸光度。计算盐酸小檗碱的含量。

五、实验结果与分析

1. 提取工艺评价

本实验以乙醇为溶剂，回流溶解，达到绿色、环保的目的。小檗碱可从三颗针、黄连、黄柏等植物中提取，由于黄连生长缓慢、价格较高，黄柏来源也较少，现我国主要以三颗针作为提取原料，而云南是三颗针主产区之一。三颗针等原料中除主要含有的小檗碱外，尚含一定量的小檗胺、药根碱等多种成分，除小檗碱、小檗胺含量多且有一定药用价值外，其他成分含量均少，因此无分离必要。精制盐酸小檗碱过程中，煮沸后的溶液应趁热迅速抽滤，以免溶液冷却而析出盐酸小檗碱结晶，造成提取率降低。小檗碱为黄色针状晶体，表现为季铵式、醇式、醛式 3 种互变异构体，其中以季铵式最稳定，小檗碱能缓慢溶解于冷水或冷乙醇，在热水或热乙醇中溶解度比较大，难溶于丙醇、氯仿或苯。

2. 表征结果

盐酸黄连素的检识：若生成黄色沉淀，即为丙酮小檗碱。

含量结果表明：按精制工艺所得到的盐酸小檗碱含量 98.0% 以上，符合中国药典标准规定（≥97.0%）。

六、注意事项

(1) 滴加入石灰乳调 pH 时应该用 pH 试纸检测。滴加盐酸前，不溶物要去除干净，否则影响产品的纯度。

(2) 回流提取黄连素所得提取液应该是澄清的，若有不溶物，进行减压抽滤。

七、思考题

(1) 从三颗针中提取黄连素的基本原理是什么？

(2) 黄连素为何种生物碱类化合物？

(3) 提取液中加食盐的作用是什么？

(4) 用优氯净在酸性条件下检验盐酸黄连素的理论依据是什么？颜色有何变化？

八、参考资料

[1] 班旦，四朗玉珍，吴金措姆．Box-Behnken 响应面法优化西藏三颗针中盐酸小檗

碱的提取工艺 [J]. 中兽医医药杂志，2021，40 (2)：23-27.

[2] 杨宏健，肖美风，袁丽．正交实验优选三颗针中小檗碱的提取工艺 [J]. 中国药师，2005，8 (8)：673-675.

[3] 肖道安，罗小凤．三颗针中盐酸小檗碱的提取分离工艺研究 [J]. 宜春学院学报，2016，38 (12)：22-24.

[4] 廖志新，董建生．青海产三颗针中盐酸小檗碱的最佳提取工艺研究 [J]. 天然产物研究与开发，1998，10 (2)：62-65.

[5] 朱兰寸，李俊平，聂立勇．三颗针有效成分盐酸小檗碱精制工艺的优化 [J]. 中国药业，2014，23 (7)：38-39.

知识链接

三颗针为云南省重要中药材之一，为波密小檗、无粉刺红珠、细梗小檗等多种小檗属植物的根皮或茎皮，是提取黄连素的主要原料药。药用部位为小檗科植物刺黑珠、毛叶小檗、黑石珠等的根皮或茎皮。根皮全年可采。茎皮春、秋季采收，取茎枝刮去外皮，剥取深黄色的内皮，晒干。味苦，性寒。其有清热、利湿、散瘀的功效。此外，三颗针中还含有小檗碱、小檗胺、药根碱、掌叶防已碱、巴马汀等活性成分，其中小檗碱含量最高，且其盐酸盐具有良好的抗菌活性，临床已主要用于治疗细菌性痢疾和肺结核等疾病。小檗碱的盐酸盐又称黄连素，具有清热燥湿、泻火解毒等功效，为临床常用的抗菌消炎药。目前实验室提取小檗碱多以黄连为原料，但因市售黄连药材紧俏且价格日趋增高，平均每公斤已达 95～130 元，而实验室教学对小檗碱的需求量又较大，故拟改用价格便宜（平均每公斤仅 4 ～12 元）的三颗针作为黄连的替代原料来提取小檗碱。

实验 5 两面针碱母环结构的合成

一、实验目的

(1) 学习以氮杂苯并冰片烯和 2-碘苯甲酸甲酯制备两面针碱母环结构的方法。

(2) 掌握真空手套箱、油浴锅、硅胶柱等的使用及操作方法。

二、实验原理

两面针又名两背针、蔓椒、入地金牛等，属于芸香科花椒属植物，主要分布于我国的广西、云南、广东、福建和台湾等地。两面针具有抗炎、抗菌、抗氧化、抗 HIV 和抗肿瘤等多种生物活性，且在心血管保护方面也具有一定的功效。从根部提取分离到的氯化两面针碱是两面针植物多种生物活性的主要有效成分。体外实验已证实，氯化两面针碱能够抑制肝癌、肺癌、胃癌、肾癌、乳腺癌等多种类型肿瘤细胞的增殖，诱导肿瘤细胞凋亡，抑制肿瘤转移与入侵。

氯化两面针碱属于苯并菲啶类生物碱（benzophenanthridine alkaloids），是一类重要的异喹啉类生物碱，骨架由原小檗碱类经 N—C6 键的断裂和 C6—C13 键的形成而生成。这类生物碱由于生源合成途径的特殊性，母环结构的多样性受到限制，化合物结构的区别主要集中在侧链取代基结构和位置的不同，基本骨架含有四个环，其中 A 环和 D 环为芳香环，代表性化合物有两面针碱（nitidine）、血根碱（sanguinarine）、白屈菜红碱（chelerythrine）和花椒宁碱（fagaronine）等，如下所示。

R1
R5
C
D
A
B
N
+
R2
R4
R3
CH3

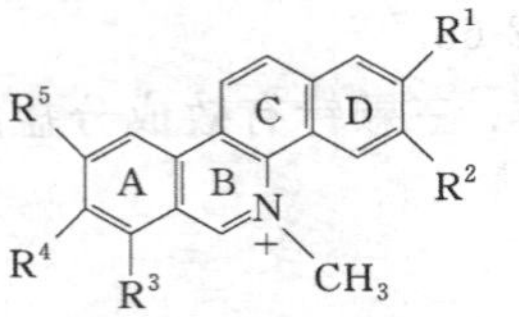

两面针碱（nitidine）：　$R^1+R^2=OCH_2O$，$R^3=H$，$R^4=R^5=OCH_3$

血根碱（sanguinarine）：　$R^1+R^2=OCH_2O$，$R^3+R^4=OCH_2O$，$R^5=H$

白屈菜红碱（chelerythrine）：$R^1+R^2=OCH_2O$，$R^3=R^4=OCH_3$，$R^5=H$

花椒宁碱（fagaronie）：　$R^1=OH$，$R^2=R^4=R^5=OCH_3$，$R^3=H$

目前，氯化两面针碱成品主要从植物中提取分离，提取率低，价格昂贵，难以满足系统研究的需要。为了解决这一难题，合成化学家致力于探索氯化两面针碱的高效全合成方法，其中最关键的步骤是 B 环或 C 环的构筑。本实验利用 1,2-二溴-4,5-亚甲二氧基苯与 *N*-Boc-吡咯反应制备氮杂苯并冰片烯，再与 2-碘苯甲酸甲酯发生开环反应制备两面针碱母环结构，其反应方程式如下：

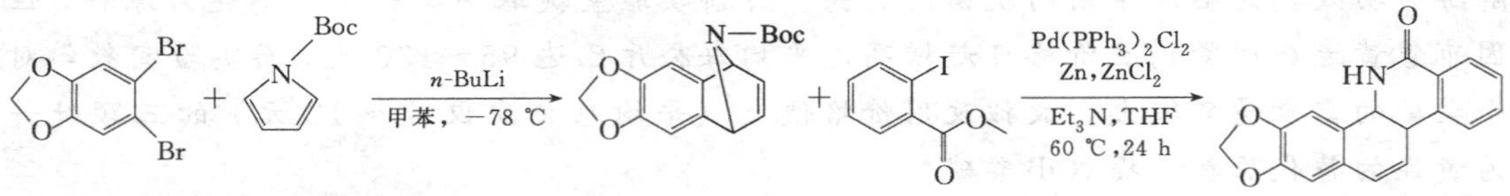

Br
Br
O
O
Boc
N
n-BuLi
甲苯，−78 ℃
N—Boc
I
O
Pd(PPh3)2Cl2
Zn, ZnCl2
Et3N, THF
60 ℃, 24 h
HN
O

三、实验用品

(1) 仪器

低温磁力搅拌器、分液漏斗、铁架台、长针头、真空手套箱、反应管、磁子、橡胶塞、油浴锅（图 2-5）、硅胶柱（图 2-6）、薄层色谱板、储液球、试管、试管架、鸡心瓶、核磁管等。

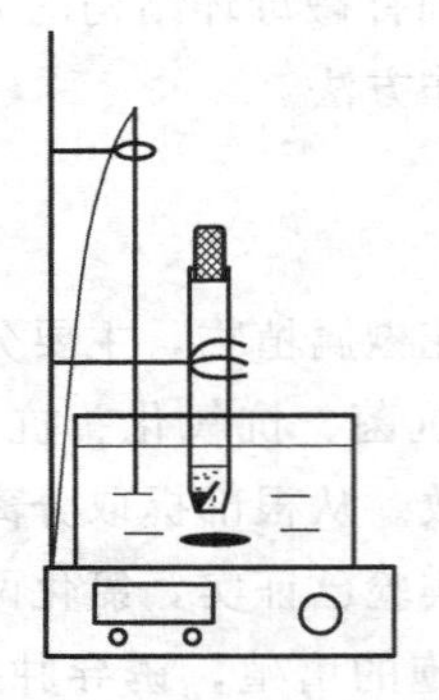

图 2-5　油浴锅装置

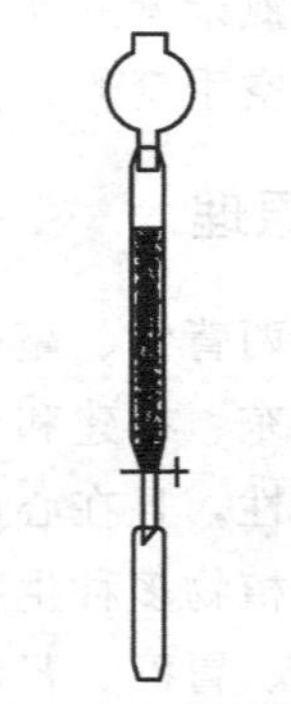

图 2-6　硅胶柱装置

(2) 试剂

1,2-二溴-4,5-亚甲二氧基苯、*N*-Boc-吡咯、甲苯、正丁基锂（*n*-BuLi）、氯化钠、无水硫酸钠、锌粉（Zn）、氯化锌（$ZnCl_2$）、双(三苯基膦)氯化钯(Ⅱ)[$Pd(PPh_3)Cl_2$]、三乙胺（Et_3N）、四氢呋喃（THF）、氮杂苯并冰片烯、2-碘苯甲酸甲酯、石油醚、乙酸乙酯、二氯甲烷等。

四、实验步骤

(1) 100 mL 二口圆底烧瓶、磁子、橡胶塞、长针头烘干备用。打开低温磁力搅拌器，参数设置为 −78 ℃、600 r/min。称取 1,2-二溴-4,5-亚甲二氧基苯（2.8 g，10 mmol）置于圆底烧瓶中，加入 15 mL 无水甲苯，盖好塞子，用 N_2 置换 3 次，插上氮气球，再用注射器取 *N*-Boc-吡咯（2.7 mL，16 mmol）加入瓶中，取 15 mL *n*-BuLi，逐滴缓慢滴加，滴加完后继续搅拌 10 min，拿出烧瓶，置于磁力搅拌器上，常温，700 r/min，搅拌过夜。

(2) 薄层色谱板（TLC）监测反应完全，如图 2-7 所示。用硅胶柱层析，得到产物氮杂苯并冰片烯，将其置于 −20 ℃下重结晶脱去色素得到白色针状晶体产物，用 Bruker 400 MHz 核磁共振仪测定产物结构。

(3) 将反应管、磁子、橡胶塞烘干备用，打开油浴锅，参数设置为 60 ℃、700 r/min。于氩气氛围下的手套箱中，准确称取 $Pd(PPh_3)Cl_2$（2.8 mg，0.004 mmol）、Zn（130.8 mg，2 mmol）、$ZnCl_2$（13.6 mg，0.1 mmol）、氮杂苯并冰片烯（69 mg，0.24 mmol）、2-碘苯甲酸甲酯（52.4 mg，0.2 mmol）于反应管中，用移液枪加入 4 mL THF，盖好塞子后拿出手套箱。于通风橱内用微量进样器加入 Et_3N（222.4 mL，1.6 mmol），置于油浴锅中，60 ℃、700 r/min 下反应过夜。

图 2-7　TLC 监测反应　　　　图 2-8　反应 24 h 后 TLC 监测反应

(4) 反应 24 h 后，TLC 监测反应完全，如图 2-8 所示。用硅胶柱层析，合并目标产物，旋蒸，浓缩得到白色粉末状产物，称重计算产率。

(5) 用 Bruker 400 MHz 核磁共振仪测定产物结构。

五、注意事项

(1) 实验前需要制备无水甲苯，用金属钠来除水，用二苯甲酮来作指示剂，加热回流，待溶剂变蓝后，冷却到室温，接出备用。

（2）滴加正丁基锂（n-BuLi）时一定要缓慢，逐滴滴加，充分反应，方可提高收率。

（3）油浴锅的油位不能过高，以防溢出造成实验事故。

（4）薄层色谱板（TLC）点样时几个样点要在一条直线上，大小要合适（斑点直径一般不超过 2 mm），间距 5～6 mm，点样用的毛细管不能交叉使用。

（5）装硅胶柱前，柱底要垫一层脱脂棉以防吸附剂外漏。

六、思考题

（1）简述真空手套箱的操作步骤及注意事项。

（2）简述正丁基锂（n-BuLi）安全取用的操作步骤。

（3）反应体系中为何要加 Zn 粉？

七、参考资料

[1] Arthur H R，Hui WH，Ng Y L. An examination of the rutaceae of Hong Kong. Part Ⅰ. The alkaloids，nitidine and oxynitidine，from *Zanthoxylum nitidum* [J]. Journal of the Chemical Society，1959，13 (4)：510-513.

[2] Wang Z，Jiang W，Zhi Z，et al. Nitidine chloride inhibits LPS-induced inflammatory cytokines production via MAPK and NF-κB pathway in RAW 264.7 cells [J]. Journal of Ethnopharmacology，2012，144 (1)：145-150.

[3] Wang C F，Fan L，Tian M，et al. Cytotoxicity of benzophenanthridine alkaloids from the roots of *Zanthoxylum nitidum* (Roxb.) DC. var. *Fastuosum* How ex Huang [J]. Natural Product Research，2015，29 (14)：1380-1383.

[4] Kenneth W. Bentley，β-Phenylethylamines and the isoquinoline alkaloids [J]. Natural Product Reports，2004，21：395-424.

[5] Kazufumi，Kohno，Kou，et al. $Fe(OTf)_3$-catalyzed addition of sp C—H bonds to olefins [J]. Journal of the American Chemical Society，2009. 131，(8)：2784-2785.

[6] Pei L，Huang K，Xie L，et al. Palladium-catalyzed tandem reaction to constructbenzo[*c*]phenanthridine：application to the total synthesis of benzo[*c*]phenanthridine alkaloids [J]. Organic & Biomolecular Chemistry，2011，9 (9)：3133-3135.

知识链接

氯化两面针碱具有良好的生物活性，在抗肿瘤、镇痛消炎、抗疟疾、抗菌、抗 HIV 病毒、心血管保护等方面都有显著的作用。

研究发现，氯化两面针碱能抑制细胞周期相关蛋白、拓扑异构酶，以及磷脂酰肌醇 3-激酶、丝氨酸特异性蛋白激酶、哺乳动物雷帕霉素靶蛋白的通路活性，从而抑制卵巢癌、肝癌、胶质母细胞瘤、骨肉瘤等恶性肿瘤细胞增殖。两面针碱可使肝癌细胞 SMMC-7721 的 E2F、R B 基因的 mRNA 和 E2F 蛋白质的表达明显降低，阻滞肝癌细胞由 G1 期向 S 期的转变，抑制肝癌细胞的增殖，诱导细胞的凋亡，细胞增殖的抑制率最大 IC_{50} 为（1.05+0.12）mg/mL。氯化两面针碱能够上调 Bax/Bcl-2 的比例，诱导肿瘤细胞的 G2/M 期阻滞从而诱导乳腺癌细胞的凋亡。其通过抑制 STAT3、ERK 和 SHH 多条信号通路，改变关键基因的表达从而抑制肿瘤细胞的繁殖并促使其凋亡。通过调控 ERK 信号通路改变关键基因的表达，抑制结肠癌细胞和卵巢癌细胞的增殖与迁移，并促使其凋亡。

两面针碱对恶性疟原虫的活性很强，IC_{50}<0.27 μmol/L，对氯喹敏感株和氯喹耐药株在体外的活性相似。体外实验还证实氯化两面针碱可以与血红素形成 1∶1 的复合物，抑制β-血红素形成。在氯化两面针碱的结构基础上做进一步的修饰，所形成化合物的抗疟活性更是强于氯化两面针碱。

两面针碱对多种细菌、真菌具有抑制和杀灭的作用。氯化两面针碱能够有效抑制真菌的感染；对 6 大类抗生素均耐药的耐甲氧西林金黄色葡萄球菌（MRSA）有较强的杀菌活性；对五种病原菌（*B. cinerea*，*P. oryzae*，*P. piricola*，*G. xingulated* 和 *V. pyrina*）的抗菌活性均超过了 50%，其中对 *G. cingulatated* 的抑菌活性最强；对酵母菌的 MIC 值在 6.25～25 μg/mL，抗真菌活性较强；对芽孢杆菌 ATCC3584 和化脓性链球菌 ATCC19615 有明显的杀菌和抑菌作用（MIC=0.19 μmol/L，MIC 3.64 μmol/L）。

两面针在民间常用于跌打损伤、消炎止痛。利用两面针开发的口腔护理产品也正是基于其在抗炎、镇痛及止血方面的功效。研究表明，氯化两面针碱通过抑制 MAPK 磷酸化和 p65 转录，能够在 RNA 和蛋白质水平上大幅度地减少促炎细胞因子（如 TNF-α、IL-1b、IL-6）的生成，具有显著的抗炎作用，这一发现为炎症疾病的治疗提供了新的思路。在帕金森病模型的研究中发现，两面针碱能够抑制 Jak2-Stat3 信号通路，增强β淀粉样蛋白（Aβ）与 p-Stat3 之间的结合活性，从而抑制小胶质细胞介导的炎症，保护多巴胺神经元，是治疗帕金森病的潜在药物。

研究表明，氯化两面针碱能够减少心肌缺血再灌注大鼠心肌酶的释放，减轻氧自由基损伤程度，从而降低心肌缺血再灌注大鼠心律失常的发生率，推迟心律失常的发生时间，并缩短其持续时间，且该作用呈一定的剂量依赖性。

除上述的生理功能外，两面针碱还在抗白血病、抗 HIV、抗肝损伤等方面具有很好的活性。氯化两面针碱通过增加 Thr58 磷酸化水平加快 c-Myc 的降解，并下调 c-Myc 激活的 miRNA，对 K562 细胞及原代 CML 细胞有杀伤作用。氯化两面针碱可调节 HIV-1 启动子的表达和稳定 G-四链体，当加入氯化两面针碱时，G-四链体的 T_m 从 56.6 ℃上升到 63.2 ℃，为抗 HIV-1 药物开发提供了新的方法。两面针提取物能明显降低动物模型血清中谷丙转氨酶（ALT）、谷草转氨酶（AST）和肝匀浆丙二醛（MOA）含量，提高肝脏超氧化物歧化酶（SOD）的活性，并显示出一定的剂量依赖性，这说明两面针对化学性肝损伤具有明显的保护作用。

附：

两面针碱的 ^{1}H NMR 谱图

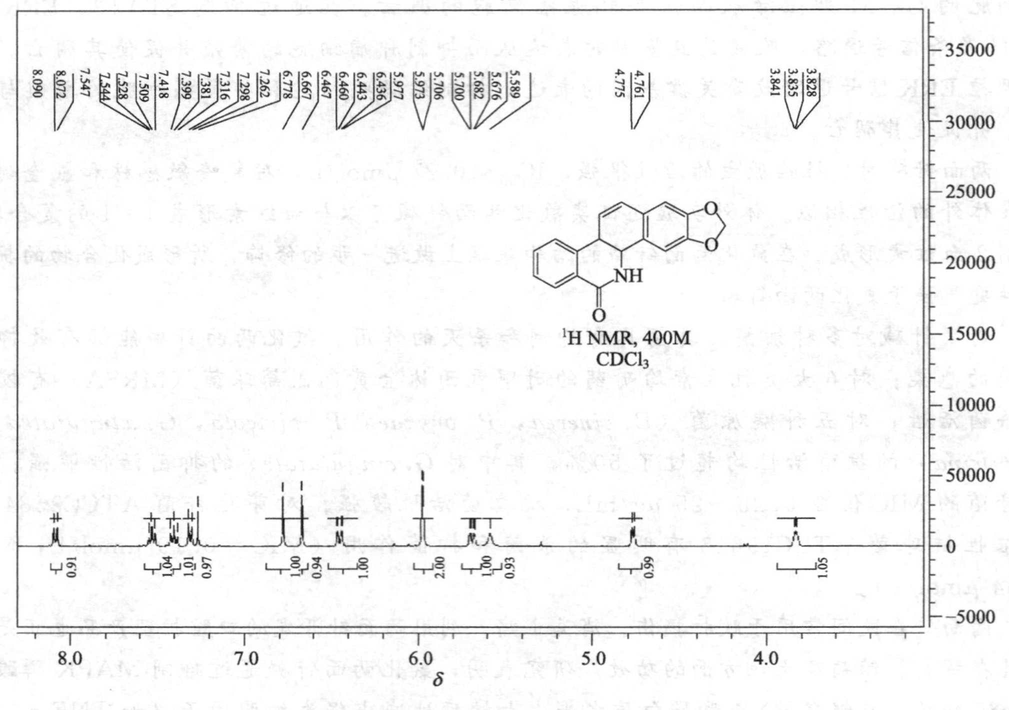

两面针碱的 ^{13}C NMR 谱图

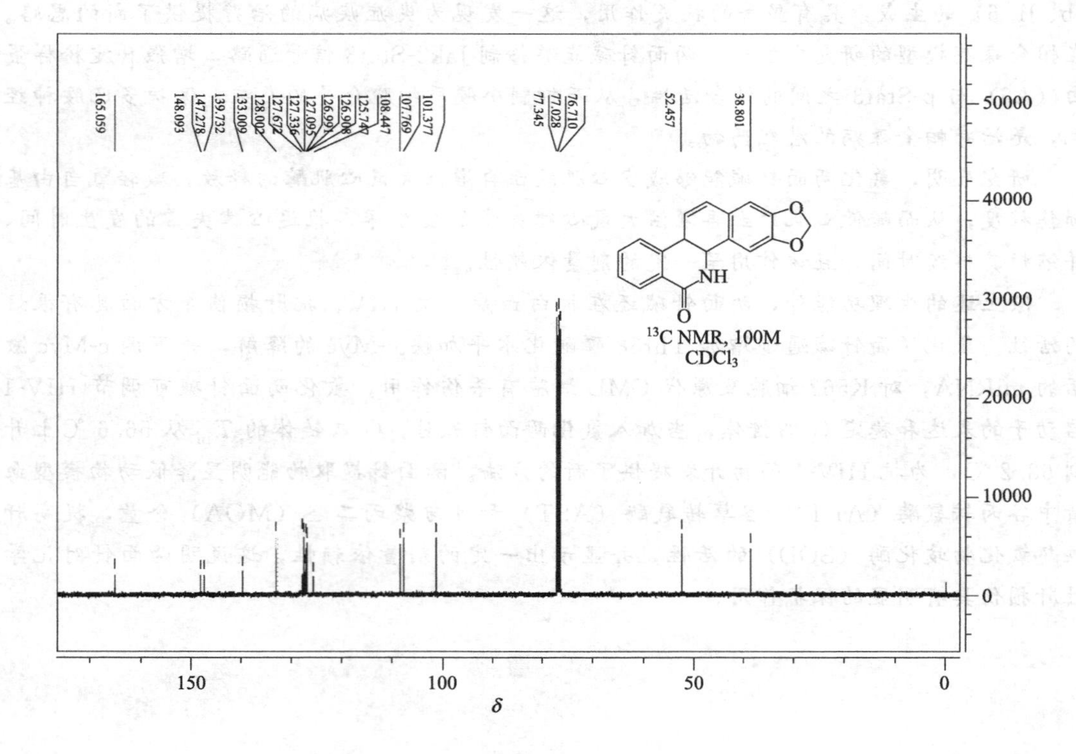

实验6 白藜芦醇的制备

一、实验目的

(1) 掌握 Sonogashira 偶联反应。

(2) 了解 Domino 反应、催化氢化反应和酚甲醚脱保护的基本原理。

(3) 基本掌握白藜芦醇的制备方法。

(4) 了解白藜芦醇的应用、连续合成和药物改造的实验设计。

二、实验原理

白藜芦醇的存在形式有 4 种：顺式白藜芦醇、反式白藜芦醇、顺式白藜芦醇苷和反式白藜芦醇苷。后两种形式在肠道中可被糖苷酶分解，释放出白藜芦醇，发挥其药理作用。其中，反式异构体的生理活性强于顺式异构体，单体的生理活性大于糖苷。研究表明：白藜芦醇具有抗肿瘤、抗心血管疾病、治疗突变、抗氧化、抗菌抗炎、保肝、诱导细胞凋亡及调节雌激素等生物药理活性。白藜芦醇广泛存在于种子植物中，目前至少在 12 科 31 属 72 种植物中被发现。富含白藜芦醇的植物主要有葡萄、花生及中药虎杖等，在新鲜的葡萄皮中含量最高，为 50～100 μg/g，并以反式异构体占主导地位。

白藜芦醇又名芪三酚、3,4′,5-三羟基芪、(*E*)-5-2-(4-羟苯基)-乙烯基-1,3-苯二酚，主要来源于植物提取，但由于其含量极低，制约了其产业化规模和在医药、功能食品方面的应用。同时，对天然植物资源的掠夺性和破坏性开采对生态环境也是极其有害的。因此白藜芦醇的人工合成早已引起各国研究人员的关注。

本实验利用 3,5-二甲氧基苯乙炔和 4-碘苯甲醚发生 Domino 反应制备 1,3-二甲氧基-5-[(4-甲氧基苯基)乙炔基]苯，再通过以 1,3-二甲氧基-5-[(4-甲氧基苯基)乙炔基]苯为原料，以水为氢源的催化氢化反应制备反式 1,3-二甲氧基-5-[(4-甲氧基苯基)乙烯基]苯骨架，最后经脱保护制备白藜芦醇，其反应方程式如下：

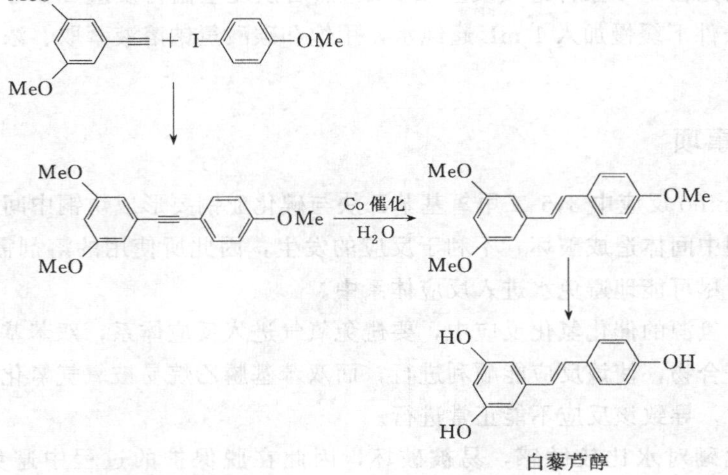

MeO MeO + I—OMe

↓

MeO MeO —OMe →(Co 催化 / H_2O) MeO MeO —OMe

↓

HO HO —OH

白藜芦醇

三、实验用品

（1）仪器

圆底烧瓶、Schlenk 试管、磁力搅拌器、油浴锅、层析柱、薄层色谱板、暗箱式紫外分析仪、低温磁力搅拌器等。

（2）试剂

3,5-二甲氧基苯乙炔、4-碘苯甲醚、碘化亚铜、双(三苯基膦)二氯化钯、无水三乙胺、碘化钴、双苯基膦乙烷（DPPE）、锌粉、超纯水、无水乙腈、三溴化硼、无水二氯甲烷等。

四、实验步骤

（1）在 50 mL 圆底烧瓶中放入 88 mg 双(三苯基膦)二氯化钯（0.125 mmol）、48 mg 碘化亚铜（0.25 mmol）、702 mg 4-碘苯甲醚（3 mmol），塞上瓶塞，用氮气置换圆底烧瓶内的空气。先用注射器注入 25 mL 无水三乙胺，然后用注射器加入 410 mg 3,5-二甲氧基苯乙炔（2.5 mmol），在室温、氮气保护下搅拌 12 h 停止反应，浓缩，硅胶柱层析获得 1,3-二甲氧基-5-[(4-甲氧基苯基)乙炔基]苯。

（2）在 25 mL Schlenk 试管中加入快速称取的 3.1 mg 碘化钴（0.01 mmol）、4.8 mg 双苯基膦乙烷（DPPE，0.012 mmol），用氮气置换 3 次，然后用注射器加入 1 mL 无水乙腈，在室温条件下搅拌 0.5 h，将 Schlenk 试管的塞子打开，快速加入 39.2 mg 锌粉（0.6 mmol）、53.6 mg 1,3-二甲氧基-5-[(4-甲氧基苯基)乙炔基]苯（0.2 mmol）、36 μL 超纯水（2 mmol）和 1 mL 无水乙腈，塞上塞子，接着在低温磁力搅拌器 −78 ℃条件下用氮气置换 Schlenk 试管中的空气，在油浴 60 ℃条件下搅拌 12h 停止反应，将反应液转移并浓缩，硅胶柱层析获得目标产物反式 1,3-二甲氧基-5-[(4-甲氧基苯基)乙烯基]苯纯品。

（3）将 81 mg 反式 1,3-二甲氧基-5-[(4-甲氧基苯基)乙烯基]苯（0.3 mmol）加入 10 mL 圆底烧瓶中，塞上塞子，用氮气置换瓶内的空气，加入 2 mL 无水二氯甲烷，于 0 ℃条件搅拌 10 min，将 BBr_3（1.2 mmol）在 1 mL 无水二氯甲烷中稀释并缓慢加入到圆底烧瓶中，加完在 0 ℃条件继续反应 0.5 h，然后恢复室温再反应 2 h 停止反应，反应停止后在 0 ℃条件下缓慢加入 1 mL 超纯水，用饱和碳酸氢钠溶液萃取、浓缩，硅胶柱层析获得白藜芦醇。

五、注意事项

（1）在 Domino 反应中 3,5-二甲氧基苯乙炔与碘化亚铜要形成炔铜中间体，反应体系中有水会对炔铜中间体造成破坏，不利于反应的发生，因此所使用的溶剂需要无水处理，在操作过程中要尽可能地避免水进入反应体系中。

（2）在水为氢源的催化氢化反应中，要避免氧气进入反应体系，双苯基膦乙烷作为配体与金属形成络合物，使该反应能顺利进行，而双苯基膦乙烷易被氧气氧化，从而失去与金属配位的能力，导致该反应不能正常进行。

（3）三溴化硼对水比较敏感，易被破坏，因此在脱保护的过程中避免水进入反应体系。

(4) 三溴化硼遇水会分解产生白烟，该白烟为 HBr 气体，具有腐蚀性，要注意做好防护。

六、思考题

(1) 简述 Domino 反应装置及操作步骤。

(2) 简述催化氢化中用氮气置换空气的操作过程。

(3) 本实验的操作关键点是什么？

七、参考资料

[1] Jeffrey J L, Sarpong R. An approach to the synthesis of dimeric resveratrol natural products via a palladium-catalyzed domino reaction [J]. Tetrahedron Letters, 2009, 50: 1969-1972.

[2] Li K K, Khan R, Zhang X, et al. Cobalt catalyzed stereodivergent semi-hydrogenation of alkynes using H_2O as the hydrogen source [J]. Chem. Commun., 2019, 55: 5663-5666.

知识链接

白藜芦醇（RES）广泛存在于自然界多种常见植物中，又称芪三酚，其化学结构分为顺式和反式两种，在植物中主要以反式形式存在。白藜芦醇是多种植物体中的主要功效成分，可以广泛用于食品、保健品、医药等领域。白藜芦醇具有多种药理活性，其中包含神经保护、心脑血管保护、抗抑郁、抗肿瘤、抗自由基、抗炎等。它能够阻止低密度脂蛋白的氧化，具有潜在的防治心血管疾病、防癌、抗病毒及免疫调节作用，其作用主要表现为它的抗氧化特性。白藜芦醇成为当前多领域学者研究的热点。

实验 7 黄藤素的制备

一、实验目的

(1) 了解醛胺缩合以及硼氢化钾还原席夫碱的反应原理。

(2) 熟悉黄藤素的合成路线。

(3) 掌握回流分水、萃取、重结晶等实验操作。

二、实验原理

黄藤素（palmatine）又名盐酸巴马汀、掌叶防己碱，黄色针状结晶，味极苦，易溶于热水，略溶于水，微溶于乙醇和氯仿，几乎不溶于乙醚。黄藤素是1970—1972年间从云南屏边的防已科植物黄藤（*Fibraurea recisa* Pierre）中提取得到的一种小檗碱型生物碱盐酸盐。黄藤素能增加白细胞吞噬能力，具有广谱抑菌抗病毒作用，在临床上主要用于治疗各种感染性疾病。原药材黄藤产于广东、广西和云南西双版纳等地，其于燥藤茎中黄藤素含量超过 2%。黄藤生长周期较长，如果市场仅依靠植物中提取的黄藤素，会造成黄藤植被再生困难，资源供应短缺。

本实验利用 3,4-二甲氧基苯乙胺（**1**）和 2,3-二甲氧基苯甲醛（**2**）为起始原料，经缩合、席夫碱还原、成盐反应得到黄藤素的关键中间体 *N*-(2,3-二甲氧基苄基)-*β*-(3,4-二甲氧基苄基)乙胺盐酸盐（**4**），其再与乙二醛缩合、成盐合成黄藤素。合成路线如下：

(1) + (2) —甲苯，回流→ (3) —①KBH_4 ②干燥 HCl 气体→ (4) —OHC—CHO, CH_3COOH, Ac_2O, $CuCl_2$, NaCl, 80℃; HCl→ 黄藤素

三、实验用品

(1) 仪器

圆底烧瓶、分水器、球形冷凝管、抽滤装置、磁力加热搅拌器、旋转蒸发仪。

(2) 试剂

3,4-二甲氧基苯乙胺、2,3-二甲氧基苯甲醛、乙二醛（40%水溶液）、硼氢化钾、乙酸、乙酸酐、氯化铜、氯化钠、氯化氢、甲苯、乙酸乙酯、乙醇等。

四、实验步骤

1. N-(2,3-二甲氧基苄基)-β-(3,4-二甲氧基苄基)乙胺盐酸盐的制备

在 250 mL 圆底烧瓶中加入 3,4-二甲氧基苯乙胺（16.9 mL，0.1 mol）、2,3-二甲氧基苯甲醛（17.4 g，0.105 mol）和 100 mL 甲苯，依次连接分水器和球形冷凝管［图 2-9(a)］，回流分水反应 2 h，停止加热，减压浓缩溶剂，得席夫碱粗品（**3**）。

将席夫碱粗品溶于 100 mL 乙醇，冰浴下分批加入硼氢化钾（6.5 g，0.12 mol），加料完毕撤去冰浴，室温反应 24 h，冰浴下滴加 50 mL 水，60 ℃加热搅拌 1 h，乙酸乙酯萃取 2 次，合并有机相，无水硫酸钠干燥，过滤，滤液在冰浴下通入干燥氯化氢气体［图 2-9(b)］至反应瓶质量无明显增重，静置片刻后抽滤析出的白色固体，得 *N*-(2,3-二甲氧基苄基)-*β*-(3,4-二甲氧基苄基)乙胺盐酸盐（**4**），熔点 125～127 ℃。

2. 黄藤素的制备

将乙酸酐（24.4 mL，0.256 mol）、乙酸（29.5 mL，0.516 mol）、氯化铜（23.1 g，0.172 mol）、氯化钠（10.0 g，0.171mol）依次加入 100 mL 三颈烧瓶中，再加入 *N*-(2,3-二甲氧基苄基)-*β*-(3,4-二甲氧基苄基)乙胺盐酸盐（28.5 g，0.077 mol），升温至 80 ℃

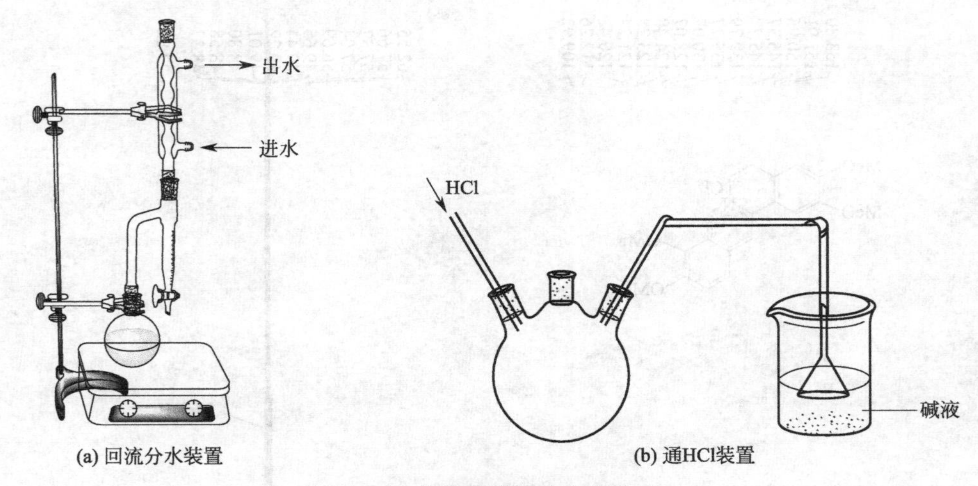

图 2-9　制备黄藤素的主要装置

搅拌 20 min，用滴液漏斗加入含量为 40%的乙二醛水溶液（13.1 mL，0.103 mol），回流反应 4 h，减压浓缩溶剂，残余物加水热溶，活性炭脱色，过滤，滤液用盐酸（6 mol/L）调 pH 至 3～4，0 ℃静置 24 h，过滤收集析出的黄色针状晶体，即为黄藤素，熔点 196～198 ℃。必要时可用乙醇重结晶精制。

五、实验结果与分析

黄藤素的核磁共振氢谱、核磁共振碳谱分别如图 2-10、图 2-11 所示。

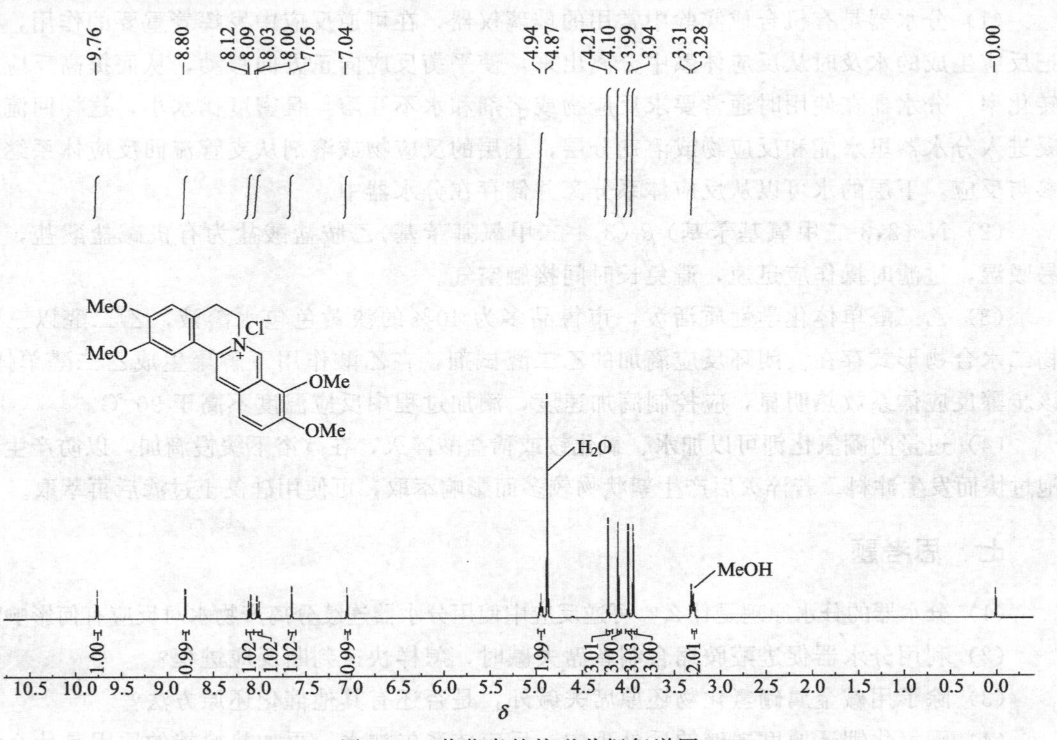

图 2-10　黄藤素的核磁共振氢谱图

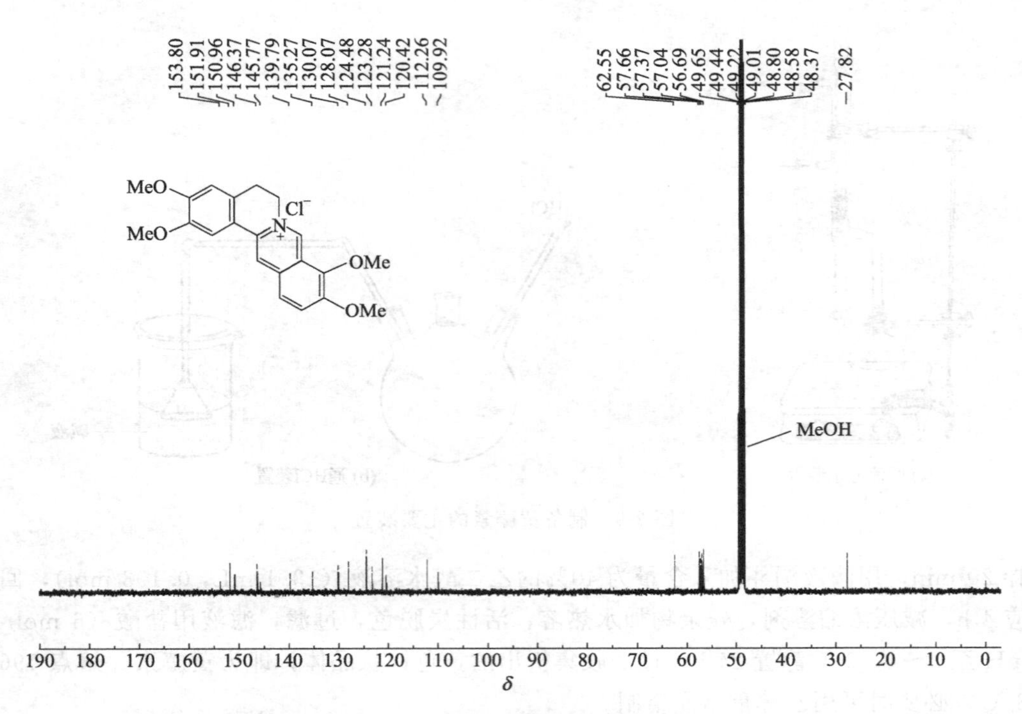

图 2-11　黄藤素的核磁共振碳谱图

六、注意事项

(1) 分水器是有机合成实验中常用的玻璃仪器，在可逆反应中发挥着重要的作用，能把反应生成的水及时从反应体系中分离出来，使平衡反应向正方向移动，从而提高反应的转化率。分水器在使用时通常要求反应物或溶剂和水不互溶，且密度比水小，这样回流冷凝进入分水器里水能和反应物或溶剂分层，上层的反应物或溶剂从支管流回反应体系继续参与反应，下层的水可以从反应体系分离并储存在分水器中。

(2) *N*-(2,3-二甲氧基苄基)-*β*-(3,4-二甲氧基苄基)乙胺盐酸盐为有机碱盐酸盐，容易吸湿，过滤时操作应迅速，避免长时间接触空气。

(3) 乙二醛单体化学性质活泼，市售品多为40%的淡黄色包水溶液，乙二醛以三聚物二水合物形式存在。闭环反应滴加的乙二醛试剂，在乙酸作用下解聚生成乙二醛单体，该步骤反应体系放热明显，应控制滴加速度，滴加过程中反应温度不高于90 ℃。

(4) 过量的硼氢化钾可以加水、氯化铵或稀盐酸淬灭，在冰浴下缓慢滴加，以防产生气泡过快而发生冲料。若淬灭后产生絮状物较多而影响萃取，可使用硅藻土过滤后再萃取。

七、思考题

(1) 分水器的分水原理是什么？可逆反应中使用分水器连续分离产物水对反应有何影响？

(2) 利用分水器促进醛胺缩合制备席夫碱时，怎样快速判断反应进程？

(3) 除了用碱金属硼氢化物还原席夫碱外，是否还有其他催化还原方法？

(4) 硼氢化钾还原席夫碱的后处理中，反应体系先加水，再加热搅拌的原因是什么？

八、参考资料

[1] 赵武，陆荣宝，刘伟，等．黄藤素研究进展 [J]．中国畜牧兽医，2014，41 (5)：267-270.

[2] 李志成，赵士钊，孔晓博．巴马汀及其类似物的研究进展 [J]．广东化工，2015，42 (8)：7-9.

[3] 兰州大学．有机化学实验 [M]．4 版．北京：高等教育出版社，2017.

知识链接

黄藤素具有丰富的生物活性，但其脂溶性差，生物利用度低，很大程度上限制了它的临床应用。以黄藤素作为先导化合物，对其进行结构改造，寻找有开发应用前景的生物活性化合物，是当前黄藤素在药物化学领域的重要课题。已有报道的黄藤素的结构修饰位点通常集中在 7、8、9 和 13 位，以 9 位修饰较多，有单位点修饰和多位点同时修饰，修饰手段主要是烷基化、酰化等。多个黄藤素结构修饰衍生物显示出比黄藤素更好的生物利用度和药理活性，如降血糖、抗心律失常、抗阿尔茨海默病等。

实验 8　七彩云南鲜花精油香皂的制备

一、实验目的

(1) 通过鲜花中色素、精油（纯露）的提取和透明皂的制备三个实验，了解天然产物中有效成分提取以及分离提纯方法，掌握皂化反应基本原理。

(2) 掌握水蒸气蒸馏、天然产物中有效成分提取和透明皂制备的操作方法。

(3) 掌握溶剂浸提法的基本原理和方法。

二、实验原理

近年来，开发和利用天然产物有效成分，绿色、安全制造有利于人体健康的化学产品已成为工业生产和化学教育的重要方向。而云南作为动植物王国在区域上具有独特优势，四季盛开的鲜花更是备受大众青睐，特别是知名度较高的蔷薇科蔷薇属植物玫瑰。玫瑰花中含有的玫瑰花色素和玫瑰精油具有一定的营养价值和药理功效，为人们认识神奇化学世界和加工化学产品提供了天然材料。

以大马士革玫瑰花为例，玫瑰花色素的主要呈色物质为花色苷分子，属于黄酮类化合物。黄酮类化合物广泛分布于植物中，且易溶于水，水溶液色泽鲜艳且着色能力强。基于此类化合物的物理性质，可采用溶剂浸提法提取玫瑰花色素。对于化学性质稳定的玫瑰精油（纯露）则多采用水蒸气蒸馏法提取，利用高温水蒸气将玫瑰精油（纯露）从玫瑰花中蒸馏出来，再经冷凝形成乳白色的油水混合物，最后利用油水不互溶原理经分液分离混合液体。油脂在酸或碱的催化下会发生水解，利用油脂的此类性质，在氢氧化钠介质下经热诱导，硬脂酸甘油酯发生皂化反应生成硬脂酸钠，即肥皂的主要成分。其反应式见图 2-12。

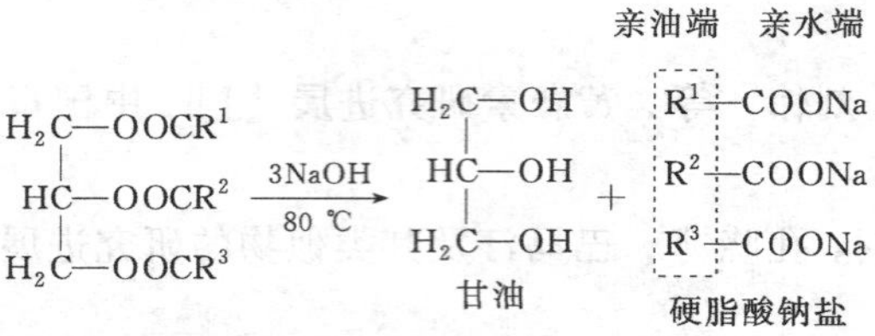

亲油端　亲水端

$$\begin{array}{l} H_2C-OOCR^1 \\ \quad | \\ HC-OOCR^2 \\ \quad | \\ H_2C-OOCR^3 \end{array} \xrightarrow[80\ ℃]{3NaOH} \underset{甘油}{\begin{array}{l} H_2C-OH \\ \quad | \\ HC-OH \\ \quad | \\ H_2C-OH \end{array}} + \underset{硬脂酸钠盐}{\begin{array}{l} R^1-COONa \\ R^2-COONa \\ R^3-COONa \end{array}}$$

图 2-12　硬脂酸皂化反应式

以易得、出油率高的薰衣草为例，薰衣草是一种唇形科薰衣草属的植物，薰衣草中的芳香成分十分复杂，现代研究表明薰衣草及其精油中的芳香成分具有抗菌、抗焦虑、抗氧化、抗突变等功效。其中，从薰衣草中提取出来的薰衣草精油作为天然植物提取物，包括芳樟醇、乙酸芳樟酯、乙酸薰衣草酯、薰衣草醇和樟脑等主要成分。实验研究发现，采用与玫瑰花色素、精油（纯露）提取实验相同的实验条件，即用溶剂浸提法提取薰衣草色素、用水蒸气蒸馏法提取薰衣草精油，可以得到高收率的色素提取液和精油。

结合已有文献报道，玫瑰花色素提取的最佳条件为 70%（体积分数）乙醇为溶剂，pH 为 1.0，物料比（m/V）为 1∶8，浸提温度 60℃，时间为 1 h。由于玫瑰花色素对光和热敏感，所以在不同的 pH 下玫瑰花色素会表现出不同的颜色。

结合已有的研究工作，将提取到的天然产物有效成分用于透明皂的制备，通过实验发现，在提取玫瑰花色素时，当调节 pH 为 3.0 时也有一样的效果。

三、实验用品

（1）仪器

分析天平（上海天平仪器厂）、电炉（北京市永光明医疗有限公司）、旋转蒸发仪[N-1100D-WD 东京理化（日本）]、烧杯（150 mL、50 mL）、量筒、玻璃棒、玻璃管、圆底烧瓶、三颈烧瓶、分液漏斗、水蒸气发生装置、温度计、冷凝管、蒸馏头、尾接管、胶管（若干）、锥形瓶、模具（市售商品）等。

（2）材料

鲜花（以玫瑰花为例，一般选择大马士革玫瑰，云南当地种植场采摘购买，当花朵呈锥状，花瓣顶端略松，有 1～2 轮展开时采摘，呈“杯状时”采摘；若是选择薰衣草，市售的干薰衣草即可）、牛油（市售商品）。

（3）试剂

无水乙醇、蒸馏水（课题组制备）、冰醋酸、蓖麻油、氢氧化钠、蔗糖、丙三醇、NaCl、无水 Na_2SO_4 等。除特殊标注外，试剂均为分析纯。

（4）其他

pH 试纸、称量纸、药匙、剪刀、镊子等。

四、实验步骤

1. 鲜花色素提取

摘取新鲜大马士革玫瑰花花瓣，称取 50.0 g，洗净后剪碎放入锥形瓶中，加入无水乙醇 100 mL，并用冰醋酸调 pH 至 3.0 左右，然后装入圆底烧瓶中，在 60 ℃下持续加热 1 h，用纱布过滤后得到玫瑰花色素提取液，重复 2～3 次，反复提取至无色，将所有提取液合并，旋蒸后得到玫瑰花色素浓缩液。全程大致需要 80 min。如采用薰衣草来提取色素，称取 20.0 g 干薰衣草进行实验，加入无水乙醇 50 mL，其余实验条件与玫瑰花色素提取实验相同，实验所需时间大致相同。

2. 鲜花精油（纯露）提取

将新采摘的大马士革鲜玫瑰花 200.0 g 按照花液比（m/V，1∶7）进行粉碎（其中质量单位为 g，体积单位为 mL），添加一定量的 NaCl 溶液使之与粉碎液混合，然后将其转移到蒸馏釜中进行玫瑰精油的提取。先回流 1 h，然后进行过滤。搭建水蒸气蒸馏装置，将滤液进行水蒸气蒸馏（30 min），得到油水混合物。对分层的馏出液进行萃取，在萃取液中加入少量无水 Na_2SO_4，最后用旋转蒸发仪进行浓缩，得到玫瑰纯露，全程大致需要 120 min。如采用薰衣草则称量干薰衣草 200.0 g，采用和提取大马士革玫瑰纯露相同的实验条件，可提取到一定产量的薰衣草精油，实验所需时间大致相同。

3. 透明皂制备

称取 7.0 g 牛油，加入 12 mL 蓖麻油搅拌至混合均匀，再加入 30% NaOH 溶液 9 mL 和 95%乙醇 5 mL，水浴加热至 80 ℃左右，匀速搅拌 10～15 min，待皂化反应完全后停止加热，再加入 2.0 g 丙三醇、3%蔗糖 8 mL 和 5 mL 蒸馏水，不断搅拌混匀后降至 60～70 ℃，倒入冷模中冷却定型即可得到透明皂。全程大致需 30 min。

4. 鲜花香皂制备

称取 7.0 g 牛油，加入 12 mL 蓖麻油搅拌至混合均匀，再加入 20% NaOH 溶液 9 mL 和 60%乙醇 5 mL，水浴加热至 80 ℃左右，匀速搅拌 10～15 min，待皂化反应完全后停止加热，再加入 2.0 g 丙三醇、3%蔗糖 8 mL、鲜花色素浓缩液 5 mL、鲜花精油浓缩液 5 滴、新鲜花瓣，不断搅拌混匀后降至 60～70 ℃，倒入冷模中冷却定型即可得到鲜花香皂。

五、实验结果与分析

实验相关条件对比见表 2-2。

表 2-2　实验相关条件对比

条件	色素提取	精油(纯露)提取	透明皂的制备	鲜花香皂的制备
NaOH/%	—	—	30	20
EtOH/%	70	—	95	60
温度/℃	60	＞100	60～80	60～80
时间/min	80	120	30	30

由表 2-2 可知，透明皂和鲜花香皂制备所需时间以及加热温度差不多。在实验过程中，制备鲜花香皂所需的 NaOH 溶液浓度和 EtOH 溶液浓度相比透明皂的制备要稍低。从鲜花中提取色素和精油（纯露）时，反应温度和反应时间都是固定的，危险性低，重现性高，便于教学推广。

六、注意事项

(1) 选材可以根据实际进行调整。

(2) 取用 NaOH 时注意做好防护，以防灼伤。

七、思考题

(1) 提取鲜花色素时为什么要调 pH 至 3.0 左右？过高或过低会有什么影响？

(2) 提取鲜花精油时为什么要先进行冷凝回流？对产率有什么影响？

(3) 水蒸气蒸馏时温度如何控制？没有蒸气进入三颈烧瓶中时要如何处理？

(4) 制备透明皂时加入甘油、蔗糖的目的是什么？

(5) 制备透明皂时如何检验皂化反应发生完全？

(6) 制备透明皂时温度过高、过低对皂化反应有何影响？出现油脂不凝固时应该如何处理？油脂凝固至无法搅动该如何处理？

八、参考资料

[1] 陈伟，宣景宏，孟宪军．玫瑰花色素提取与性能的研究进展 [J]. 北方园艺，2006 (2)：54-56.

[2] 孙茜，张雨婷，穆婷，等．玫瑰色素提取工艺条件优化研究 [J]. 化学与生物工程，2011，28 (8)：11-13.

[3] 黄超，杨丽娟，蒋琳，等．有机化学实验 [M]. 北京：科学出版社，2016.

[4] 叶艳青，郭俊明．基础化学实验Ⅰ [M]. 杭州：浙江大学出版社，2014.

[5] 陈雅妮，李琼，任顺成，等．玫瑰花色素的提取工艺及其稳定性研究 [J]. 食品研究与开发，2019，40 (16)：63-68.

[6] 高莹，潘奕彤，张萌，等．水蒸气蒸馏提取玫瑰精油工艺的优化 [J]. 广东化工，2016，43 (7)：35-36.

[7] 陈佳．对传统手工皂制法的一些改进和经验 [J]. 化学教与学，2014 (9)：96-97.

[8] 李紫薇，李芳，粟有志，等．自动顶空进样-气相色谱-质谱法测定薰衣草中挥发性成分 [J]. 分析科学学报，2020，36 (3)：395-399.

[9] 张丽，孙越，薄福民，等．减压水蒸气蒸馏法提取薰衣草精油的提取动力学研究 [J]. 山东科学，2020，33 (5)：27-33.

[10] 王方，吕镇城，彭永宏．玫瑰花色素的提取及其稳定性研究 [J]. 华南师范大学学报，2007 (4)：102-109.

知识链接

依赖于得天独厚的气候条件和资源丰富的植物种子资源，云南省不仅成为亚洲最大的花卉出口基地，在全国花卉产业中也居于领先地位，连续 20 年居全国首位。随着 2002 年建设落成的昆明国际花卉拍卖交易中心不断持续健康、有序、高效地运营发展，云南作为全国花卉市场中心地位得到进一步巩固，产业发展迈上一个新的台阶。据资料显示，2020年，全省花卉生产总面积稳定在160万亩左右，综合产值达1000亿元，鲜切花产量达到150亿支。2020年花卉产品外销金额合计175.6亿元，其中花卉产品外销至国内各省市销售金额合计153.5亿元，占总对外销额的87.4%。也正因为看到花卉产业背后所蕴藏的巨大经济价值和市场机遇，云南省将其作为特色优势产业进行积极扶持和发展。花卉所具有的观赏价值、药用价值和食用价值促进了云南省多元化花卉产业发展格局的形成，以观赏价值为主的鲜切花产业已进入规模化、成熟化发展阶段，但食用、药用和工业用花卉产业还处于起步和探索阶段，但发展前景可观。

实验9 昆虫药物去甲斑蝥素的合成

一、实验目的

(1) 了解D-A反应、光反应在合成中的应用。

(2) 掌握呋喃与马来酸酐的光催化［4+2］环加成制备去甲斑蝥素的反应原理。

(3) 掌握催化氢化反应的基本原理。

(4) 了解连续合成和药物改造的实验设计。

二、实验原理

斑蝥，中药名，为芫菁科昆虫南方大斑蝥或黄黑小斑蝥的干燥体。我国大部分地区均有分布，具有破血逐瘀、散结消癥、攻毒蚀疮的功效。其主要用于症瘕、经闭、顽癣、瘰疬、赘疣、痈疽不溃、恶疮死肌。斑蝥素（cantharidin）是我国治疗恶性肿瘤中药斑蝥的主要有效成分，它可以干扰癌细胞核酸及蛋白质代谢，具有活性谱广、活性高、耐药性好等优点。但由于它的毒副作用大，用药不当易使人中毒甚至死亡。同时，斑蝥素的化学合成比较困难，难以大量生产。而去甲斑蝥素易合成，具有类似抗肿瘤活性且毒性较小，已经用于临床。

去甲斑蝥素，化学名称7-氧杂二环[2.2.1]庚烷-2,3-二羧酸酐，分子式$C_8H_8O_4$，分子量168.15，是人工合成的斑蝥素衍生物，为中药斑蝥素经水解去二甲基后的产物。迪尔斯（Diels）及阿尔德（Alder）提出的分子间［$4\pi+2\pi$］环加成反应迄今仍是有机合成中最重要的反应之一，适用于多环、杂环、大环，特别是天然产物和药物化学中生物碱、甾体、萜类等复杂分子的合成。

去甲斑蝥素的合成分为两步：

第一步，利用呋喃易与顺丁烯二酸酐发生Diels-Alder反应，生成加成产物。

此步骤有两种方案：

① 双烯体底物分子呋喃在光照作用下，吸收光子被激发成活性较高的中间体，由于双烯体与亲双烯体之间缺电子碳与富电子碳的相互作用，活性中间体与含有双键的亲双烯体马来酸酐生成［4+2］环加成产物7-氧杂双环[2.2.1]庚-5-烯-2,3-二甲酸酐。

② 利用呋喃与顺丁烯二酸酐在无水乙醚存在下通过水浴加热发生Diels-Alder反应，制备得到［4+2］环加成产物7-氧杂双环[2.2.1]庚-5-烯-2,3-二甲酸酐。

第二步，第一步生成的加成产物经常压催化氢化转变为去甲斑蝥素。

其反应方程式如图 2-13 所示：

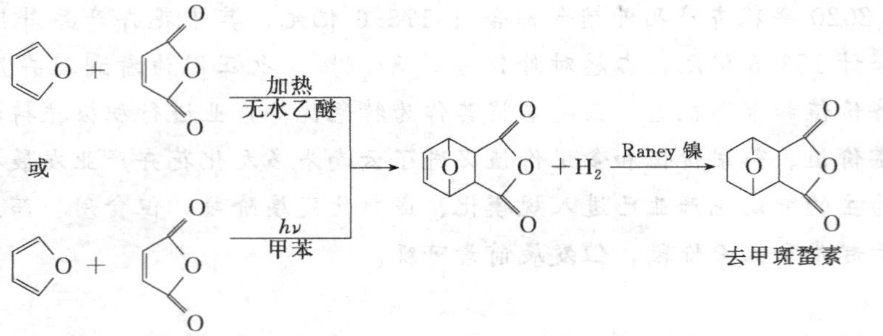

图 2-13　Diels-Alder 反应制备得到[4+2]环加成产物 7-氧杂双环[2.2.1]庚-5-烯-2,3-二甲酸酐

三、实验用品

方案一：

(1) 仪器

圆底烧瓶、干燥管、冷凝管、磁力搅拌器、氢化瓶、两通活塞、量气管、平衡瓶等。

(2) 试剂

呋喃（AR）、顺丁烯二酸酐（AR）、镍-铝合金（含镍 40%～50%，AR）、氢氧化钠（AR）、丙酮（AR）等。

方案二：

(1) 仪器

磁力搅拌器、枣核型磁力搅拌子、50 mL 圆底烧瓶、薄层色谱板（TLC）、抽滤装置、高压汞灯等。

(2) 试剂

呋喃、马来酸酐、甲苯、乙酸乙酯、饱和食盐水、无水硫酸钠等。

四、实验步骤

1. 7-氧杂双环[2.2.1]庚-5-烯-2，3-二甲酸酐的合成

方案一：

(1) 在 25 mL 圆底烧瓶中放入 2.27 g 顺丁烯二酸酐（23.1 mmol），注入 13.5 mL 无水乙醚，投入两粒沸石，塞住瓶口振摇。待大部分酸酐溶解后加入 1.6 g 呋喃（1.7 mL，23.5 mmol），装上回流冷凝管，冷凝管上口安装氯化钙干燥管，干燥管末端用装有毛细管的塞子塞住。

(2) 用温水浴加热圆底烧瓶。液体微沸后注意调节加热强度，使回流圈高度不超过冷凝管的最下面一个球，以防止呋喃挥发损耗。随着回流的进行，瓶中固体逐渐溶解。约一个多小时后，瓶中固体尚有少许未溶，即已有新的晶体产生。撤去热浴，室温放置两周，结出大量白色晶体。抽滤收集晶体，干燥后称重。滤液放置数日，又结出一部分晶体，称重。此粗品可不经纯化而直接用于后面的反应。

(3) 催化剂雷尼（Raney）镍的制备：在 500 mL 烧杯中放置 2 g 镍-铝合金（含镍

40%～50%），加入 20 mL 水，将 3.2 g 固体氢氧化钠一次投入其中，稍加旋摇。反应一开始即停止旋摇，任其自行反应。反应强烈放热，产生大量泡沫。待反应平稳下来后继续在室温放置 10 min，再移至 70 ℃水浴中保温半小时。取离水浴，静置使镍沉于底部，小心倾去上层清液。用清水洗数次，至洗出液 pH 为 7～8，再用 3×10 mL 丙酮洗涤，最后用 15 mL 丙酮覆盖，备用。必要时可将烧杯倾斜放置，以使催化剂上面的丙酮层厚一些。

用不锈钢刮刀挑取少许催化剂到滤纸上，溶剂挥发后催化剂会发火自燃，这表明其活性良好，否则需重新制备。

方案二：

将 1 g 马来酸酐、10 mL 呋喃、20 mL 甲苯依次加入装有搅拌子的圆底烧瓶中，置于高压汞灯下，于室温反应。反应期间通过薄层色谱板（TLC）监测反应进程，原料马来酸酐完全消失后停止反应，反应液经乙酸乙酯萃取、饱和食盐水洗涤，得到的有机溶剂提取相，用无水硫酸钠干燥，再经过滤、浓缩、重结晶，即得 7-氧杂双环[2.2.1]庚-5-烯-2,3-二甲酸酐，收率 90%以上，为白色固体，熔点 119～121 ℃。

2. 去甲斑蝥素的合成

（1）样品溶液的配制：在 50 mL 锥形瓶中放置 3g 7-氧杂双环[2.2.1]庚-5-烯-2,3-二甲酸酐（18 mmol），加入 23 mL 丙酮，摇动溶解后塞上塞子备用。

（2）氢化装置的安装和检漏：催化氢化装置如图 2-14 所示，由磁力搅拌器、氢化瓶、两通活塞、量气管、平衡瓶和氢气源等部件组成。氢化瓶可使用 100 mL 锥形瓶，平衡瓶可使用 250 mL 分液漏斗。量气管有多种规格，可选用 200 mL 量气管。各仪器间用乳胶管相连接。

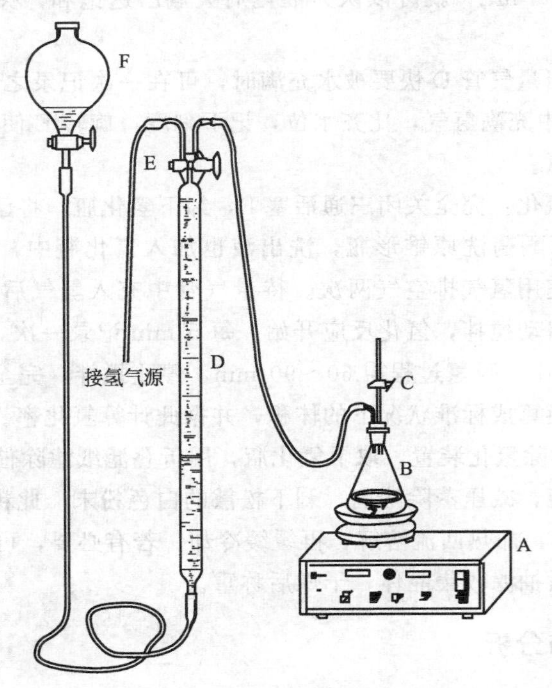

图 2-14　催化氢化装置

A—磁力搅拌器　B—氢化瓶　C—两通活塞　D—量气管　E—三通活塞　F—平衡瓶

装置安装完毕，打开两通活塞C，旋转量气管上的三通活塞E使量气管只与氢化瓶相通。将平衡瓶F降低到量气管底部。向F中注入清水到其4/5容积以上，且使其中水平面与量气管下部的200 mL刻度线相平齐。关闭C。升高F至高于量气管顶部，维持10 min。降低F使其中水平面与量气管中水平面相平齐，观察量气管中水平面所在的刻度线，如仍为200 mL，则表明装置不漏气。如在200 mL刻度线以上，则说明装置漏气。找出漏气的位置，用石蜡熔封后重新检查，直至不漏气。

(3) 催化剂吸氢：拆下氢化瓶，小心放入搅拌磁子。将制备好的Raney镍催化剂连同所覆盖的15 mL乙醇一起迅速转入其中（注意尽可能不使催化剂暴露于空气中），用1～2 mL乙醇冲洗下瓶口或瓶壁上可能黏附的催化剂，将氢化瓶装回原位。

熄灭附近一切火源。打开两通活塞C，提高平衡瓶F，使量气管中充满水。旋转三通活塞E使量气管只与氢气源相通，再降低F，氢气即自动充入量气管中。当F中的水平面和量气管中的水平面均与200 mL刻度线相平齐时，完全关闭三通活塞E，将F放回高位。

将两通活塞C的上口与真空泵相接，抽除氢化瓶中的空气。关闭C，旋转E使量气管与氢化瓶相通，氢气充入氢化瓶。完全关闭E，打开C，再抽气一次，关闭C。旋转E再次使B与D相通，降低F，使F中的水平面与D中的水平面相平齐，记下所对应的刻度线读数，然后将F放回高位。

启动磁力搅拌器。催化剂被搅起泛于液面上与氢气接触，吸氢开始，D中水面缓缓上升。5 min时降低F，使其中水平面与D中水平面相平齐，记下读数，将F放回高位。两次读数间的差值即这5 min内的吸氢量（mL）。此后每5 min记录一次，直到连续三个5 min吸氢总量不足0.5 mL，就可以认为催化剂吸氢已达饱和，关闭磁力搅拌器，计算催化剂吸氢总量。

在此过程中，每当量气管D快要被水充满时，可在一次记录之后旋转E使D与氢气源相通。降低F使D中充满氢气，比齐水位，记下刻度，旋转E使D与B相通，将F放回高位，重新开始吸氢。

(4) 样品的催化氢化：完全关闭三通活塞E，卸下氢化瓶，将已配制好的样品溶液加入其中。用约2 mL丙酮荡洗原锥形瓶，洗出液也加入氢化瓶中，迅速将氢化瓶装回原位。依照上步方法迅速用氢气排空气两次。待量气管中充入氢气后旋转三通活塞E使量气管与氢化瓶相通。启动搅拌，氢化反应开始。每5 min记录一次，直至连续三个5 min吸氢总量不超过0.5 mL，吸氢过程需60～90 min，停止搅拌，完全关闭三通活塞E。计算样品的吸氢总量，换算成标准状况下的体积，并据此计算氢化率。

(5) 产品处理：拆除氢化装置，取下氢化瓶，用折叠滤纸滤除催化剂。滤液用无水硫酸镁干燥后滤入蒸馏瓶，减压蒸除溶剂，剩下松散的白色粉末。此粗品不必转移出来，可直接加入5 mL异丙醇，加热回流溶解，再缓缓冷却。若有必要，可用搅拌或冰浴促使结晶析出。待结晶完全后抽滤收集晶体，干燥后称重。

五、实验结果与分析

1. 制备工艺比较

本实验所述制备方法用时较短，具有高效、绿色、原料廉价等优点。方案二采用光催化制备加成产物，简单、高效，是一种新型、高效、绿色的制备方法，最大程度节约了能源，符合环境友好政策。

2. 表征结果

TLC 高效板：展开剂 $CHCl_3$：EtOH=9：1（体积比），样品的 R_f 值、点形态和颜色与标样相同（图 2-15）。

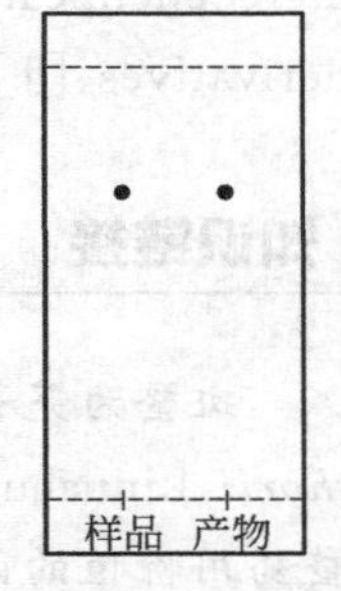

图 2-15 样品的薄层色谱图

^{1}H NMR（300 MHz，$CDCl_3$）谱图数据：δ=6.576（s，1H），δ=5.456（s，1H），δ=3.176（s，1H），δ=1.573（s，1H）。

^{13}C NMR（75 MHz，$CDCl_3$）谱图数据：δ=169.910、136.998、82.225、77.350、77.033、76.715、48.721。

六、注意事项

方案一：

（1）限制丙酮用量是为了避免在氢化过程中溶剂过多，催化剂不易搅泛于液面上与氢接触。如确需使用较多丙酮，可在催化剂转移时倾出一些。

（2）催化剂的吸氢量受其活性、溶剂种类及用量、搅拌效果等因素影响。各人所制催化剂活性不同，吸氢量可能有较大差异，不必求同。

（3）排空气操作宜迅速，即使残留少量空气未排出完全，对反应亦无大碍。

（4）滤出的催化剂应立即放入指定的回收瓶。不可随意乱丢，以免引起燃烧。

方案二：

（1）反应原料呋喃在 TLC 板上无紫外吸收。

（2）重结晶次数过多可获得较高纯度的产物，但也会对收率造成一定的影响。

七、思考题

（1）简述催化氢化装置及其操作步骤。

（2）催化氢化中的催化剂能否用其他催化剂替代？

（3）本实验的操作关键点是什么？

（4）光源的选择对该反应过程有怎样的影响？

八、参考资料

[1] 曾文南，卢懿．斑蝥素及其衍生物的合成与活性研究进展 [J]．有机化学，2006，26（5）：579-591；

[2] 安中原，王正，赵越．斑蝥素及其衍生物的抗肿瘤研究进展 [J]．亚太传统医药，2009，5（1）：128-130.

[3] 王福来．有机化学实验 [M]．武汉：武汉大学出版社，2001.

[4] 王文智，徐阳荣，杨静静，等．去甲去氢斑蝥素新衍生物的合成 [J]．化学试剂，2016，38（3）：268-272.

[5] Nikolai J，Loe Ø，Dominiak P M，et al. Mechanistic studies of UV assisted [4+2] cycloadditions in synthetic efforts toward vibsanin E [J]．Journal of the American

Chemical Society，2007，129（35）：10763-10772.

[6] Ghosh S，Bose S，Jana A，et al. Influence of ring fusion stereochemistry on the stereochemical outcome in photo-induced Diels-Alder reaction of fused bicycloheptenone derivatives [J]. Tetrahedron，2014，70（52）：9783-9790.

知识链接

斑蝥为芫菁科昆虫南方大斑蝥 *Mylabris phalerata* Pallas 或黄黑小斑蝥 *Mylabris cichorii* Linnaeus 的干燥体，其性辛热有大毒，归肝、胃、肾经。我国是世界上最早认识斑蝥药用价值的国家，在《本草纲目》中就对其形态、习性及用法有详细的记载。斑蝥的药用价值在于其能蚀死肌、敷疥癣恶疮，内服有攻毒、逐瘀散结、抗肿瘤的作用。但斑蝥的毒性较大，一直以来以外用为主。

斑蝥素（cantharidin）是斑蝥的主要有效成分。现代研究证明，斑蝥素对腹水肝癌和原发性肝癌瘤株有一定的抑制作用，而且有升高白细胞、不抑制免疫系统等优点。近年来临床又发现斑蝥素有多种新用途，对一些疑难杂症具有独特的疗效，如治疗风湿痛、神经痛、梅核气、斑秃、乳腺增生、鼻炎、传染疣和肝炎等。天然斑蝥素资源短缺，不能满足人们的用药需要。去甲斑蝥素是人工合成的抗癌化合物，为中药斑蝥抗癌主要成分斑蝥素经水解去二甲基后的产物。在临床上，斑蝥素虽对原发性肝癌等有一定疗效，但具有强烈泌尿系刺激作用，患者不易接受。当制成去甲斑蝥素后，其制剂临床应用副作用低，无明显泌尿系刺激作用，患者易接受治疗，且两者抗肿瘤作用基本相同。去甲斑蝥素易于合成，在抗癌及其他应用方面较斑蝥素有更广阔的前景。其制剂类型主要为去甲斑蝥素片，口服给药。适用于原发性肝癌的治疗，特别对早中期原发性肝癌疗效较好，可缩小肿块，增进免疫功能。

实验 10　云南天麻主要成分天麻素的合成

一、实验目的

（1）通过本实验了解乙酰水杨酸（阿司匹林）的制备原理和方法。

（2）进一步熟悉重结晶、熔点测定、过滤、抽滤等基本操作。

（3）了解分析仪器的使用方法以及谱图解析。

（4）了解天麻素的应用价值。

二、实验原理

天麻素又名天麻苷，是天麻 *Gastrodia elata* B. 块茎中一种含量最高的有效单体成分，其化学名为 4-羟甲基苯基-β-D-吡喃葡萄糖苷，分子量为 286.27，分子式为 $C_{13}H_{18}O_7$，无色针状结晶，熔点为 154～156 ℃，易溶于醇类和水，难溶于氯仿和乙醚，经苦杏仁酶水解可得到 4-羟基苯甲醇（对羟基苯甲醇）和葡萄糖 2 种单体。

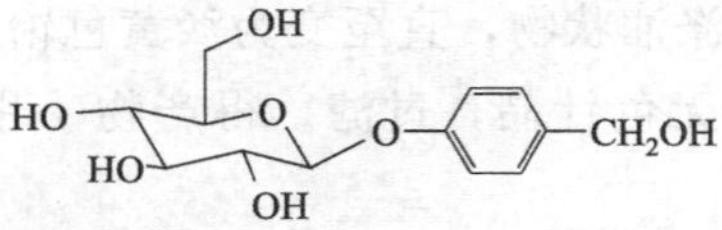

天麻素具有多种药理活性，可以增加中央及外周动脉血管顺应性，降低外周血管阻力，增加心脑血管血流量，产生温和降压作用，而且对心肌细胞、脑组织均有保护作用，同时具有镇静、催眠、镇痛、增强免疫等作用，在临床上广泛用于治疗心脑血管、微循环系统疾病，对头痛眩晕、肢体麻木、小儿惊风、癫痫、抽搐、破伤风等病症疗效显著，且无明显不良反应。目前，人们对以天麻素为主要药效成分的天麻的需求量不断增长，且其应用范围在进一步扩大。因此，天麻素母核在药物研发中是非常有吸引力的先导化合物。在自然界中，有许多天然产物在其结构中含有天麻素部分。

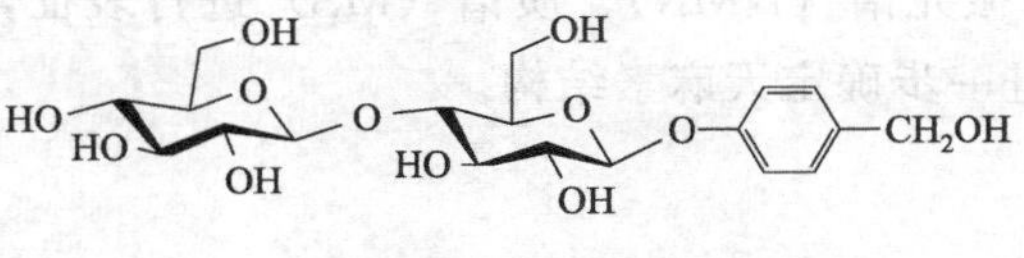

凝集素 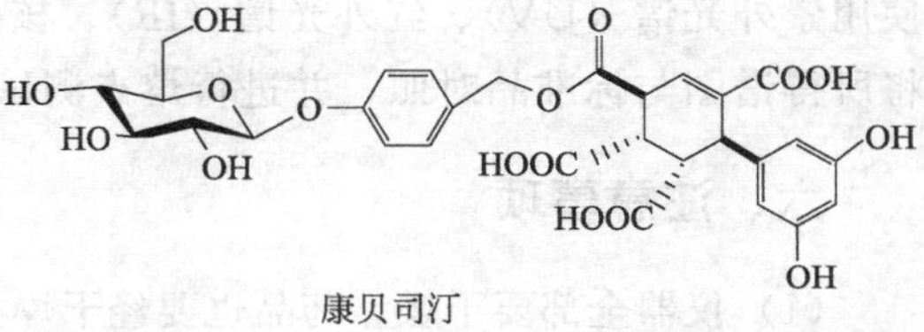　　　　康贝司汀

天麻素（天麻苷）是通过 2′,3′,4′,6′-四(乙酰氧基)-β-D-吡喃葡萄糖溴化物，与对羟基苯甲醛在氢氧化钠-丙酮水溶液中缩合，以硼氢化钾还原后继续乙酰化得到五乙酰天麻素，再经甲醇钠皂化得到的。本实验是用 2′,3′,4′,6′-四(乙酰氧基)-β-D-吡喃葡萄糖溴化物、对羟基苯甲醛为原料合成天麻素，反应式如下。

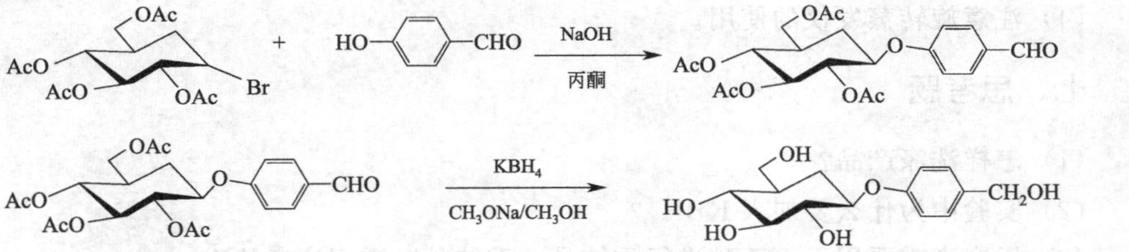

三、实验用品

(1) 仪器

分析天平（上海天平仪器厂）、傅里叶红外光谱仪（Thermo Fisher Scientific 公司）、旋蒸仪、恒温水浴锅、分液漏斗、烧杯、量筒、研钵、玻璃棒、称量瓶等。

(2) 试剂

2′,3′,4′,6′-四(乙酰氧基)-β-D-吡喃葡萄糖溴化物、丙酮、对羟基苯甲醛、氢氧化钠、无水乙醇、甲醇、硼氢化钾、醋酐、吡啶。除特殊标注外，试剂均为分析纯。

四、实验步骤

取 23 g 2′,3′,4′,6′-四(乙酰氧基)-β-D-吡喃葡萄糖溴化物溶于 130 mL 丙酮中，另取 10 g 对羟基苯甲醛溶于含有 4.3 g 氢氧化钠的 65 mL 水溶液中，将上述两液混合摇匀，呈黄色澄明液。室温下放置 12 h，于水浴上减压蒸去丙酮，冷却后析出黄色油状物，倾去水层，用蒸馏水多次搅拌洗涤油状物，直至变为淡黄色饴糖状软块。用无水乙醇适当加热溶解，放置冰箱冷却，析出无色针晶，过滤，得产物4-甲酰苯基-2′,3′,4′,6′-四(乙酰氧基)-β-D-吡喃葡萄糖。

取7.9 g产物4-甲酰苯基-2′,3′,4′,6′-四(乙酰氧基)-β-D-吡喃葡萄糖溶于80 mL甲醇中，缓缓加入32 mg硼氢化钾，水浴加热回流4 h。减压回收溶剂，得无色固体物。于此物中加16 mL醋酐、0.6 mL吡啶，再于水浴加热6 h，后倾于冰水中，得无色固体物。过滤，洗涤，以无水乙醇结晶，得无色针晶五乙酞天麻素。

五、实验结果与分析

实验所得的4-甲酰苯基-2′,3′,4′,6′-四(乙酰氧基)-β-D-吡喃葡萄糖及五乙酞天麻素均使用紫外光谱（UV）、红外光谱（IR）、核磁共振光谱（NMR）、质谱（MS）进行表征，将所得谱图与标准品对照，并进行熔点测试以进一步确定天麻素结构。

六、注意事项

(1) 仪器全部要干燥，药品也要经干燥处理，醋酐要使用新蒸馏的，收集139～140 ℃的馏分。

(2) 产品用无水乙醇重结晶。

(3) 在制备4-甲酰苯基-2′,3′,4′,6′-四(乙酰氧基)-β-D-吡喃葡萄糖时，一定要确保产物洗干净，否则会对下一步实验产生影响。

(4) 注意旋转蒸发仪的使用。

七、思考题

(1) 怎样洗涤产品？

(2) 实验中为什么要加入KBH_4？

(3) 天麻素需要用无水乙醇进行重结晶，重结晶时需要注意什么？

(4) 熔点测定时需要注意什么问题？

(5) 简述旋转蒸发仪的使用步骤及注意事项。

八、参考资料

[1] 张志龙，郜玉钢，臧埔，等．天麻素、对羟基苯甲醇对中枢神经系统作用机制的研究进展 [J]. 中国中药杂志，2020，45 (2)：312-320.

[2] 陈贵生．天麻素药理作用研究进展 [J]. 中国药物经济学，2015，10 (S1)：281-283.

[3] 孙英．贵州天麻销售突破3亿大关 [A]. 2016第四届全国天麻会议暨中国（大方）天麻产业发展高峰论坛资料汇编 [C]. 毕节：中国菌物学会，2016.

[4] 李啸浪，王璐，卢博礼，等．贵州天麻产业发展现状及对策 [J]. 中国热带农业，2018 (5)：19-22.

[5] 龚加顺，马维鹏，普俊学，等．白花曼陀罗悬浮培养细胞转化对羟基苯甲醛生成

天麻素［J］．药学学报，2006，41（10）：963-966.

［6］彭春秀，张梅，刘庆丰，等．曼陀罗毛状根的诱导及其悬浮培养合成天麻素初探［J］．云南农业大学学报，2008，23（4）：492-497.

［7］易怀锟，江灵敏，何彦，等．对羟基苯甲醇对小白菜天麻素积累和生长的影响［J］．浙江农业科学，2018，59（12）：2302-2305.

［8］周俊，杨雁宾，杨崇仁．天麻的化学研究Ⅰ：天麻化学成分的分离和鉴定［J］．化学学报，1979，37（3）：183-189.

［9］周俊，杨雁宾，杨崇仁．天麻的化学研究Ⅱ：天麻苷及其类似物的合成［J］．化学学报，1980，38（2）：162-166.

［10］庞其捷，钟裕国．天麻素合成方法的改进［J］．医药工业，1984（3）：3-4.

［11］戴晓畅，彭啸，吴松福，等．天麻素及其类似酚性糖甙的化学合成工艺研究［J］．云南民族大学学报（自然科学版），2004，13（2）：83-85.

［12］李玉文，马翠丽．一种化学合成天麻素的方法［P］．CN102977161A，2013.

知识链接

云南昭通天麻系天麻中的上品，其独特的品质享誉海内外，主要得益于本地独特的地理、气候、土壤等生态条件。主要药用成分为天麻素，有抗癫痫、抗惊厥、抗风湿、镇静、镇痉、镇痛、补虚等多种治疗、补益功能，临床用于治疗高血压、血管神经性头痛、脑震荡后遗症以及语言謇涩、风湿寒痹、四肢痉挛、小儿惊风等有明显效果。天麻自古既是药品，又是食品，或者说又是一种养生保健食品，也是国家卫生健康委员会规定可以用于保健食品的物品。古代《神农本草经》记载：天麻“久服益气力，长阴肥健，轻身延年”。李时珍在《本草纲目》中记载：天麻“治风虚、眩晕、头痛”，被古代医家尊为“珍品”。昭通天麻个大质优、外形紧凑饱满，其具有镇静、健脑、增智的作用，特别适合现代生活中的脑力劳动者。

实验11 傣药大叶羊蹄甲总黄酮的提取及其对羟基自由基的清除作用

一、实验目的

（1）学习黄酮类化合物的定性和定量鉴定方法。

（2）掌握黄酮类化合物对羟基自由基清除的原理和测定方法。

二、实验原理

傣药大叶羊蹄甲为豆科植物褐毛羊蹄甲 *Bauhinia ornate* Kurz *var. kerrii*（Gagnep.）K. Larsen & S. S. Larsen 的干燥藤茎。秋、冬季采收，除去侧枝，切成厚片，干燥。具有清火解毒、除风止痛的功效，用以治疗皮癣、疔疮脓肿、湿疹、风疹、麻疹、水痘、麻风病等。傣药大叶羊蹄甲中富含黄酮类化合物。现代医学研究表明：黄酮类化合物具有抗氧化、抗衰老、清除体内自由基及增加机体免疫力的作用。

本实验利用醇提法提取大叶羊蹄甲中黄酮类化合物，以芦丁为对照品测定大叶羊蹄甲中总黄酮的含量。通过加入铝离子试剂，同时控制适宜 pH，使黄酮化合物与铝盐形成络合物，然后在可见光区获得稳定的特征吸收峰进行含量测定。

为验证黄酮类化合物对羟基自由基的清除作用，本实验利用提取到的黄酮类化合物，参照芬顿（Fenton）反应方法建立·OH 产生体系模型。H_2O_2 与二价铁离子混合后产生·OH 的 Fenton 反应为：

$$H_2O_2 + Fe^{2+} \longrightarrow \cdot OH + OH^- + Fe^{3+}$$

利用邻二氮菲-Fe^{2+} 氧化分光光度法检测羟基自由基与抗氧化剂的作用。邻二氮菲-Fe^{2+} 被羟基自由基氧化为邻二氮菲-Fe^{3+} 后，其在 510 nm 处的最大吸收峰消失，因此可以在 510 nm 处测其吸光度，通过测定吸光度的变化，能验证抗氧化剂抗自由基的能力。

三、实验用品

（1）仪器

WFJ7200 型分光光度计（尤尼柯 UNICO）、电子天平（北京赛多利斯天平有限公司）、SP-752 型紫外-可见分光光度计（上海光谱仪器有限公司）、电热恒温干燥箱（天津市津北真空仪器厂）。

（2）材料

大叶羊蹄甲原药（购于西双版纳傣族自治州民族医药研究所）、芦丁标准品（中国药品生物制品检定所）。

（3）试剂

乙醇、亚硝酸钠、硝酸铝、氢氧化钠、三氯化铝、锌粉、过氧化氢（体积分数为 0.1%）、硫酸亚铁（7.50 mmol/L）、邻二氮菲（7.50 mmol/L 无水乙醇溶液）等，均为分析纯；1.0 mol/L pH 为 7.4 的磷酸盐缓冲溶液 PBS（用 KH_2PO_4 和 NaOH 配制）。实验用水为去离子水。

四、实验步骤

1. 大叶羊蹄甲中黄酮类物质的提取

醇提回流法提取工艺：大叶羊蹄甲⟶干燥⟶粉碎⟶醇提回流⟶抽滤⟶定容⟶含量测定。取 2 g 大叶羊蹄甲干料，加入一定体积不同质量分数的乙醇，回流，抽滤定容。

2. 大叶羊蹄甲提取物的特性试验

（1）紫外鉴定

黄酮、黄酮醇类物质结构中，A 环苯甲酰基系统的吸收谱带范围为 310～385 nm，B 环桂皮酰基系统的吸收谱带范围为 250～280 nm，异黄酮和二氢黄酮醇类中只有苯甲酰系统，一般在该波长范围没有强吸收。用紫外-可见分光光度计扫描大叶羊蹄甲黄酮提取物，判断该提取物中可能含有黄酮、黄酮醇等物质。

（2）大叶羊蹄甲中黄酮类化合物定性分析

用下列5种定性分析方法判定是否含有黄酮类物质：①取少量溶于70%乙醇的样品，加入几滴10%氢氧化钠溶液；②取少量溶于70%乙醇的样品，加入少许锌粒，振荡，再加入几滴浓盐酸；③取少量溶于70%乙醇的样品，加入几滴硫酸铝溶液和亚硝酸钠溶液；④铅盐试验，取少量样品液，加2%乙酸铅试剂；⑤与三氯化铝反应，取少量样品液，将少量液体涂于滤纸上，吹干后，加入1%三氯化铝-乙醇溶液。

3. 大叶羊蹄甲黄酮提取物的定量实验——总黄酮含量的测定

（1）波长的选择

取适量样品液，在0.30 mL 5%亚硝酸钠溶液存在的碱性条件下，经硝酸铝显色后，以试剂为空白，在420～700 nm波长范围测定络合物的吸光度，根据实验确定测定的最大吸收波长。

（2）标准曲线的绘制

称取于120 ℃干燥至恒重芦丁100.8 mg，用60%微热乙醇溶解，定容至100.00 mL，得浓度为1.008 mg/mL的标准储备液。分别准确吸取标准储备液0 mL、0.2 mL、0.4 mL、0.6 mL、0.8 mL、1.0 mL、1.2 mL、1.4 mL、1.6 mL于9只25 mL容量瓶中，加10 mL 30%乙醇、1.0 mL 5% $NaNO_2$ 溶液，摇匀，放置6 min，加10% $Al(NO_3)_3$ 溶液1.0 mL，摇匀，放置6 min，加1 mol/L NaOH溶液10 mL，加水稀释至刻度线，摇匀，放置10～15 min，于500 nm波长处测定吸光度，绘制标准曲线。根据芦丁浓度-吸光度标准工作曲线，计算回归方程和相关系数。

4. 样品中总黄酮的测定方法

准确吸取样品液1.0 mL，置于10 mL容量瓶中，用60%乙醇稀释至刻度线，取2 mL于25 mL容量瓶中，按标准曲线绘制方法测定吸光度。所测样品吸光度值经标准曲线回归方程换算后，得出提取液总黄酮浓度，按下式计算其提取率。

$$提取率=(c\times 稀释倍数\times V)/W\times 100\% \tag{2-2}$$

式中，c 为根据所测定溶液的吸光度值，代入回归方程计算出的相应总黄酮浓度；W 为实验称取大叶羊蹄甲的质量；V 为测定时大叶羊蹄甲的定容体积。

5. 提取液中黄酮类化合物对·OH的清除效果

准确移取5.0 mL PBS（1.0 mol/L，下同）、2.0 mL去离子水和3.0 mL乙醇于试管中，混匀作为空白参比管；移取5.0 mL PBS、1.0 mL邻二氮菲（7.50 mmol/L，下同）、1.0 mL $FeSO_4$（7.50 mmol/L，下同）、2.0 mL乙醇和1.0 mL去离子水于试管中，混匀作为未损伤管；准确移取5.0 mL PBS、1.0 mL邻二氮菲、1.0 mL $FeSO_4$、2.0 mL乙醇和1.0 mL 0.1% H_2O_2 于试管中，混匀作为损伤管；准确移取5.0 mL PBS、1.0 mL样品液、2.0 mL去离子水和2.0 mL乙醇于试管中，混匀作为样品参比管；准确移取5.0 mL PBS、1.0 mL邻二氮菲、1.0 mL$FeSO_4$、1.0 mL乙醇、1.0 mL样品液和1.0 mL H_2O_2 于试管中，混匀作为样品管。将上述试管同时置于恒温水浴锅中，37 ℃下保温60 min，于510 nm处测吸光度 A 值，每管重复5次，取其平均值。羟基自由基清除率 E 计算公式如下：

$$E=\frac{(A_{样品}-A_{样参})-(A_{损伤}-A_{空参})}{A_{未损}-A_{损伤}}\times 100\% \tag{2-3}$$

五、注意事项

(1) 芦丁为对照品，测定大叶羊蹄甲中总黄酮的含量时，芦丁标准溶液要现配现用。

(2) 亚硝酸钠、硫酸亚铁溶液要现配现用。

六、思考题

(1) 黄酮类化合物主要包括哪些？其生理功能是什么？

(2) 自由基是什么？它们对人体有什么危害？

(3) 简述大叶羊蹄甲中黄酮类物质的定性和定量方法。

(4) 简述黄酮类化合物对羟基自由基清除的原理。

七、参考资料

[1] 云南省食品药品监督管理局．云南省中药材标准（第三版·傣族药）[M]．昆明：云南科技出版社，2007.

[2] 张群芳，宋爽，郭俊明，等．微波消解-原子吸收光谱法测定大叶羊蹄甲中的金属元素 [J]．云南民族大学学报（自然科学版），2010，19（2）：119-121.

[3] 钟佳，马金晶，罗雯，等．大叶羊蹄甲总黄酮的提取及其对羟自由基的清除作用研究 [J]．中国农学通报，2012，28（16）：215-218.

知识链接

自由基（free radical），化学上也将其称为游离基，是含有一个不成对电子的原子团。生物体系遇到的主要是氧自由基，如超氧阴离子自由基、羟基自由基、脂氧自由基、二氧化氮和一氧化氮自由基。自由基是极活泼、极不稳定、生命期极短的化合物。在机体氧化反应中可产生自由基，自由基具有高度氧化活性，极不稳定，活性极高，它们攻击细胞膜、线粒体膜，与膜中的不饱和脂肪酸反应，造成脂质过氧化增强。脂质过氧化产物（MDA 等）又可分解为更多的自由基，引起自由基的连锁反应。这样，膜结构的完整性受到破坏，引起肌肉、肝细胞、线粒体等广泛损伤从而引起各种疾病，诸如炎症、癌症、扩张性心肌病、老年性白内障、哮喘等疾患。故自由基是人体疾病、衰老和死亡的直接参与者和制造者。此外，自由基若入侵细胞核，会破坏 DNA，DNA 双螺旋一旦被切断，人体的修补酵素无法修复 DNA 时，则基因产生突变，进而引起多种疾病，如心脏病、阿尔茨海默病、帕金森病和肿瘤。

实验 12　原子荧光光谱法测定傣药蓬莱葛中的痕量砷和汞

一、实验目的

(1) 掌握原子荧光光谱法测定傣药蓬莱葛中痕量砷和汞的原理和方法。

(2) 了解痕量分析中消解器皿的选择原则。

二、实验原理

蓬莱葛为马钱科植物蓬莱葛 *Gardneria multiflora* Makino 的干燥藤茎，秋、冬季采收，西双版纳傣医将蓬莱葛称为“广蒿修”，意为“佛祖解毒的白绿色的药”，是傣族人民常用的植物药。其具有清火解毒、除风止痒、消肿止痛的功能，用于药食中毒、虫蛇咬伤，疗疮斑疹、湿疹、疱疹，伤痛、痹痛。

中药材的安全性和药效是评价中药品质的关键，在药物的安全与质量标准法规中明确规定，重金属含量是其中重要的质量指标之一。当前，中药材中的重金属污染是造成我国中药材质量下降的重要因素，而且重金属对人体健康的影响也已经成为一个重要的公共卫生问题。

目前检测砷和汞的方法主要有原子荧光法、等离子体电感耦合原子发射光谱法、原子吸收法等。其中原子荧光法具有仪器结构简单、价格低廉、分析灵敏度高、线性范围宽、机体干扰少等优点，常用于中药中重金属元素的测定。样品中砷和汞的前处理方法主要是电热酸解法、微波消解法、干灰化法等。虽然这些方法比较成熟，但是操作烦琐、耗用试剂多。本实验在电热酸解法和微波消解法的基础上加以改进，建立了傣药蓬莱葛中砷、汞含量的检测方法。

在酸性介质中，砷与强还原剂硼氢化钾反应生成气态氢化物：

$$AsCl_3 + 4KBH_4 + HCl + 8H_2O = AsH_3 + 4KCl + 4HBO_2 + 13H_2$$

反应所生成的氢化物被载气带到原子化器氩氢焰原子化，砷原子的外电子在其空心阴极灯照射下被激发跃迁到较高的能量级上，并在回到较低能级时辐射出荧光，荧光的强度与原子的浓度（即溶液中被测砷元素的浓度）成正比。

三、实验用品

(1) 仪器

AFS-230E 双道原子荧光光度计（北京科创海光仪器有限公司）；砷、汞空心阴极灯（北京有色金属研究总院）；WX-400 微波消解系统及其配套消解罐（上海屹尧微波化学技术有限公司）；WL-200 高速中药粉碎机（瑞安市威力制药机械厂）；DB-3 自动恒温不锈钢电热板（常州国华仪器有限公司）；AR224CN 电子天平（奥豪斯仪器有限公司）；EPED-20TH 实验室级超纯水器（南京易普易达科技发展有限公司）等。

(2) 材料

蓬莱葛原药（购于云南省西双版纳傣族自治州民族医药研究所）。

(3) 试剂

1000g/mL 砷、汞标准溶液（美国国家标准技术研究院）；硝酸、高氯酸、盐酸、过氧化氢、硼氢化钾、硫脲、抗坏血酸、氢氧化钾均为分析纯。实验用水为超纯水。

四、实验步骤

1. 样品处理

(1) 样品预处理

取蓬莱葛原药，用超纯水洗净，外表水自然风干后，于 80 ℃下恒温干燥 48 h。将干燥后的试样粉碎、研磨，过 60 目筛，将 60 目粉末状的原药瓶装，置于干燥器内保存备用。

(2) 样品中砷的预处理方法

用电子天平称取 0.5000 g 样品于聚四氟乙烯锥形瓶中，轻轻晃动使样品平铺于锥形瓶瓶底，加入 10 mL 硝酸和 1 mL 高氯酸，盖上短标三角漏斗浸泡，过夜。次日，在控温电热板上逐级升温消解：先将温度调至 130 ℃，加热消解至冒红棕色烟雾，继而将温度调到 150 ℃，加热至液体澄清，接着将温度调至 170 ℃，加热消解直至瓶内液体为黄色透明液体，最后将温度调至 200 ℃，加热消解至冒白烟。冷却，加入 3 mL 盐酸，定量转移至 50 mL 塑料容量瓶中，立即加入还原剂（0.3 g 硫脲和 0.3 g 抗坏血酸），低温过夜，用超纯水定容。同时做空白试验。

(3) 样品中汞的预处理方法

称取样品 0.5000 g 于 Telfon 聚四氟乙烯高压消解罐中，加入 5 mL 硝酸和 3 mL 双氧水，加盖后于微波消解炉中消解 14min（分三个工步，50 ℃，10 atm，200 W，5 min；85 ℃，10 atm，400 W，5 min；120 ℃，8 atm，600 W，4 min），冷却后取出，移入 25 mL 塑料容量瓶中，用 1%硝酸定容待测。同法制备空白试液。

2. 砷、汞标准曲线的配制

移取 5.00 mL 砷标准品于 50 mL 塑料容量瓶中，用 10%盐酸稀释定容，得到浓度为 100 g/mL 的储备液，于−4℃冰箱保存备用。采用逐级稀释法，用 10%盐酸稀释定容，配制成浓度为 0.0 g/mL、1.0 g/mL、2.0 g/mL、4.0 g/mL、8.0 g/mL、10.0 g/mL、15.0 g/mL、20.0 g/mL、25.0 g/mL 的标准溶液。

移取 5.00 mL 汞标准品于 50 mL 塑料容量瓶中，用 5%硝酸稀释定容，得到浓度为 100 g/mL 的储备液，于−4℃冰箱保存备用。采用逐级稀释法，用 5%硝酸稀释定容，配制成浓度为 0.0 g/mL、1.0 g/mL、2.0 g/mL、3.0 g/mL、4.0 g/mL、6.0 g/mL、8.0 g/mL、10.0 mg/mL 的标准溶液。

以上溶液均现用现配。以荧光值为纵坐标，各元素浓度为横坐标，分别绘制 As、Hg 的标准曲线。

3. 精密度、加标回收率实验

称取 3 份 0.5 g 样品，分别加入 3 个不同水平的标准样品，且每个水平平行做 3 次。按照步骤 1 分别进行砷、汞的加标回收率及精密度实验。

五、注意事项

(1) 本实验属于痕量分析的范畴，试剂及环境中极微量待测元素的存在均可能对实验结果造成很大的影响，因此每次测定必须进行空白试验，以消除干扰，保证分析结果的可靠。

(2) 所用试剂为优级纯，实验用水为超纯水。使用前应检查相关元素含量在可接受的范围内，所有器皿（尽量使用聚四氟乙烯和 PP 塑料的）在使用前均用 20%硝酸溶液浸泡 24 h，先用蒸馏水多次冲洗，再用超纯水淋洗 2～3 次，所有操作过程规范化。

(3) 本方法的优点是速度快，加盖短标三角漏斗加热温度虽高，但不易挥发，而且无需多次加入酸消解，可以达到循环利用消化液的目的，消解非常完全。

(4) 对样品进行精密度、回收率实验（回收率是样品处理过程的综合质量指标，也是估计分析结果准确度的主要依据之一)，是为了考察方法的可靠性。

六、思考题

(1) 简述原子荧光光谱法测定痕量汞的原理。

(2) 本实验为什么选择聚四氟乙烯锥形瓶加盖短标三角漏斗对砷进行消解，而没有使用玻璃容器?

(3) 加标回收率实验怎么做？如何计算加标回收率？

(4) 简述重金属元素砷和汞对身体的危害。

七、参考资料

[1] 云南省食品药品监督管理局．云南省中药材标准（第五册·傣族药）[M]．昆明：云南科技出版社，2009.

[2] 叶艳青，马金晶，杨新周，等．原子荧光光谱法测定傣药蓬莱葛中的痕量砷和汞[J]．药物分析杂志，2012，32（3）：443-446.

知识链接

微量重金属元素与人体生命过程关系密切，虽然它们在体内的含量非常微小，但却发挥着独特的生理功能。

砷在自然界分布很广，动物、植物中都含有微量的砷，海产品中也含有微量的砷。由于含砷农药的广泛使用，砷对环境的污染问题愈发严重。例如砷化合物常作为饲料添加剂，过量添加至牲畜食用的饲料中，易使牲畜体内蓄积砷，而食用了这种牲畜的肉制品后，容易造成人体中毒。砷侵入人体后，除通过尿液、消化道、唾液、乳腺排泄外，蓄积于骨，肝、肾、脾、肌肉、头发、指甲等部位。砷作用于神经系统，可刺激造血器官，对红细胞生成有刺激影响，长期接触砷会引发细胞中毒和毛细管中毒，还有可能诱发恶性肿瘤。我国食品重金属残留限量国家标准中规定，砷含量最高（粮食）为 0.7 mg/kg，鲜乳中为 0.2 mg/kg。生活饮用水中国家标准限量为 0.01 mg/L。

汞是环境中毒性较强的重金属元素之一。20 世纪 50 年代日本发生的水俣病事件，使人们充分认识到汞，尤其是甲基汞对人体和动物的毒害作用。20 世纪 60～80 年代，各国学者对人为污染的水生生态系统中汞的循环演化规律进行了深入研究，并深入探讨了甲基汞对人体毒害的机理，认识到甲基汞可以通过水生食物链富集放大，在高营养级生物中高度富集以及甲基汞能通过人体血障和脑障对人的中枢神经系统产生危害。微量的汞在人体内不致引起危害，可经尿、粪和汗液等排出体外；如汞含量过高，即可损害人体健康。汞和汞盐都是危险的有毒物质，严重的汞盐中毒可以破坏人体内脏的机能，常常表现为呕吐、牙床肿胀、齿龈炎症、心脏机能衰退（脉搏减弱、体温降低、昏晕）等。例如，$HgCl_2$ 的致死剂量为 0.3 g。汞毒可分为金属汞、无机汞和有机汞三种。金属汞和无机汞可损伤肝脏和肾脏，但一般不在身体内长时间停留而形成积累性中毒。有机汞，如 $Hg(CH_3)_2$ 等，不仅毒性高，能损伤大脑，而且比较稳定，在人体内停留的半衰期长达 70 天之久，所以即使剂量很少也可累积致中毒。大多数汞化合物在污泥中微生物的作用下就可转化成 $Hg(CH_3)_2$。汞及汞的化合物可通过人的呼吸道、消化道和皮肤而被吸收，工矿中引起的职业中毒主要是由经呼吸道吸入汞蒸气或汞化合物的气溶胶所导致的。金属汞不易被消化道吸收，汞的无机化合物在消化道的吸收率取决于它的溶解度，一般较低。有机汞摄入体内后，98%被吸收，不易排出，可随血液分布到各组织器官（主要是脑组织和肝脏）而逐渐累积。

实验 1 微波加热滇东钼精矿制备钼酸铵的工艺研究

一、实验目的

（1）通过微波加热滇东钼精矿制备钼酸铵，掌握钼精矿的提纯和钼盐制备的工艺。

（2）了解 XRD、SEM、XRF 等常用分析仪器。

（3）了解微波管式炉的基本构造以及使用方法。

（4）熟练掌握微波焙烧的原理和矿物除杂的基本方法。

二、实验原理

钼酸铵是钼的重要化合物之一，被广泛用作生产高纯的三氧化钼、钼粉以及其他含钼化合物的原料，也是石油化工中重要的催化剂。钼酸铵是由阳离子 NH_4^+ 与不同的钼酸根阴离子形成的钼的同多酸盐。虽然我国的钼酸铵生产已经走上工业规模化管理道路，但我国钼酸铵生产工序多，过程冗长繁杂，对环境污染严重，且钼酸铵生产过程中有价金属元素损失较大，回收率较低，因此，亟需对钼酸铵的形成机理进行研究分析，并对钼酸铵生产工艺参数及工艺流程进行优化，进一步提高钼的回收率及钼酸铵产品的纯度，以减少钼酸铵生产过程对环境的污染，为我国钼酸铵生产工艺探索出一条新的清洁节能的技术路线。

微波加热与传统加热方法不同，传统加热方法是通过传热机制，如对流、传导和热辐射，将样品从表面加热到内部。而微波加热是通过带电粒子的离子传导和介电质极化，微波场中物质分子偶极化响应速率与微波频率相当，然而由微波作用导致的电介质偶极极化往往又滞后于微波频率，通过这种类似于摩擦的作用，微波场能量损耗并原位转化为热能，被加热的物质无需中间介质传导热量，微波能以光速直接透入物质内部，从而使物质被加热。物质吸收微波的能力主要取决于其介电特性，即材料的复介电常数及其变化特征，通常用介电常数（ϵ'）与介电损耗（ϵ''）表示。其中介电常数表示材料对微波的响应，也用于度量材料储存电磁能的能力，介电损耗因子用于度量材料消耗储能变成热能的能力。与传统加热方式相比，微波加热具有内部加热、升温速度快、加热效率高、对化学反应有促进作用、能降低化学反应温度等优点，因此被广泛应用于有色金属等矿物加工领域。

本实验利用微波焙烧钼精矿制备钼酸铵，具体工艺流程为：微波氧化焙烧钼精矿制备三氧化钼，然后对三氧化钼经硝酸浸出后再经氨水浸出制得钼酸铵产品。与传统加热方式相比，微波加热可以有效提高钼酸铵的浸出率，所制备的钼酸铵具有较好的晶体结构和纯度，此外，微波焙烧相比常规焙烧工艺流程更加清洁节能。

三、实验用品

（1）仪器

分析天平、烧杯、量筒、研钵、玻璃棒等。能色散 X 射线光谱仪（EDX-800 ROHS-ASSY 型）、X 射线衍射仪（Bruker D8 ADVANCE A25X 型）、扫描电子显微镜（NOVA-NANOSEM-450 型）、同步热分析仪（STA 449F3 型）、微波管式炉（型号 HY-ZG3012，最大功率 3000 W，频率 2.45 GHZ）。

（2）材料

钼精矿原矿，由云南某矿业公司提供。

（3）试剂

蒸馏水（自制）、硝酸、盐酸、硫酸、氨水、纯水（色谱纯）。除特殊标注外，试剂均为分析纯。

四、实验步骤

微波加热钼精矿制备钼酸铵工艺流程如图 3-1 所示，包含钼精矿焙烧制备氧化钼和氧化钼浸出制备钼酸铵及提纯除杂两个实验。

（1）钼精矿焙烧实验

称取 15.00 g 钼精矿样品，放入微波管式炉进行焙烧，其微波升温功率 1500 W，保温功率 200 W，设定目标温度与目标时间。待反应结束，样品降至室温后取出，将取出的样品研磨约 2 min，确保样品混匀，并控制样品颗粒直径在 70 μm 以下。

（2）钼酸铵浸出实验

① 将硫酸、盐酸、硝酸分别与 25.00 g 微波焙烧的钼焙砂混合，固液比为 1∶2。硫酸、盐酸或硝酸的浓度均为 1.00 mol/L，每次实验使用的浸出液为 50 mL、微波焙烧的钼焙砂粉末为 25.00 g。

② 在常温下进行磁搅拌浸出实验。将粉末倒入搅拌的浸出液中，并开始计时，1 h 后，搅拌结束，立即进行液固分离，并将滤渣用去离子水洗至中性，待用。

③ 研究不同性质的酸及酸的浓度对钼焙砂浸出率的影响。在水洗过的滤渣中加入 50

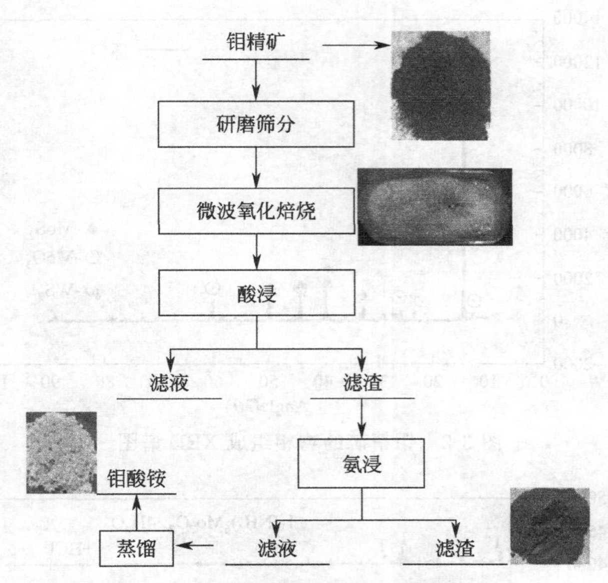

图 3-1 微波加热钼精矿制备钼酸铵工艺流程

mL 氨水（25%），在磁搅拌器中匀速搅拌 1 h，待搅拌结束，过滤，将所得到的滤液蒸馏得所需产品。

④ 钼焙砂在氨水溶液中的主要浸出反应可以表示为：

$$7MoO_3+6NH_3\cdot H_2O+H_2O \xlongequal{} (NH_4)_6Mo_7O_{24}\cdot 4H_2O \tag{3-1}$$

⑤ 将蒸馏得到的产品在 60 ℃中的烘箱中干燥 2 h，取出样品，研磨 1min，研磨后的样品粒径控制在 50～70 μm。

五、实验结果与分析

(1) 浸出工艺比较

与传统工艺相比，本实验所述微波焙烧钼精矿制备钼酸铵工艺，具有耗时短、高效、绿色、原料廉价等优点。

(2) 表征结果

对钼精矿原料和制备的三氧化钼、钼酸铵产物进行 XRD 物相分析；对钼酸铵进行元素分析（XRF）和表面形貌表征（SEM），分别如图 3-2、图 3-3、图 3-4 所示。

钼酸铵在不同浸出剂中的元素含量见表 3-1。

表 3-1 钼酸铵在不同浸出剂中的元素含量

浸出剂	Mo/%	Al/%	Si/%	Fe/%	K/%	Nb/%	Cu/%
HCl	98.020	0.790	0.331	0.327	0.187	0.176	0.169
H_2SO_4	98.216	0.794	0.348	0.215	0.100	0.180	0.147
HNO_3	98.369	0.850	0.320	0.049	0.110	0.157	0.145
氨水	95.724	2.078	0.293	0.379	0.294	0.154	2.078

钼酸铵不同倍数下的 SEM 图如图 3-4 所示。

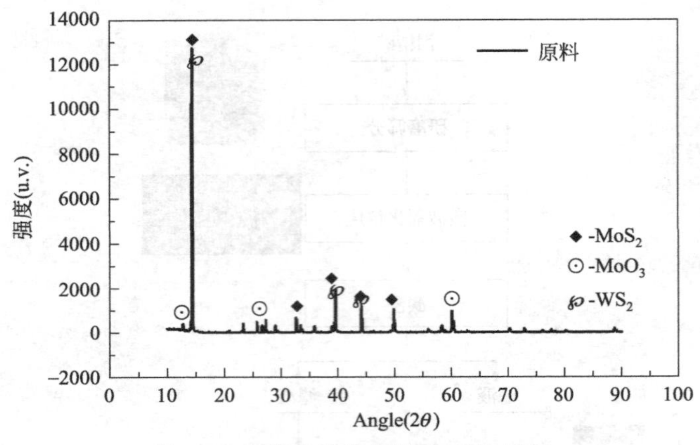

图 3-2 钼精矿的物相组成 XRD 谱图

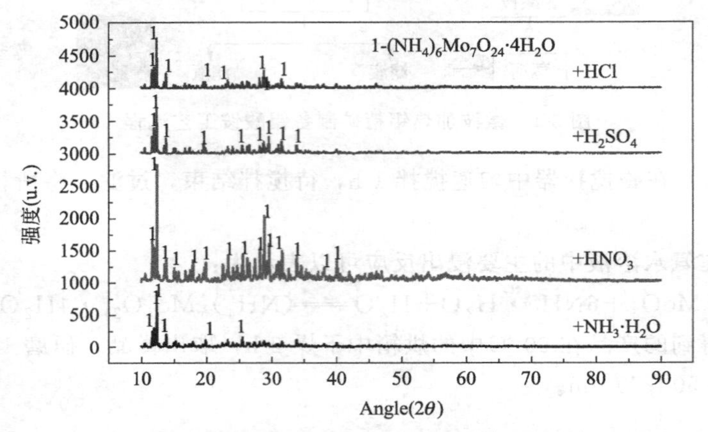

图 3-3 不同浸出剂对钼酸铵浸出率的影响

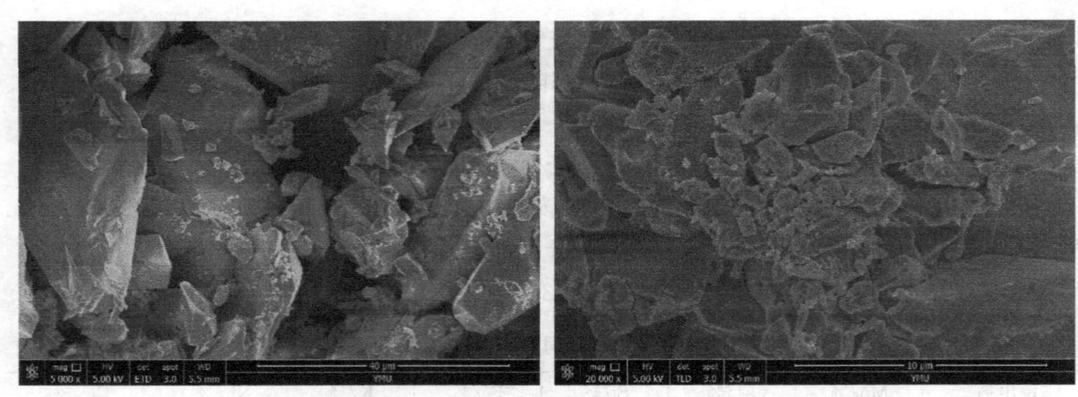

图 3-4 钼酸铵不同放大倍数下的 SEM 图

六、注意事项

(1) 微波管式炉使用时需先打开冷却循环水。

(2) 制备钼精矿样品时，需将样品顺沿石英舟铺平。

(3) 注意微波焙烧钼精矿升温时间的变化，控制温升时间不宜过快。

(4) 蒸馏过程中注意有气泡产生。

(5) 配制硝酸溶液时注意防止液体滴溅或放热太快。

(6) 杂质元素引起钼酸铵纯度测试结果的变化。

七、思考题

(1) 如何选择微波焙烧钼精矿的微波功率条件?

(2) 钼精矿在焙烧过程可能参与反应的物质有哪些?反应方程式是什么?

(3) 钼酸铵浸出的最佳工艺条件怎么确定?

八、参考资料

[1] 郭株辉. 四钼酸铵转化成七钼酸铵的工艺研究 [J]. 铜业工程, 2018 (6): 46-52.

[2] 刘锦锐. 钼酸铵生产工艺流程综述 [J]. 云南冶金, 2018, 47 (4): 48-57.

[3] 蒋永林, 刘秉国, 曲雯雯, 等. 微波焙烧辉钼矿制备三氧化钼研究 [J]. 有色金属(冶炼部分), 2019 (03): 35-39.

[4] 李彦龙, 李银丽, 李守荣, 等. 用钼精矿制备钼酸铵试验研究 [J]. 湿法冶金, 2020, 39 (1): 30-33.

[5] 冯建华, 兰新哲, 宋永辉. 微波辅助技术在湿法冶金中的应用 [J]. 湿法冶金, 2008 (4): 211-215.

[6] 王璐. 超细氧化钼的制备及其气基还原动力学机理研究 [D]. 北京科技大学, 2018.

[7] 蒋永林. 辉钼矿微波氧化焙烧基础理论研究 [D]. 昆明理工大学, 2018.

知识链接

云南省素有"有色金属王国"之称,截至2019年年底,全省共发现各类矿产157种,占全国已发现矿种173种的90.75%,已查明资源储量的96种。云南省关键矿产资源得天独厚,由于特殊的成矿地质条件,呈现出分布范围广、类型多、资源储量大等特点。目前钼保有资源储量30.45万吨,分布在迪庆藏族自治州、红河哈尼族彝族自治州、大理市、普洱市、楚雄彝族自治州、保山市等。主要矿床类型有斑岩型、矽卡岩型、热液型等。主要代表性矿床有香格里拉市铜厂沟钼矿、红山铜钼矿、祥云县马厂箐铜钼矿、金平县铜厂长安冲铜矿、建水普雄铅钼矿、禄丰广通鹿子湾铜钼矿等。

辉钼矿是以硫化钼为主要成分的矿物,深铅色,带有一定的金属光泽。

目前钼酸铵的主要生产工艺有:氨浸酸沉工艺、氨碱联合浸出酸沉工艺等。其是通过焙烧钼精矿——氨碱联合浸出——酸沉——氨溶——净化等过程制备钼酸铵,在焙烧钼精矿的过程中通常采用电阻炉进行传热,但存在加热时间过长,生产成本高,能耗大和造成环境污染等不足。微波冶金作为一种新型的冶金技术,近年来不断被应用在矿物加工、氧化焙烧、还原、熔炼、制备等有色金属生产过程中,具有节能降耗的明显优势。

实验2　临沧褐煤提取锗的工艺研究

一、实验目的

(1) 了解从褐煤中富集锗的方法。

(2) 了解褐煤灰资源的高附加值。

(3) 学习用盐酸蒸馏法提取锗。

(4) 掌握从褐煤中富集锗的工艺。

二、实验原理

锗是浅灰色的金属元素，原子量为72.6，属于“类硅”的第ⅣA族元素。锗金属较脆，具有美丽的光泽，原子价键是共价键。即使是高纯锗，在室温下也是很脆的；但在温度高于600 ℃时，单晶锗可以经受塑性变形。在实际应用中，锗最重要的物理性质是具有特别高的电阻。锗的电导率随着其纯度的不同而显著变化，纯度增加，电导率降低，也就是电阻增加。锗易与碱相熔融而形成碱金属锗酸盐，如Na_2GeO_3等，它们易溶于水，而其他金属锗酸盐在水中溶解较少，却易溶于酸。

锗元素在地壳中的分布非常分散，通常采用湿法和火法提取煤中锗，但不环保。

本实验采用云南临沧褐煤为原料，研究两种富集方法。一种是采用浮选法除去褐煤中的大部分矸石，从而提高煤中锗的品位。在浮选法提高煤中锗的实验方案中，主要探索研究褐煤浮选工艺中药剂种类、矿浆浓度、浮选时间等因素对浮选效果的影响。第二种是采用低温缓慢氧化焙烧的方法，使褐煤缓慢燃烧、灰化，将煤中锗富集在煤灰中，提高锗的入浸品位，主要研究焙烧温度和时间等条件对锗富集的影响。其工艺流程如图3-5所示。

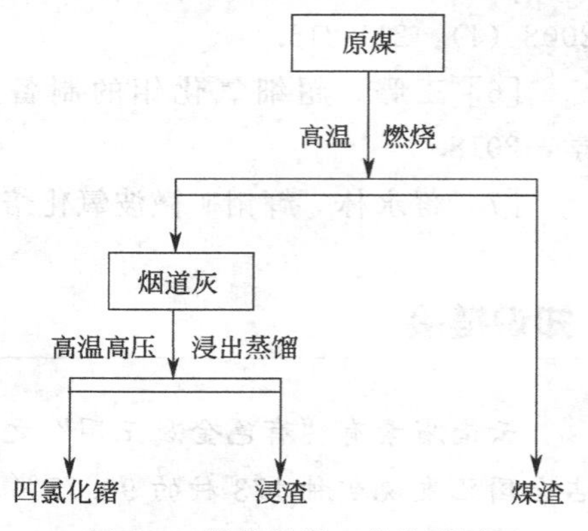

图3-5　褐煤提锗工艺流程图

本实验采用经过浮选法富集锗的褐煤灰，再把富集好的煤灰进行灼烧，然后直接用盐酸浸出煤灰提取锗。在对煤灰进行焙烧时，温度太高会形成一系列锗的氧化物，部分锗变为GeO挥发入烟尘中。采用低温缓慢氧化焙烧的方法，煤中锗大部分固定于煤灰中，这样可以避免生成难溶于酸的$GeSO_4$及GeO_2与SiO_2的固体。焙烧时间、焙烧温度及焙烧气氛是影响锗浸出率的实验因素，需做单因素讨论。在一定的盐酸浓度下，二氧化锗易溶于盐酸而生成四氯化锗。

$$GeO_2 + 4HCl \Longrightarrow GeCl_4 + 2H_2O$$

$GeCl_4$的沸点为83.1 ℃，较溶液中其他金属氯化物的沸点都低。对溶液进行蒸馏，四氯化锗沸点较低，最早被蒸馏出来，此时若控制蒸馏温度，则四氯化锗很容易与溶液中其他金属氯化物分离。

三、实验用品

（1）仪器

马弗炉（能控温至1000 ℃）、可调温电炉抽滤瓶（50 mL）、2XZ-0.5型旋片真空泵、三颈烧瓶（250 mL）、温度计（0～100 ℃）、烧杯、焙烧皿（直径30 cm）。

（2）材料

褐煤灰。

（3）试剂

工业盐酸、二氧化锰等。

四、实验步骤

1. 低温缓慢氧化焙烧实验

对浮选富集后的褐煤灰，开展低温氧化焙烧实验。在高温氧化燃烧过程中，除部分锗变为GeO挥发入烟尘外，大部分锗以锗酸盐GeO_2-SiO_2的固溶体形态转入煤灰。燃烧煤所得到的煤烟尘或煤灰直接进行传统的氯化蒸馏提锗时，其中的锗酸盐或GeO_2-SiO_2固溶体难以被酸浸出。

（1）焙烧温度

取一定量褐煤样（考虑到马弗炉大小，实验中每次取30 g）平铺于焙烧皿中，然后置于马弗炉中，半开炉门，经约30min从室温逐渐升温，分别到400 ℃、450 ℃、500 ℃、550 ℃、600 ℃、650 ℃，并分别在上述温度下保温，直至无煤的黑粒为止。结果显示：550 ℃的焙烧温度或600 ℃的焙烧温度都有利于煤中锗以易溶于酸的形式富集于煤灰中。

（2）焙烧时间

将煤样（30 g/次）平铺于焙烧皿中，然后置于马弗炉中，半开炉门，经约30 min从室温逐渐升温到550 ℃，并在此温度下保温一定时间，然后再升温至625 ℃，并在此温度下保温至无黑色煤粒为止，对两次保温时间进行实验研究。把保温时间设定1～5h等时间段。

2. 盐酸浸出蒸馏提取煤中的锗

取一定量经低温缓慢氧化焙烧的褐煤灰（实验中每次取3 g）置于三颈烧瓶中，向其中加入盐酸，三颈烧瓶一口接具塞水银温度计，另一口加塞，中间一口则接蒸馏装置，室温下放置，在一定条件下进行实验。做单因素实验研究液固比、浸出时间、提取时间、盐酸浓度、蒸馏时间对浸出率的影响。

五、实验结果与分析

（1）锗含量测定

煤样和浸出渣中锗的测定采用国家标准GB/T 8207—2007中的蒸馏分离-苯芴酮分光光度法。将分析煤样灰化后用硝酸、磷酸、氢氟酸、混合酸分解，然后制成6mol/L盐酸溶液，蒸馏，使锗以四氯化锗的形态逸出，并用水吸收从而与干扰离子分离。在盐酸浓度1.2mol/L左右下，用苯芴酮显色并用分光光度计进行吸光度测定。

（2）获取最佳工艺条件

本实验最佳实验条件为：液固比5∶1，盐酸浸出浓度7 mol/L，浸出时间90 min，蒸馏提取时间 10 min，加入 MnO_2。在此条件下，煤中锗回收率可达 78%以上。

六、注意事项

（1）低温缓慢氧化时注意控制马弗炉功率，防止褐煤氧化过快。

（2）在三颈烧瓶中加入原料后，向其中加入盐酸浸取锗，在盐酸浸取过程中，三颈烧瓶各口要加塞密闭，以防盐酸挥发。

（3）在焙烧过程中要控制好温度，防止温度过高导致锗难以浸出。

（4）蒸馏提取后需要对浸出渣进行锗含量分析，浸出渣需要经过真空泵多次抽滤洗涤，然后再化验分析。

七、思考题

（1）实验过程中用到的 MnO_2 起什么作用?

（2）蒸馏温度对锗提取率的影响规律。

（3）矿物中锗的分析检测方法有哪些?

（4）写出锗的核外电子排布，分析锗的化学性质，并举例锗容易和哪些物质反应。

（5）简述褐煤做焙烧处理富集锗的意义。

八、参考资料

[1] 宣宁．锗：新材料之骄子 [J]．中国金属报，2010（30）：14-19.

[2] 李学洋，林作亮，米家蓉，等．超高纯锗多晶材料制备工艺方法研究 [J]．云南冶金，2020，49（1）：56-60.

[3] 张国英，刘贵立．半导体锗中 60°棱位错的电子结构 [J]．半导体杂志，2000（1）：14-17，22.

[4] 谢访友，王纪，马民理，等．用萃取法从锌浸出液中回收锗 [J]．铀矿冶，2000（2）：91-96.

[5] 何鲁丽，卞振涛，李梦如，等．褐煤蜡提取与纯化研究进展 [J]．山东化工，2019，48（22）：61-62.

[6] 王万坤，王福春，张英哲，等．国内锗冶金的研究进展 [J]．广东化工，2017，44（22）：88-89.

[7] 褚艳红，刘珂珂，郭辉，等．富锗煤烟灰中的锗含量测定 [J]．河南科学，2015，48（22）：61-62.

知识链接

锗资源较少且大多难以有效提取，云南省的锗产量占到了全国产量的55%以上。提锗原料主要来源于褐煤锗矿（65%）、锌冶炼副产品（20%）、含锗锌冶炼废渣（5%）以及锗生产及加工过程产生的各种类型的锗废料（10%）等。多年来，由于锗提取技术落后，锗行业各生产企业从锗矿及炼锌副产物等原生矿中提取锗的回收率仅为50%～80%。

来自原生锗矿的锗占到了锗产量的85%以上，只有15%左右是从锗废料及有色冶炼含锗废渣中进行二次回收的。从褐煤锗矿中提取锗是锗的主要来源之一，每年产出的褐煤锗精矿超过了锗精矿产量的一半。对于褐煤锗矿中锗的提取，一般先通过链式挥发炉或其他火法提取设备挥发富集得到锗精矿，再将锗精矿进行湿法盐酸蒸馏分离提取得到四氯化锗。火法富集得到的锗富集物含锗量只有大于1.0%，才能作为锗精矿进入盐酸浸出蒸馏系统提取四氯化锗。若锗含量低于1.0%，需进行湿法浸出和丹宁沉锗二次富集后得到高含锗的锗精矿后才能进行氯化蒸馏提取四氯化锗。近年来，云南的褐煤锗矿资源不断开采消耗，优质的褐煤锗矿越来越少，锗矿的锗含量在不断下降，但火法锗富集炉的锗富集比是一定的，一般为40～50倍。因此，矿经火法富集以后得到的锗精矿的品位也在不断地下降。当锗矿中锗含量低于0.03%时，火法富集得到的锗精矿中锗含量大多低于1.0%；另外，目前提锗后的褐煤锗矿渣（锗含量0.01%～0.03%）、石灰中和渣（锗含量0.03%～0.07%）以及提锗酸渣（0.1%～0.25%），经二次火法挥发富集得到的锗精矿的锗含量也往往低于1.0%。

实验3 氧化锌烟尘中氟、氯的测定

一、实验目的

（1）掌握通过氟离子选择电极法、火焰原子吸收间接测氯实验来测定氧化锌烟尘中的氟、氯含量的基本原理。

（2）掌握用加标回收的方法测定加标回收率。

（3）掌握氟、氯含量的计算公式及方法。

二、实验原理

锌作为一种重要的有色金属，主要用作镀锌和合金。云南铅锌矿资源总储备量已达到我国铅锌矿总储备量的20%以上，居全国首位。其中云南铅锌矿矿石中铅锌比例为1∶3.2，含量及水平较高。尽管云南储量丰富，但矿石品位高的锌矿资源依然正在减少，锌的二次资源在原料中所占比重也势必会越来越大。这种情况下，对于品位低、成分复杂的含锌物料的冶炼提出了更高的技术要求。因此，为了实现冶金行业的可持续发展，响应国家关于资源低开采、高利用、低排放的发展要求，必须以资源节约和循环利用为特征，对高氟氯含锌烟尘等二次资源的回收利用进行研究，顺应循环经济发展的需求。

在利用氧化锌烟尘生产电锌的工艺中，烟尘中的氟氯化物会在浸出工艺进入电解液中，不仅影响炼锌流程的顺利进行，还会腐蚀设备、危害工作人员健康等。因此在去除氧化锌烟尘中氟、氯物质前需要进行测定实验。结合实验可操作性、科学性和准确性，本实验选择氟离子选择电极法测定氟元素，选取火焰原子吸收法间接测定氯离子。

氟离子选择电极的氟化镧单晶膜能对氟离子产生选择性的对数响应，当氟电极和饱和甘汞电极一起被置于被测试液中时，其电位差可随溶液中氟离子活度变化而改变，且电位变化规律符合能斯特方程。氟离子选择电极具有良好的性能、较高的选择性，电极本身干扰离子只有 OH^-，此干扰可用控制 pH 的方法方便地予以消除，对于其他干扰离子则使用总离子强度调节缓冲剂的混合试剂加以消除。

采用火焰原子吸收法间接测定氧化锌烟尘中的氯含量：以稀硝酸溶解锌烟尘样品，然后直接向样品溶液中加入过量 Ag^+ 标准溶液，加热煮沸使所生成的氯化银胶体迅速凝聚并完全沉淀，随后采用原子吸收分光光度计测定微量 Cl^- 定量反应后剩余的 Ag^+，进而换算出氧化锌烟尘中的氯含量。

$$Ag^+ + Cl^- \xrightarrow{\text{加热}} AgCl$$

三、实验用品

(1) 仪器

分析天平、氟离子选择电极、饱和甘汞电极、pHSJ-4A 型 pH 计、磁力搅拌器、SZ-97 自动三重蒸馏水器、FA1004 电子天平、AA-6300 型原子吸收分光光度计、烧杯（250 mL、150 mL、50 mL）、量筒、玻璃棒、玻璃管、分液漏斗、水蒸气发生装置、温度计、冷凝管、蒸馏头、尾接管、胶管（若干）、锥形瓶、模具（市售商品）等。

(2) 材料

氧化锌烟尘（实验中所用原料为某冶炼厂产生的多膛炉烟尘，是以氧化铅为主的高氟氯含锌烟尘）。

(3) 试剂

硝酸、无水乙醇、氢氧化钠溶液、TISAB 缓冲溶液、溴甲酚绿指示剂、氟标准溶液、三重蒸馏水、10%盐酸（体积分数）、银标准储备溶液（1 mg/mL）、氟标准储备溶液、氯标准储备溶液（1 mg/mL）等。

四、实验步骤

1. 氟离子选择电极法测定氟含量

称取 2 g（精确至 0.0001 g）氧化锌烟尘试样，置于 50 mL 镍坩埚中，加入 6 g 氢氧化钾，混匀后滴加 3～5 滴无水乙醇（防止试样在熔融状态暴沸溅出），然后盖上坩埚盖，置于已升温至 600～650 ℃的高温炉中熔融 10 min，取出稍冷。将坩埚与熔融物置于预先盛有 50 mL 热水的 250 mL 烧杯中，盖上表面皿，加热浸取熔融物，加热浸取结束后，用蒸馏水洗净表面皿、坩埚及坩埚盖，然后冷却至室温。

将溶液连同沉淀一起移入 100 mL 容量瓶中，用水稀释至刻度线、混匀，干过滤。移取 10 mL 滤液，置于 50 mL 容量瓶中，加 1 滴溴甲酚绿指示剂，用硝酸（1∶1）中和至溶液呈稳定黄色，再加 TISAB 缓冲溶液 20 mL，此时溶液呈蓝色，最后用蒸馏水稀释至刻度线，混匀。

将溶液全部移入干燥的 50 mL 烧杯中，放入搅拌子，插入氟离子选择电极和饱和甘汞电极，在电磁搅拌下，测量平衡电位值（平衡电位是指电极电位的变化≤0.2 mV/min）。

分别移取质量浓度为 0.001 mg/mL 的氟标准溶液 5.0 mL、0.01 mg/mL 的氟标准溶液 2.0 mL 和 10.0 mL、0.1mg/mL 的氟标准溶液 2.0 mL、5.0 mL、10.0 mL 于一组 50

mL 容量瓶中，加 1 滴溴甲酚绿指示剂，用硝酸（5：95）中和至溶液呈稳定黄色，再加 TISAB 缓冲溶液 20 mL，用蒸馏水稀释至刻度线。按氟浓度由低到高的顺序与试样同时进行测定。以氟离子浓度对数值为横坐标，电位值为纵坐标绘制工作曲线，用计算机软件进行回归计算。

按下式计算氟的含量 w_F：

$$w_F=\frac{cV_0V_2\times10^{-3}}{m_0V_1}\times100\% \tag{3-2}$$

式中，c 为工作曲线上查得的氟浓度，mg/mL；V_0 为试液的总体积，mL；V_1 为分取试液的体积，mL；V_2 为测定溶液的体积，mL；m_0 为试样的质量，g。

2. 火焰原子吸收法间接测氯含量

分别移取 0.5 mL、1 mL、2 mL、3 mL、4 mL 浓度为 100 μg/mL 的银标准工作液于 50 mL 比色管中，用 10%盐酸稀释至刻度线，得到 Ag^+ 浓度分别为 1 μg/mL、2 μg/mL、4 μg/mL、6 μg/mL、8 μg/mL 的系列标准液，摇匀后测定其吸光度，得到吸光度与 Ag^+ 浓度的标准曲线。

称取氧化锌烟尘 2.0 g（精确至 0.0001 g），置于 250 mL 烧杯中，接着加入 100 mL 三重蒸馏水，再加入 15 mL 硝酸（1：1），盖上盖玻片，置于低温电炉上加热 20 min，使溶液处于微沸状态，以促进试样的浸取。

溶样结束后取下烧杯，冷却，以少许三重蒸馏水冲洗盖玻片和烧杯壁，接着加入 1 mg/mL 银标准储备溶液 10 mL，再次盖上盖玻片置于低温电炉上加热煮沸 20 min，冷却后将溶液和沉淀转移至 200 mL 容量瓶中，用三重蒸馏水稀释至刻度线，干过滤于 250 mL 锥形瓶中，准确移取 5 mL 滤液于 50 mL 比色管中，用 10%盐酸稀释至刻度线，摇匀后测定其吸光度。

根据待测溶液的吸光度，可在校准曲线上查得对应的 Ag^+ 浓度，进而间接计算得到试样中氯的含量。计算公式如下：

$$w_{Cl}=\frac{(A-ncV)\times\dfrac{35.45}{107.87}}{m\times10^6}\times100\% \tag{3-3}$$

式中，A 为溶液中所加入的银的总量，μg；n 为稀释倍数；c 为校准曲线上查得的溶液中 Ag^+ 的浓度，μg/mL；V 为测定溶液的体积，mL；m 为样品质量，g；35.45 为氯的原子量；107.87 为银的原子量。

五、实验结果与分析

锌烟尘中氟和氯的分析结果分别见表 3-2 和表 3-3。

表 3-2　锌烟尘中氟含量及加标回收率测定结果

编号	样品氟含量/%	氟标加入量/μg	回收量/μg	回收率/%
1	0.0896	200	195.4	97.70
2	0.0850	200	197.3	98.66

续表

编号	样品氟含量/%	氟标加入量/μg	回收量/μg	回收率/%
3	0.0877	200	193.5	96.76
平均值	0.0874	—	—	97.71

表 3-3　锌烟尘中氯含量及加标回收率测定结果

编号	样品氯含量/%	氯标加入量/μg	回收量/μg	回收率/%
1	0.0763	500	498.9	99.78
2	0.0786	500	481.7	96.33
3	0.0801	500	513.7	102.74
平均值	0.0783	—	—	99.62

取三组平行试样分析结果的平均值，得烟尘原料中含氟 0.0874%和含氯 0.0783%，氟、氯加标回收率平均值分别为 97.71%和 99.62%。一般认为，当分析化学中加标回收率在 95%～105%之间时，就可判定该分析方法是准确的。

本实验中所采用的氟、氯分析方法，经过多次加标回收，回收率均在较好的范围之间。因此，采用氟离子选择电极法测定原料中氟含量和采用火焰原子吸收法测定氯含量是科学的、可靠的、准确的。

六、注意事项

（1）氧化锌烟尘原料可以根据实际进行调整。

（2）取用强酸、强碱时注意做好防护，以防灼伤。

七、思考题

（1）测定氧化锌烟尘中氟元素含量时，为什么要采用（1∶1）硝酸和（5∶95）硝酸？

（2）测定氧化锌烟尘中氯含量时，若溶样结束后未使用三重蒸馏水冲洗盖玻片和烧杯壁，会产生怎样的后果？

（3）测定氯含量时，为何要将样品置于低温电炉上进行二次加热煮沸？

八、参考资料

[1] 盛晓星．高氟氯含锌烟尘预处理工艺研究 [D]．昆明理工学，2018.

[2] 谭宇佳，郭宇峰，姜涛，等．含锌电炉粉尘处理工艺现状及发展 [J]．矿产综合利用，2017 (3)：44-50.

[3] 吕志成，戴自希，蔺志永，等．危机矿山接替资源找矿勘查相关成矿理论与技术方法 [J]．资源·产业，2005 (3)：80-83.

[4] 胡一航，王海北，王玉芳．锌冶炼中氟氯的脱除方法 [J]．矿冶，2016，25 (1)：36-40.

[5] 王亚健，张利波，彭金辉，等．火焰原子吸收光谱法间接测定氧化锌烟尘中氯 [J]．冶金分析，2013，33 (7)：41-44.

知识链接

云南省铅锌矿床资源较丰富，主要特征为：储备集中、资源丰富、水平高、种类多样等。其中储备集中主要指云南省铅锌矿分布点较为集中，大多在东南部、东北部及南部地区；资源丰富主要指云南省铅锌矿含量较高，远高于我国铅锌矿均值；水平高主要指云南省铅锌矿内铅、锌比值较高；种类多样主要是从工业类型视角出发，云南铅锌矿内涵盖了镍、钙、钴、铜等多种金属元素及非金属伴生矿石，如闪锌矿、白云岩型等，且矿石类型多样。

在锌资源开发过程中，氧化锌烟尘氟、氯含量过高，给后续的电积带来了严重影响，因此在选择利用的方式和方法中，必须解决氟、氯脱除这一难题。在利用这些锌二次资源生产电锌时，大多数企业采用以酸法为主的湿法炼锌工艺，但仍存在着电流效率低、电耗高、生产成本高等难题，其原因主要是大量的氧化锌烟尘中氟、氯含量偏高，在冶炼过程中不仅会对设备和管道造成腐蚀，还对后续的浸出和锌电积造成不利影响。例如电积过程中，氯离子在阳极被氧化成氯酸盐，会与阳极铅反应，而铅以离子状态进入溶液，增加溶液含铅量，铅在析出锌中的含量随溶液中铅离子浓度的增加而增加，因此电积液中氯含量偏高不仅会降低析出锌片的质量，还会加快阳极损耗，缩短阳极寿命。在电积过程中，氟离子属于腐蚀阴极的杂质离子，它会破坏阴极铝板表面的氧化铝膜，使析出的锌片与铝板形成锌铝固溶体，锌铝两种金属原子由于金属键作用而紧紧地结合在一起，发生锌铝黏结，不仅造成阴极铝板消耗增加，致使企业的生产能力减小，严重时甚至造成停产事故。氟、氯含量高也会污染车间空气，严重危害现场作业环境。因此氟、氯的脱除对氧化锌烟尘的湿法冶炼尤为重要。

实验 4　金红石相 TiO_2 微纳材料的水热合成

一、实验目的

（1）了解水热合成法的特点和基本流程。

（2）了解半导体二氧化钛微纳材料的用途。

（3）基本掌握水热法合成金红石相二氧化钛微纳材料的实验流程与操作要点。

二、实验原理

自 1972 年两位日本科学家藤岛昭（Fujishima. A）和本多健一（Honda. K）发现紫外光下二氧化钛电极的光分解制氢现象后，二氧化钛因其自身优异的光催化性能、卓越的氧化能力、成本低和对环境友好等特点，一直吸引着众多科学家和工程师的目光。二氧化钛（TiO_2）是一种典型的 n 型半导体，它的粉末形态俗称“钛白粉”，在自然界中主要以锐钛矿（anatase）、金红石（rutile）和板钛矿（brookite）三种形态存在。以锐钛矿和金红石为例，构成这两种晶体的基本结构单元都是 TiO_6 八面体，这两种的区别在于 TiO_6 八面体连接方式不同（图 3-6）。锐钛矿中所有 TiO_6 八面体都是以边相连，在平行于

{100} 晶面上形成“之”字形链状结构；而金红石 TiO_6 八面体则在平行于 c 轴的取向上以边相连形成直链状结构，各直链之间以八面体的顶点相接。

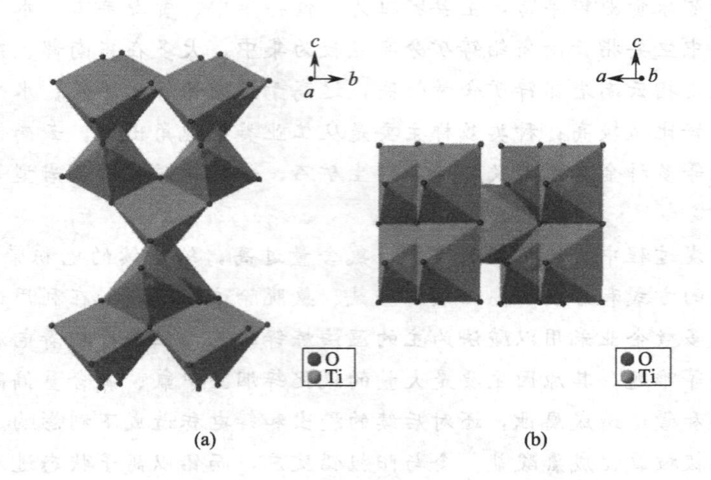

图 3-6 锐钛矿（a）和金红石（b）的晶体结构

晶体结构上的差异造成金红石与锐钛矿在密度、折射率、禁带宽度方面的较大差异，如表 3-4 所示。显而易见，锐钛矿是亚稳相，一直以来被认为对大多数（光）催化反应具有较佳的催化活性，这与它们的能带具有更大的带宽密不可分。金红石是热力学稳定相，是一种重要的电子原材料，在电子工业领域中得到了广泛应用。

表 3-4 锐钛矿和金红石的键长相关物理参数

晶相		金红石(rutile)	锐钛矿(anatase)
键长/Å	Ti—O_1	1.988	1.946
	Ti—O_2	1.988	1.946
	Ti—O_3	1.944	1.937
	Ti—O_4	1.944	1.937
	Ti—O_5	1.944	1.937
	Ti—O_6	1.944	1.937
平均键长/Å		1.96	1.94
密度/(g/cm^3)		4.26	3.84
折射率		2.72	2.55
禁带宽度/eV		3.0	3.2

本实验采用水热合成法制备金红石相二氧化钛半导体微纳材料。选用钛酸四丁酯为原料，在高温、高压的水热环境中，仅通过添加盐酸来获得目标金红石相二氧化钛微纳材料。具体实验过程和原理如下。

将 $Ti(C_4H_9O)_4$ 溶于 HCl 溶液中，制成 $TiCl_4$ 溶液，反应方程式如下：

$$Ti(C_4H_9O)_4 + 4HCl \longrightarrow 4C_4H_9OH + TiCl_4$$

水热环境下，$TiCl_4$ 与溶液中 H_2O 发生水解反应，生成目标物 TiO_2，并从透明溶液中析出：

$$TiCl_4 + 2H_2O \longrightarrow TiO_2 \downarrow + 4HCl$$

所制备的 TiO_2 用 X 射线衍射仪验证其晶相。

三、实验用品

(1) 仪器

水热反应釜、恒温磁力搅拌器（94-2）、高速离心机（TDL60B）、电热鼓风干燥箱（DHG-9070）、X 射线衍射仪（D8 Advance，Bruker）等。

(2) 试剂

HCl、$Ti(C_4H_9O)_4$ 等。以上试剂均为分析纯。

四、实验步骤

1. 金红石相二氧化钛的水热合成

配制 2.0 mol/L HCl 溶液 100 mL，并移取 20 mL 于水热反应釜中。搅拌情况下，逐滴滴加 1 mL 钛酸四丁酯于水热反应釜中，搅拌 3 min 后封釜，将反应釜置于 180 ℃下 6 h。时间到后取出釜，自然冷却至室温。待水热反应釜冷却至室温后，用蒸馏水清洗、过滤 3 次后放于 60 ℃烘箱中干燥，得到产物粉末，备用。

2. 金红石相二氧化钛的表征

在教师指导下完成所得二氧化钛产物的表征与分析工作。

五、注意事项

(1) 实验过程中采用新型移液器移取液体，因此在操作过程一定要注意准确移取溶液体积。

(2) 实验过程中采用的温度约为 200 ℃，小心操作，避免烫伤。

(3) 实验所用盐酸具有腐蚀性，注意安全。

六、思考题

(1) 简述水热合成法的特点。

(2) 盐酸在制备金红石相二氧化钛中的作用是什么？

七、参考资料

[1] Zhou Q，Yang X，Zhang S，et al. Rutile nanowire arrays：tunable surface densities，wettability and photochemistry [J]. J. Mater. Chem.，2011：21：15806.

[2] Zhou Q，Zhang S，Yang X，et al. Rutile nanowire array electrodes for photoelectrochemical determination of organic compounds [J]. Sensors & Actuators B Chemical，2013，186：132-139.

知识链接

材料在水热环境下的生长过程包括原料在溶剂中的溶解、运输、吸附、成核及结晶五个阶段。①溶解阶段：原料或前驱体在溶剂中溶解，并以离子、分子团簇等形式进入溶液。②运输阶段：原材料溶解产生的离子、分子团簇等被运送到籽晶的生长区，并形成过饱和溶液，这是由于在密封的水热环境中存在热对流，且溶解区和生长区之间存在浓度差。③吸附阶段：被输送到籽晶生长区的离子、分子团簇在生长界面上进行吸附、分解与脱附。④成核阶段：吸附在生长界面上的基团不断地发生迁移，慢慢成核，成长成晶粒。⑤结晶阶段：晶粒晶面逐渐发育完整，晶体逐渐长大。

在这种高温、高压的水热环境下，物质在溶剂中的物理性质和化学反应性均发生很大改变，因此水热化学反应与常态下的反应不同。其特点如下：①水热条件下，反应物的反应性能发生改变，活性大大提高，因此水热合成能够替代固相反应以及难以进行的合成反应，产生了一系列新的合成方法；②水热条件下，中间态、介稳态及特殊物相的物质容易生成，因此能够合成与开发一系列特种介稳结构、特种凝聚态的新产物；③水热条件下，低熔点化合物、高蒸气压且不能在熔体中生成的物质、高温分解相能产生晶化；④在水热条件下，低温、等压、溶液等这些条件有利于生长极少缺陷、取向性好、完美的晶体，且合成产物界定度高、易于控制产物晶体的粒度；⑤在水热条件下，环境氛围易于控制，因而有利于低价态、中间态及特殊价态化合物的生成，并能均匀地进行掺杂改性。

基于以上特点，水热合成法被认为是制备具有特殊结构和性能的无机纳米功能材料最有效的方法之一。本实验也采用此方法进行金红石相二氧化钛微纳材料的制备，以金红石相二氧化钛为核心，以水热合成为途径，面向大学三、四年级本科生讲授典型的溶液化学合成方法和一种典型的半导体材料。

实验 5　锌渣氧粉低温湿化学法制备纳米氧化锌

一、实验目的

(1) 了解锌湿法浸取中各工艺条件对锌、铁浸出率的影响。

(2) 掌握用锌渣氧粉低温湿化学法制备氧化锌。

(3) 掌握 EDTA 配位滴定分析方法，计算锌浸出率。

二、实验原理

纳米氧化锌作为一种新型无机材料，因具有独特的物理和化学性能而广泛应用于各大领域。

本实验以廉价锌渣氧粉为锌源，湿法浸取锌后，采用低温湿化学法制备纳米氧化锌，该方法简单易行、工艺环保可靠，在解决环境污染问题、提高资源再利用方面具有现实意义。

硫酸浸出：以硫酸为浸出剂提取锌，分析和研究硫酸初始浓度、液固比、浸出时间、浸出温度等因素对锌、铁浸出率的影响。

浸出液净化：采用 H_2O_2 氧化法除铁，研究溶液 pH、H_2O_2 用量、反应温度、反应时间等因素对除铁效果的影响；采用锌粉置换法除铜、镉等杂质，研究锌粉用量、反应温度、反应时间等因素对铜、镉去除效果的影响。

图 3-7 为锌渣氧粉低温湿化学法制备纳米氧化锌的工艺流程图。

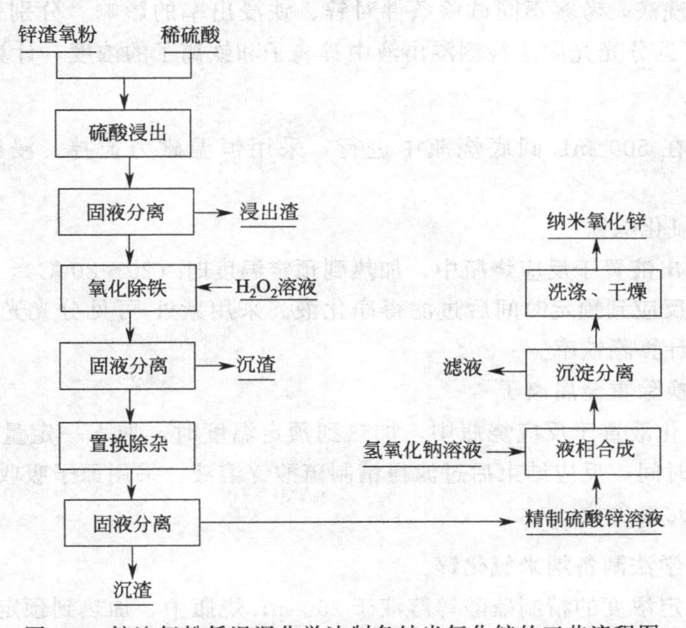

图 3-7　锌渣氧粉低温湿化学法制备纳米氧化锌的工艺流程图

以制取的 $ZnSO_4$ 溶液为锌源、NaOH 溶液为沉淀剂，采用低温湿化学法制备纳米氧化锌，研究锌碱物质的量之比、反应温度、初始锌离子浓度对产品晶体结构和形貌的影响，并对低温湿化学法制备氧化锌的机理进行解释，同时研究其紫外-可见光吸收性能。

三、实验用品

（1）仪器

电子天平、集热式磁力加热搅拌器、电热恒温鼓风干燥箱、真空泵、紫外-可见分光光度计、原子吸收分光光度计、激光粒度分析仪、傅里叶变换红外光谱仪、场发射扫描电子显微镜、场发射透射电子显微镜、烧杯、量筒、玻璃棒、玻璃管、温度计、冷凝管、蒸馏头、尾接管、胶管（若干）、锥形瓶、模具（市售商品）。

（2）材料

锌渣氧粉。

（3）试剂

硫酸、盐酸、氨水、氢氧化钠、过氧化氢、乙二胺四乙酸二钠、抗坏血酸、十二水合硫酸铁铵、乙酸、无水乙酸钠、氯化铵、盐酸羟胺、邻菲罗啉、无水乙醇等。以上试剂均为分析纯。

四、实验步骤

1. 浸出试验

浸出试验均于 500 mL 圆底烧瓶中在恒温磁力搅拌下进行。试验过程中，先将一定量的硫酸加入到反应烧瓶中，加热到反应温度时，再缓慢加入 20 g 锌渣氧粉，反应到预定时间后，抽滤、洗涤，考察不同试验条件对锌、铁浸出率的影响。分别采用 EDTA 配位滴定法和紫外-可见分光光度法检测浸出液中锌离子和铁离子的浓度，计算其浸出率。

2. 净化试验

净化试验均在 500 mL 圆底烧瓶中进行，采用恒温磁力搅拌。浸出液净化分两步进行。

(1) H_2O_2 氧化除铁

取 50 mL 浸出液置于反应烧瓶中，加热到预定温度时（20～80 ℃），缓慢滴入一定量的 H_2O_2 溶液，反应到预定时间后过滤得净化液。采用紫外-可见分光光度法检测净化液中铁离子浓度，计算除铁率。

(2) 锌粉置换除重金属离子

取 50 mL 净化液置于反应烧瓶中，加热到预定温度时，加入一定量的锌粉，在一定温度下反应一段时间，反应结束后过滤得精制硫酸锌溶液。采用原子吸收分光光度法分析净化前后溶液中元素含量。

3. 低温湿化学法制备纳米氧化锌

取 50 mL 一定浓度的精制硫酸锌溶液于 250 mL 烧瓶中，加热到预定温度后，逐滴加入 50 mL 一定浓度的 NaOH 溶液，搅拌反应一定时间，达到预定时间后抽滤，分别用去离子水和无水乙醇洗涤，滤饼于 65 ℃下干燥 4 h，得白色固体粉末。采用红外光谱(IR)、扫描电子显微镜（SEM）、扫描透射电子显微镜（TEM）等对产品的物相、结构、形貌进行表征。

4. 纳米氧化锌紫外-可见吸收性能测试

将纳米氧化锌分散到乙醇溶液中，配制成浓度为 0.05 mg/L、0.1 mg/L、0.3 mg/L、0.5 mg/L、0.7 mg/L 的悬浮液，超声波分散 30 min，以使样品分散均匀。使用紫外-可见分光光度计对其紫外-可见光吸收性能进行表征。

五、注意事项

(1) 锌渣氧粉品位可以根据实际进行调整。

(2) 取用强酸、强碱时注意做好防护，以防灼伤。

(3) 使用分光光度计前，需对仪器进行校准。

(4) 滤出的废液应立即放入指定的回收瓶中，不可随意乱丢，以免引起污染。

(5) 记录各步实验现象。

六、思考题

(1) 简述 pH 和 H_2O_2 用量对除铁率的影响。

（2）锌渣氧粉低温湿化学法制备纳米氧化锌的优点有哪些？

（3）本实验的操作关键点是什么？

七、参考资料

[1] 张鹏，陈永东，余长荣，等．浅谈云南铅锌矿的基本特征及找矿前景［J］．有色金属设计，2019，46（1）：22-24.

[2] 王学权，邓云靖，张伟．云南普洱铅锌矿缓倾斜极薄矿体采矿方法分析［J］．世界有色金属，2020（7）：50-51.

[3] 范兴祥．从锌浮渣中制备超细活性氧化锌新工艺研究［D］．昆明：昆明理工大学，2003.

[4] 薛福连．硫酸浸出处理铜锌废渣生产氧化锌［J］．四川有色金属，2010（1）：18-21.

知识链接

氧化锌作为新型半导体材料，具有多方面的优良化学性能，主要表现为化学性能及其结构稳定、无毒且对人体无害、热稳定性以及光电化学性能较为优异。ZnO 的优异性能，使其已发展成为光电半导体光学材料应用领域中极具发展前景的一种材料，并已在工业和科学界得到广泛的研究应用。现有纳米氧化锌的制备大多以锌盐或金属锌为锌源，工艺复杂且生产成本高，不适于工业化生产。由冶金中间产物锌渣氧粉直接制备纳米氧化锌，探索了冶金材料一体化的制备思路，缩短了工艺流程和节约了能耗，提高了资源利用率。

实验 6　钛铁矿中钛和铁含量的快速分析

一、实验目的

（1）掌握钛铁矿中 Ti 含量的检测原理和方法。

（2）掌握钛铁矿中 Fe 含量的检测原理和方法。

（3）掌握标准溶液的制备方法、标准曲线的绘制方法和金属元素含量的计算方法。

二、实验原理

钛铁矿是制备金属钛、钛白粉和四氯化钛的重要原料，具有重要的开采利用价值。由于钛铁矿的结构特点，分析时较难分解矿样。目前，钛铁矿中铁的检测采用重铬酸钾容量法，钛的检测采用硫酸高铁铵容量法。此方法虽然成熟，结果准确，但流程长、劳动强度大和耗能高。

本实验采用比色法测定样品中的钛、铁含量，方法简便、易操作、分析结果准确，能降低生产成本。该方法可单台仪器、同一份待测溶液快速测定两个元素；减少了分开熔解矿物的烦琐程序，避免了容量法滴定过程中对结果准确性与稳定性的影响；缩短了分析时间，减少了生产成本，提高了分析效率，在生产应用过程中能满足钛铁矿中钛、铁分析快速、准确的要求。

三、实验用品

（1）仪器

容量瓶、烧杯、坩埚、搅拌棒、双光束紫外-可见分光光度计、电子天平、高温箱式电阻炉等。

（2）试剂

氢氧化钠、过氧化钠、盐酸、抗坏血酸、乙醇、氢氧化铵、磺基水杨酸溶液（250 g/L）、二安替比林甲烷溶液（20 g/L）等。以上试剂除特殊标注外，均为分析纯。

四、实验步骤

1. 溶液的配制

二氧化钛标准储备溶液［$\rho_{(TiO_2)}$=1.00 mg/mL］的配制：称取 0.5000 g 预先在 800 ℃灼烧 0.5h 并于干燥器中冷却至室温的基准试剂二氧化钛，置于 400 mL 烧杯中，加入 10 g $(NH_4)_2SO_4$、50 mL H_2SO_4，于高温电热板上溶解。冷却后，加入 200 mL 水，再冷却至室温。最后将溶液移入 500 mL 容量瓶中，用水稀释至刻度线，摇匀。

二氧化钛标准溶液［$\rho_{(TiO_2)}$=100 μg/mL］的配制：移取 50 mL 二氧化钛标准储备溶液（1.00 mg/mL），置于 500 mL 容量瓶中，用 2 mol/L HCl 稀释至刻度线，摇匀。

铁标准储备溶液［$\rho_{(TFe)}$=1.00 mg/mL］的配制：称取 1.4297 g 基准试剂三氧化铁置于烧杯中，加入 50 mL HCl，于高温电热板上溶解。冷却后，加入 200 mL 水，再冷却至室温。将溶液移入 1000 mL 容量瓶中，用水稀释至刻度线，摇匀。

铁标准溶液［$\rho_{(TFe)}$=100 μg/mL］的配制：移取 50 mL 三氧化铁标准储备溶液（1.00 mg/mL），置于 500 mL 容量瓶中，稀释至刻度线，摇匀。

2. 标准曲线的绘制

二氧化钛标准曲线：分别移取 0.00 mL、0.50 mL、1.00 mL、2.00 mL、4.00 mL、6.00 mL、8.00 mL、10.00 mL 二氧化钛标准溶液（100μg/mL），置于 50 mL 容量瓶中，用 HCl（1∶1）稀释至 5 mL，再加入 5 mL 抗坏血酸，摇匀，放置 10 min。接着加入 20 mL 二安替比林甲烷溶液，最后用水稀释至刻度线，摇匀，放置 1h。在分光光度计上，以试剂空白为参比，在 420 nm 处测量其吸光度，绘制二氧化钛标准曲线。

铁标准曲线：分别移取 0.00 mL、1.00 mL、2.00 mL、4.00 mL、6.00 mL、8.00 mL、10.00 mL 铁标准溶液（100 μg/mL），置于 100 mL 容量瓶中，加水至约 50 mL，再加 2 mL 磺基水杨酸溶液（250 g/L），摇匀，用 NH_4OH（1∶1）溶液中和至黄色并过量 2 mL，最后用水稀释至刻度线，摇匀。在分光光度计上，以试剂空白为参比，在 420 nm 处测量其吸光度，绘制铁标准曲线。

3. 待测溶液的配制

称取 0.1000 g 样品于银坩埚中，加入约 4 g NaOH、1 g Na_2O_2，置于高温箱式电阻炉中，逐渐升温至 700 ℃，熔融 30 min，取出冷却。将银坩埚置于 250 mL 烧杯中，接着加入少许乙醇，用热水浸取银坩埚，最后加入 20 mL HCl。将其移入 250 mL 容量瓶中，定容后为待测溶液，此溶液供钛、铁测定用。

4. 待测溶液中钛、铁的测定

二氧化钛分析方法：取待测溶液 5～10 mL，置于 50 mL 容量瓶中，不足 5 mL 者，用 HCl 溶液（1∶1）稀释至 10 mL，以下步骤同标准曲线的绘制。

铁分析方法：取待测液 5～10 mL，置于 100 mL 容量瓶中，加水至约 50 mL，接着加 10 mL 磺基水杨酸溶液，以下步骤同标准曲线的绘制。

五、实验结果与分析

1. 计算 TiO_2 的含量

$$\omega(TiO_2)=\frac{(m_1-m_0)\times V\times 10^{-6}}{mV_1}\times 100\% \tag{3-4}$$

式中，$\omega(TiO_2)$为 TiO_2 的质量分数，%；m_1 为从标准曲线上查得试样溶液中 TiO_2 的质量，μg；m_0 为从标准曲线上查得试样空白溶液中 TiO_2 的质量，μg；V 为试样溶液总体积，mL；V_1 为分取试样溶液体积，mL；m 为称取试样的质量，g。

2. 计算 TFe 的含量

$$\omega(TFe)=\frac{(m_1-m_0)\times V\times 10^{-6}}{mV_1}\times 100\% \tag{3-5}$$

式中，$\omega(TFe)$为 TFe 的质量分数，%；m_1 为从标准曲线上查得试样溶液中 TFe 的质量，μg；m_0 为从标准曲线上查得试样空白溶液中 TFe 的质量，μg；V 为试样溶液总体积，mL；V_1 为分取试样溶液体积，mL；m 为称取试样的质量，g。

六、注意事项

（1）废液放入指定的回收瓶中，不可随意乱丢，以免造成污染。

（2）配制各标准溶液时注意记录数据。

七、思考题

（1）简述标准曲线绘制的步骤。

（2）基准试剂二氧化钛为什么预先在 800 ℃灼烧 0.5 h?

（3）本实验的操作关键点是什么？

八、参考资料

[1] 张晓伟，张万益，童英，等．全球钛矿资源现状与利用趋势［J］．矿产保护与利用，2019，39（5）：68-75.

[2] 刘俊，张莉芳，管霞，等．钛铁矿中 Ti/Fe 含量的快速分析方法［J］．云南地质，2014，33（3）：409-412.

知识链接

钛，化学符号 Ti，原子序数 22，一种金属化学元素，一种银白色的过渡金属，具有质软、有延展性、熔点高（1660 ℃）、沸点高（3287 ℃）、顺磁性、生物相容性和低膨胀系数以及易与其他金属组成合金使其强度增加等优异的物理性质和抗腐蚀性等化学性质。这些性质使其广泛应用于化工、电力、冶金和制盐等传统领域中，并在航空航天、海洋工程、医药、体育等领域中的应用也越来越多。钛在地壳中的含量排在第九位，储量丰富，分布范围较广，但在自然界中其存在分散，难以提取。

铁，化学符号 Fe，原子序数 26，一种金属化学元素，纯铁是带有银白色金属光泽的金属晶体，通常情况下为灰色到灰黑高纯铁丝色无定形细粒或粉末。其有良好的延展性、导电和导热性能，有很强的铁磁性，属于磁性材料，熔点 1538 ℃、沸点 2750 ℃。铁在生活中分布较广，在地壳中含量为 4.75%，位居地壳含量第四。纯铁柔韧且延展性较好，可用于制备发电机和电动机的铁芯，铁及其化合物还用于制磁铁、药物、墨水、颜料、磨料等，是工业上所说的“黑色金属”之一。

全球钛矿资源类型主要有钛铁矿和金红石两种，广布于地壳及岩石圈之中，以钛铁矿居多、金红石偏少，资源储量分布也极不均衡，主要集中在澳大利亚、中国、印度、南非、肯尼亚等地。我国的钛矿资源主要分布在四川省攀枝花、西昌及河北省承德等地区，整体品质较差。与钛铁矿相比，品质更高的金红石主要生产高端海绵钛和高端钛粉，其终端产品高端钛材主要应用于新兴领域中的航空航天、海洋工程等行业。钛铁矿半数以上用于生产普通钛白粉，其终端产品应用于涂料、造纸、塑料、日化等行业，小部分钛铁矿用于生产钛材，应用于化工、电力、冶金、制盐等传统领域和医药、休闲体育等新兴领域行业。

从整个钛行业产业链来看，我国的钛矿长期以来处于“低端钛矿供大于求，高端钛矿依赖于进口”的状态，对外依存度逐年递增。我国钛资源虽然多但品质差，且采选冶炼工艺落后，与发达国家存在很大差距。此外，钛加工材品种单一，主要集中在中低端钛材，高端钛材制造能力严重不足，导致整个产品结构不合理，难以形成完整的产业链。因此，提高低品位钛铁矿中钛、铁品位，扩大资源利用率迫在眉睫。

实验 7　火试金法测定铜精矿中金和银的含量

一、实验目的

(1) 学会用火试金法来测定铜精矿中金和银的含量。

(2) 了解国标标准测定方法中测定实验的基本原理和操作步骤。

二、实验原理

特殊含铜物料包括以下几类：第一类是含硒、砷、锑高的含铜物料，如日常分析中的粗硒、白烟尘等；第二类是难熔金属化合物含量高的含铜物料，如高镁铜精矿、闪速炉渣、倾动炉渣等；第三类是氧化性杂质高的含铜物料，如地方铜精矿、地方石英砂等；第四类是硫、碳含量高的含铜物料，如浮选铜精矿、地方拌矿等；第五类是粗铜、废杂铜等含铜物料，如进口粗铜。金、银为含铜物料中的常规计价元素，所以准确测定金、银含量对工厂结算等具有很重要的作用。火试金法是经典的、在国内外广泛应用的、测定结果最为准确的金、银含量直接测定方法。国家标准 GB/T 3884.14—2012 中也是利用此方法直接测定铜精矿中的金银含量的。然而，在日常火试金分析过程中存在大量的干扰杂质。通常采用焙烧氰化法用于难处理金精矿的预处理，该方法适用于含硫、铜和砷金精矿的预处理以及金、银的浸出。

三、实验用品

(1) 仪器

黏土坩埚：材质为耐火黏土，外形高 130 mm，顶部外径 90 mm，底部外径 50 mm，容积为 300 mL 左右。

骨灰灰皿：顶部内径 35 mm，底部外径 40 mm，高 30 mm，深约 17 mm，1 份质量的骨灰与 3 份质量的水泥（425 号）混匀，加入适量水搅匀，在灰皿机上压制成型，阴干 3 个月后备用。

氧化镁灰皿：煅烧镁砂粉（粒度 0.147 mm）与 425 号水泥按 85∶15 混合，加入少量水压制成型，阴干 3 个月后备用（规格同上）。

(2) 试剂

氧化铅（含金小于 0.5 g/t，银小于 5 g/t）、无水碳酸钠、二氧化硅、硼砂、氯化钠、均为粉状，工业纯。纯银（99.99)%；硝酸（1∶7，不含氯离子）；硝酸（1∶1，不含氯离子）等。

硫酸铁铵指示剂：取 1 份硫酸铁铵饱和溶液，按体积比 1∶3 加入硝酸混匀。

硫氰酸钾标准滴定溶液：称取 0.5 g 硫氰酸钾，置于 100 mL 烧杯中，加水溶解，然后移入 l000 mL 容量瓶中，用水定容。静置 1 周后过滤，备用。

四、实验步骤

(1) 空白试验

称取 25 g 无水碳酸钠、200 g 氧化铅、15 g 二氧化硅、7 g 硼砂和 4 g 淀粉，覆盖约 10 mm 厚氯化钠。以下同分析步骤。

(2) 配料

根据试样中铜、金、银和硫的含量情况，称取 15.0～25.0 g 试料，精确至 0.001 g。将试料置于黏土坩埚中，根据试样的化学组成及试样量，按下列原则于黏土坩埚中进行配料并搅拌均匀，覆盖约 10 mm 厚氯化钠。

其中碳酸钠的加入量为试料量的 1.5 倍；氧化铅的加入量为 30 倍于铜量，或 25 倍于硫量加上铅扣量（若含铁、砷、锑、铋、镍等时，适当增加其用量）；二氧化硅的加入量为按 0.5 倍硅酸度的渣型计算；硝酸钾、淀粉则根据试样中硫及碳的含量，适当加入。

(3) 熔融

将配好料的坩埚置于 900 ℃试金电炉中，升温 30 min 直到 1100 ℃，保温 15 min 出炉，将熔融物倒入已预热过的铸铁模中，保留坩埚以备再熔融处理。冷却后，铅扣与熔渣分离，保留熔渣，以备再处理。将铅扣锤成立方体。适宜的铅扣应表面光亮，质量为30～45 g，否则应重新调整配料，熔融。熔渣去掉覆盖剂后收回原坩埚中。

(4) 灰吹

将铅扣置于 900 ℃试金炉内预热 30 min 的灰皿中，关闭炉门 1～2 min，待铅液表面黑色膜脱去后，稍开炉门使炉温尽快降至 840 ℃，进行灰吹，当合粒出现闪光后，灰吹结束。将灰皿移至炉门口，稍冷后置于灰皿盘中，保留灰皿残渣以备处理。

(5) 分金

用医用止血钳取出金银合粒，刷去黏附的杂质，锤成薄片，置于 30 mL 瓷坩埚中，加入 10 mL 热硝酸（1∶7），在低温电热板上，保持近沸，蒸发至约 2 mL，取下稍冷，再加入 10 mL 热硝酸（1∶1），蒸至约 2 mL，取下冷却。用热水洗涤坩埚壁，用倾泻法将溶液移入 50 mL 瓷坩埚中，用热水洗涤坩埚壁 2 次。冷却后加入约 0.5 mL 硫酸铁铵指示剂，用硫氰酸钾标准滴定溶液滴定至浅红色，即为终点，将盛有金粒的瓷坩埚置于高温炉上灼烧 5 min，取下，冷却后称量。

(6) 金、银的补正（残渣再处理）

将坩埚中存放的熔渣和灰皿残渣置于粉碎机粉碎，后加入 50 g 无水碳酸钠、15 g 二氧化硅、20 g 硼砂、4 g 淀粉，搅拌均匀，覆盖 10 mm 厚氯化钠，按分析步骤进行。

(7) 结果计算

按下式计算金、银的含量，以质量分数［w_{Au}、w_{Ag}］表示：

$$w_{Au}=\frac{m_2+m_3-m_4}{m_0}\times10^3 \tag{3-6}$$

$$w_{Ag}=\frac{c(V_2+V_3-V_4)\times0.10787}{m_0}\times10^3 \tag{3-7}$$

式中，m_2 为第一次金银合粒分金后获得质量，mg；m_3 为残渣再处理回收金的质量，mg；m_4 为第一次试金空白合粒中金的质量，mg；c 为硫氰酸钾标准滴定溶液的浓度，mol/L；V_2 为第一次滴定银分金后消耗硫氰酸钾标准液体积，mL；V_3 为残渣再处理后消耗硫氰酸钾标准滴定溶液体积，mL；V_4 为第一次试金空白合粒和残渣空白回收的银消耗硫氰酸钾标准滴定溶液体积，mL；m_0 为试料的质量，g。

五、注意事项

(1) 当合粒中银和金的比例小于 3∶1 时，应向合粒中补加纯银。具体操作方法为：称取 3 倍于合粒量银，用铅箔将合粒和纯银包裹。

(2) 试金炉升温较快，从 900 ℃升温至 1100 ℃不需要 30min。如果在 900 ℃不保持15 min，将导致反应不充分，易暴沸溢出，从而影响测定结果，损坏炉膛。

(3) 要准确把控滴定时间，若滴定耗时较长，配制溶液也易引入误差。

六、思考题

(1) 在火试金分析含铜物料过程中，也存在许多难熔金属化合物（如 MgO、Gr_2O_3、

Al_2O_3、Fe_3O_4 等)，试分析它们形成的原因。

(2) 为什么要做空白试验?

七、参考资料

[1] 赵伟，尤雅婷，徐松，等．火试金富集——重量法测定铜精矿中金银含量 [J]. 地质学刊，2010，34 (1)：89-91.

[2] 赖承华．火试金法测定硫化铜精矿中金、银含量探讨 [J]. 铜业工程，2020 (4)：82-84.

[3] 薛光，于永江．焙烧——氰化法从铜精矿中提取金银铜的试验研究 [J]. 黄金科学技术，2013，21 (2)：86-89.

知识链接

铜是基础工业的重要原材料，广泛应用于电器工业、国防工业、机械制造以及有机化学工业等各个工业部门，其中涉及使用铜产品的占产业总数的90%。云南省素有“有色金属王国”之称，滇中-川南铜基地是我国九大有色金属生产基地之一，其铜产量在全国同行业中位居第三，与江西、安徽形成三分天下的局面。

随着国民经济的发展，我国对铜的需求越来越大。由于我国铜矿资源多为复杂难选的贫矿，尤其是近年来高品位硫化铜矿资源日益减少，因此加强贫、细、杂铜矿石的选别技术研究，提高其伴生金属的提取和综合利用率，对于保证我国铜工业的持续发展具有重要意义。铜精矿及中间产物中富含的金、银贵金属及伴生矿物具有较高的经济开发价值，新的综合利用开发技术提取贵金属（如金、银等）能为矿产资源综合利用提供良好的思路。

我国是贵金属稀缺的国家，每年需要进口大量的贵金属作为资源补充。与此同时，国家也大量进口铜精矿。贵金属与铜矿有一定的共生关系，例如金、银。因此，研究并测定进口铜精矿中金、银含量对于进口铜精矿的利用具有非常重要的意义。火试金法可以对多种铜精矿样品进行快速测定，简单、快速且准确度高，具有良好的效果。

实验1 K_2SiF_6:Mn^{4+}红光材料的溶液合成、光谱验证与器件制作

一、实验目的

(1) 了解掺杂的概念，理解 K_2SiF_6：Mn^{4+} 红光材料的发光机理。
(2) 掌握 K_2SiF_6：Mn^{4+} 红光材料的制备和光谱验证方法。
(3) 了解浓度猝灭的概念，掌握 Mn^{4+} 浓度对材料发光性质的影响。
(4) 熟悉 LED 器件的制作过程。

二、实验原理

为了改善某种材料的性能，有目的地在这种材料中掺入少量其他元素，这种方法称为掺杂。掺杂可以使材料产生特异的光学、磁学和电学性能，从而使材料具有特定的价值。

锰，过渡金属，25 号元素，价电子构型 $3d^5 4s^2$，失去 4 个电子后成为电子排布为 $3d^3$ 的 Mn^{4+}。在八面体氟化物晶体场和外界能量影响下，Mn^{4+} 发生 d-d 光谱跃迁，在 400～500 nm 的蓝光区产生宽带吸收峰，在 620～660 nm 的红光区产生一系列窄带发射峰。这种在八面体晶体场环境下显现出的优良宽蓝光激发、窄红光发射的光谱特性，恰好与目前市场紧缺的蓝光 LED 芯片用红色荧光粉的要求相吻合。因此，基于市场和科学研究的双重需求，开发和制造基于蓝光 LED 芯片用的掺 Mn^{4+} 氟化物红色荧光粉，已成为近年来发光材料领域的热点。

本实验以 Mn^{4+} 为掺杂离子，以 K_2SiF_6 为基质。因半径相似，价态相等，Mn^{4+}(0.53 Å)可实现对化合物中 Si^{4+}(0.40 Å)格位的有效取代，形成 K_2SiF_6：Mn^{4+} 化合物。

根据上文所述 Mn^{4+} 的发光性质，$K_2SiF_6:Mn^{4+}$ 可被蓝光激发，产生红光发射。具体实验过程如下。

首先，将 SiO_2 溶于 HF 溶液中，制备 H_2SiF_6 溶液，反应方程式如下：

$$SiO_2+6HF \longrightarrow H_2SiF_6+2H_2O$$

将 KF 加入 H_2SiF_6 溶液中，K^+ 可以取代 H^+ 形成 K_2SiF_6。由于 K_2SiF_6 在 HF 溶液中的溶解度较低，就会从透明溶液中沉淀出来：

$$2KF+H_2SiF_6 \longrightarrow K_2SiF_6\downarrow+2HF$$

在混合溶液中加入一定量的 K_2MnF_6，在浓 HF 环境下，SiF_6^{2-} 与 $[MnF_6]^{2-}$ 之间可进行交换，形成 $K_2SiF_6:Mn^{4+}$ 目标物，其化学反应方程式为：

$$(1-x)K_2SiF_6+xK_2MnF_6 \longrightarrow K_2Si_{1-x}Mn_xF_6$$

所制备的 $K_2SiF_6:Mn^{4+}$ 红光材料和蓝光 InGaN 芯片可以制备成红光 LED。

三、实验用品

（1）仪器

千分之一天平（FA1004）、恒温磁力搅拌器（94-2）、高速离心机（TDL60B）、电热鼓风干燥箱（DHG-9070）、荧光分光光度计（Agilent，Cary Eclipse）等。

（2）材料

LED 芯片。

（3）试剂

40%HF 溶液、SiO_2、KF、K_2MnF_6、无水乙醇等。除特殊标注外，以上试剂均为分析纯。

四、实验步骤

1. $K_2SiF_6:Mn^{4+}$ 红光材料的溶液合成

① 取 5 只 50 mL 离心管，加入磁力搅拌子，放置于恒温磁力搅拌器上，用移液枪分别量取 10 mL 40%HF 溶液于 5 只离心管中。

② 用天平称取 5 mmol SiO_2，分别加入到上述 5 只离心管中，设置搅拌器转速为 4 挡，匀速搅拌，直到 SiO_2 完全溶解至 HF 溶液中，形成 H_2SiF_6 溶液。

③ 称取 0.5 mmol K_2MnF_6 和 16 mmol KF，按顺序添加至 H_2SiF_6 溶液中。

④ 继续搅拌 30 min，然后用磁铁将离心管内的磁力搅拌子吸至离管口 1～2 cm 处，用少量无水乙醇冲洗上面残留的产物，吸出搅拌子。

⑤ 将溶液转移至离心管中，第一次先转移 10 mL，剩下的溶液离心后再次转移。第二次全部转移到离心管后，再将乙醇加入到离心管内（溶液达到 7 mL 刻度线处），摇匀后再次离心；重复第 2 次离心操作，再次离心。该过程离心机转速设置为 3000 r/min。

⑥ 将产物在烘箱中于 80 ℃下干燥 2 h；烘干后在紫外灯和蓝光灯照射下观察样品颜色。

2. $K_2SiF_6:Mn^{4+}$ 红光材料的光谱验证

① 打开电脑和光谱仪，打开软件，点击设置，选择采样类型为磷光，选择合适的激

发狭缝和发射狭缝，设置平均时间为 0.01 s。

② 先测激发光谱以找到最强激发峰位置：设置发射光为 630 nm，波长范围为 200～550 nm，勾选谱图平滑选项，设置因子为 50，点击 OK，开始测试，记录最强激发峰的波长，删除光谱。

③ 测试发射光谱：设置激发波长为以上操作所得到的最强激发峰波长，波长范围从 550～700 nm，取消谱图平滑选项，点击 OK，开始测试，记录最强发射峰的波长。

④ 测试激发光谱：设置发射波长为上述所得的最强发射峰波长，重复操作②。

⑤ 光谱数据保存：点击文件—另存为—选择文件类型为 Spreadsheet Ascii（*.CSV）。

⑥ 数据处理：将实验获得的数据导入 Origin 软件来绘制荧光粉的激发、发射光谱，比较几个样品的光谱强度。

3. 红光 LED 的器件制作

① 称取 0.3 g 环氧树脂胶和 0.21 g 最优 $K_2SiF_6:Mn^{4+}$ 红光材料，在样品管中用竹签搅拌，使之均匀混合；

② 将上述混合物涂覆在预先准备好的若干 GaN 芯片上，用紫外灯照射 20 s 烘干，做成 LED 灯，观察 LED 的颜色。

五、注意事项

（1）HF 具有强腐蚀性和挥发性，在实验过程中要戴好口罩和手套，以免对身体造成伤害。

（2）加样时要尽量避免将药品沾到管壁上，如不慎沾到管壁上，可倾斜离心管，用管中的溶液将药品洗下来。

（3）反应过程中，搅拌速度不能过快，否则部分溶液会溅到壁上，致使原料不能充分反应。

（4）离心管一定要对称放置，且管中溶液体积要相同，以保持平衡状态。本实验共有 5 个样品，因此在离心时要另取一只离心管，加入相同量的水。离心管中的溶液体积不能超出其容量的 2/3，且要盖好盖子，以免离心时溶液溢出，腐蚀仪器。

六、思考题

（1）荧光粉的发光强度为什么会随着 Mn^{4+} 含量的增加，先增强后减弱？

（2）为什么 Mn^{4+} 是取代了 K_2SiF_6 中的 Si^{4+} 而不是 K^+？

七、参考资料

[1] Medic M M, Brik M G, Drazic G, et al. Deep-red emitting Mn^{4+} doped Mg_2TiO_4 nanoparticles [J]. J. Phys. Chem. C, 2015, 119 (1): 724-730.

[2] Ye T N, Li S, Wu X Y, et al. Sol-gel preparation of efficient red phosphor $Mg_2TiO_4:Mn^{4+}$ and XAFS investigation on the substitution of Mn^{4+} for Ti^{4+} [J]. J. Mater. Chem. C, 2013, 1 (28): 4327-4333.

[3] Zhu H M, Lin C C, Luo W Q, et al. Highly efficient non-rare-earth red emit-

ting phosphor for warm white light-emitting diodes [J]. Nat. Commun., 2014, 5, 4312: 4313.

[4] Zhou Q, Zhou Y Y, Wang Z L, et al. ChemInform Abstract: Fabrication and application of non-rare earth red phosphors for warm white-light-emitting diodes [J]. Cheminform, 2015. 46 (52): 84821-84826.

[5] Zhou Q, Zhou Y Y, Liu Y, et al. A new and efficient red phosphor for solid-state lighting: Cs_2TiF_6 : Mn^{4+} [J]. J. Mater. Chem. C, 2015, 3 (37): 9615-9619.

知识链接

LED具有省电节能、寿命长、体积小、可回收、无污染等诸多优点，广泛应用于城市景观照明、背光源显示、室内外照明等多种照明领域，被认为是替代白炽灯、荧光灯的新一代绿色照明光源，也是21世纪人类解决能源危机的重要举措之一。

人们日常生活中最常用的光是白光，白光是由多种单色光复合而成的，其中红光、蓝光和绿光就是白光的三基色光。LED实现白光的方式主要有三种：一是将红、绿、蓝三基色LED芯片组合；二是采用紫外/近紫外光LED激发三基色荧光粉；三是用蓝光InGaN/GaN LED芯片激发掺铈钇铝石榴石（$Y_3Al_5O_{12}$: Ce^{3+}）黄色荧光粉，由LED发出的蓝光与荧光粉发出的黄绿光混合。目前已经商业化的白光LED基于上述第三种方式得以实现，不过这种白光LED具有色温高、显色指数低的特征，通过加入红色荧光粉可以改善显色特性，把刺眼的冷白光转化为暖白光。

Mn^{4+}掺杂的氟化物红色荧光粉是一种发光性能优异的荧光粉，其中K_2SiF_6 : Mn^{4+}已经实现了商业化。Mn^{4+}的最外层电子构型为$3d^3$，在强的八面体晶体场环境中会发生能级分裂，产生d-d跃迁。Mn^{4+}的$^4A_{2g} \longrightarrow ^4T_{1g}$和$^4A_{2g} \longrightarrow ^4T_{2g}$自旋允许跃迁会使其在激发光谱的紫外区和蓝光区分别展现出宽的吸收带；同时，$^2E_g \longrightarrow ^4A_{2g}$自旋禁阻跃迁则会使发射光谱在红光区产生窄带的红光发射。这种特性恰好适用于蓝光芯片激发的白光LED。

实验2 碳纳米管-金纳米粒子复合材料修饰电极对阿魏酸的测定

一、实验目的

(1) 学习电化学分析法测定阿魏酸的原理和方法。

(2) 了解阿魏酸的结构和性质。

(3) 学习化学修饰电极的制备方法。

(4) 了解碳纳米管-金纳米粒子复合材料的性质和制备方法。

(5) 学习电化学工作站的使用方法。

二、实验原理

阿魏酸（ferulic acid，4-羟基-3-甲氧基肉桂酸）广泛存在于阿魏、川芎、当归、香兰豆等植物中，其结构如图 4-1 所示。其具有抗氧化、清除自由基、抑制血小板凝集、降血脂、防治冠心病等作用，主要应用于食品工业、医药、化妆品等领域。目前阿魏酸的检测方法主要有高效液相色谱法、薄层扫描法、荧光法等，但这些方法成本较高、操作烦琐、溶剂具有一定毒性，且不适合现场检测。电化学分析法具有检测灵敏度高、响应快速、成本低、操作简单等优点，可用于阿魏酸的检测。

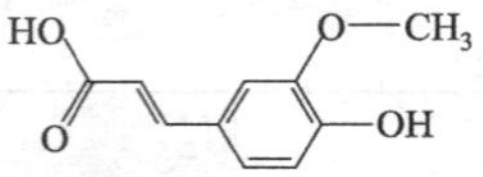

图 4-1　阿魏酸的化学结构式

碳纳米管是由单层或多层石墨绕中心轴按一定的螺旋角卷曲而成的无缝中空结构纳米级管，直径在几纳米至几十纳米之间，长度在几百纳米至几微米之间。根据石墨管壁的层数，碳纳米管可分为两类：单壁碳纳米管（SWNT）和多壁碳纳米管（MWNT）。单壁碳纳米管是由单层碳原子绕合而成的结构，具有较好的对称性和单一性，而多壁碳纳米管由多层碳原子绕合而成，在开始形成阶段，层与层之间很容易成为陷阱中心而形成缺陷。碳纳米管作为电极材料具备导电性好、化学稳定性优良、质量密度低、表面积大、浸润性和电催化性能良好等特点。目前，碳纳米管作为电活性材料和电活性材料的载体被广泛应用于电化学研究领域。

纳米金是指金粒子直径在 1～100 nm 之间的金材料，是最稳定的贵金属纳米粒子之一，将其分散于水中，一般被称为纳米金胶。它属于介观粒子，特殊的电子结构，使其具有特殊的表面效应、量子效应和宏观量子隧道效应等。纳米金胶表现出很好的催化行为，在催化过程中纳米金粒子的表面电荷比例有很大提高，即随着纳米金直径的减小，比表面积增大，表面原子数增多，表面原子配位不饱和性导致产生大量的悬键和不饱和键等，使得纳米金具有很好的生物活性和催化性能，并能提高化学反应的选择性。同时纳米金由于具有导电性高、生物相容性好等特点，已被广泛应用于化学修饰电极的制备与应用。

本实验通过滴涂法在玻碳电极表面固定多壁碳纳米管，之后再利用电聚合的方法修饰金纳米粒子。在铁氰化钾溶液中，对此电极进行电化学表征，采用循环伏安法和微分脉冲伏安法对阿魏酸进行检测。

三、实验用品

（1）仪器

CHI 660D 型电化学工作站（上海辰华仪器公司）、玻碳电极（工作电极）、饱和甘汞电极（参比电极）、铂丝电极（对电极）、超声波清洗器、pH 计等。

（2）试剂

阿魏酸、氯金酸、多壁碳纳米管（直径 10～30 nm，长度 50 μm）、Al_2O_3 粉（0.3 μm 和 0.05 μm）、硼酸、磷酸、醋酸、超纯水等。以上试剂除特殊标注外均为分析纯。

四、实验步骤

1. 溶液的配制

配制 1 mg/mL 多壁碳纳米管溶液：称取 10 mg 羧基化多壁碳纳米管，溶于 10 mL 水中，超声分散 1 h。

配制 0.01 g/mL 氯金酸溶液：称取 0.1 g 氯金酸溶于 10 mL 超纯水。

配制 1 mmol/L 阿魏酸储备液：称取 19.4 mg 阿魏酸溶于 100 mL 无水乙醇，4℃下保存备用。

配制 pH＝6 的伯瑞坦-罗宾森（Britton-Robinson）缓冲液（简称 B-R 缓冲液）配制 0.04mol/L 的硼酸、磷酸、醋酸混合液，实验时用 0.2 mol/L 氢氧化钠溶液调至 pH＝6.0。

2. 电极的预处理

将玻碳电极（GCE）依次用 0.3 μm 和 0.05 μm 的 Al_2O_3 粉抛光使成镜面，然后依次用超纯水、无水乙醇和超纯水超声清洗，最后用氮气吹干。

3. 修饰电极的制备

移取 10μL 1mg/mL 多壁碳纳米管溶液滴涂于玻碳电极表面，红外灯下烘干；然后将电极插入 0.1mg/mL 氯金酸溶液中，在电位范围为－0.6～1.2V、扫描速率为 50mV/s 下，循环伏安扫描 5 圈，得到碳纳米管/金纳米粒子修饰电极。用超纯水冲洗，晾干，之后进行电化学测试。

4. 修饰电极的电化学表征

分别采用循环伏安法和电化学交流阻抗谱法测定不同修饰电极在 pH＝6.0 的 PBS 缓冲溶液（0.1 mmol/L KNO_3，5 mmol/L $[Fe(CN)_6]^{3-/4-}$）中的电化学曲线（电位范围－0.2～0.6 V，扫描速率 100 mV/s；交流信号振幅 5.0 mV，频率范围 50～100 kHz）。

5. 阿魏酸的电化学行为测定

在 pH＝6.0 的 PBS 缓冲溶液中，分别采用循环伏安法和微分脉冲伏安法测定修饰电极在加入 50 μmol/L 阿魏酸前后的响应曲线（电位范围－0.2～0.6 V，扫描速率 100 mV/s）。

6. 阿魏酸的测定

在 pH＝6.0 的 PBS 缓冲溶液中，采用微分脉冲伏安法测定修饰电极在加入不同浓度阿魏酸时的响应曲线（电位范围－0.2～0.6 V，扫描速率 100 mV/s）。最后以浓度为横坐标，峰电流为纵坐标，绘制标准曲线，计算方法的检出限。

五、注意事项

（1）用 Al_2O_3 粉抛光电极时，加入的 Al_2O_3 粉量和水量要合适，以得到糊状的物质。

（2）将碳纳米管悬浊液滴加在电极表面时，不要超出电极范围。

（3）用红外灯烘烤电极时，电极离红外灯不可太近，温度不可太高，否则会损坏电极。

（4）每次扫描之前，为使电极表面恢复至初始状态，应将电极提起后再放入溶液中；或者将溶液搅拌，待溶液静止1～2 min后再扫描。

六、思考题

（1）为什么要对化学电极进行修饰？制备化学修饰电极的常用方法有哪些？

（2）哪些材料可被用来制备化学修饰电极？

（3）化学修饰电极可用于哪些物质的检测？

七、参考资料

[1] Withers J C，Loutfy R O，Lowe T P. Fullerene Commercial Vision [J]. Fullerene Science and Technology，1997，5 (1)：1-31.

[2] Ebbesen T W. Carbon Nanotubes [J] . Phys Today，1996，49 (6)：26-32.

[3] 茹柿平，吴坚，应义赋，等．基于离子液体修饰碳纳米管电极的碱性磷酸酶电化学检测 [J]. 分析化学，2012，40 (6)：835-840.

[4] 纵伟，赵光远，张文叶．阿魏酸研究进展 [J]. 中国食品添加剂，2006，15 (3)：71-73.

知识链接

化学修饰电极（chemically modified electrodes）是指通过化学修饰的方法在电极表面进行分子设计，将具有优良化学性质或特定功能的分子、离子和聚合物固定在电极表面，赋予电极某种特定的化学和电化学性质，以便在检测过程中能选择性地进行检测反应，更好地提高检测的选择性和灵敏度。研发多种新型电极材料，是当前化学修饰电极发展的重要途径之一。化学修饰电极的电极材料常选用具有化学反应活性位点、高比表面积与高孔隙度、强吸附能力的物质，采用纳米材料作为修饰剂以提高修饰电极的催化性能而形成的“纳米电分析化学”，因其灵敏度高、稳定性好而成为目前研究的主流之一。

实验3　燃烧法合成尖晶石型 $LiMn_2O_4$ 锂离子电池正极材料

一、实验目的

（1）掌握电子分析天平、干燥箱和马弗炉的使用方法。

（2）了解燃烧法合成制备粉体材料的基本原理。

（3）掌握燃烧法合成尖晶石型 $LiMn_2O_4$ 正极材料的基本方法。

二、实验原理

溶液燃烧法合成是一种氧化还原反应，反应中既有氧化剂，也有还原剂。燃烧反应中含元素氧化态升高的物质和燃料为还原剂，含元素氧化态降低的物质及空气中的氧气为氧化剂。在锂盐和锰盐中，有可燃烧的盐，如有机酸盐。由于其中含有可燃烧的有机酸根，锂和锰的有机酸盐可燃烧。此外，锰盐中的 Mn^{2+} 反应生成 $LiMn_2O_4$ 等时，其氧化态由 +2 升高为 +3.5，所以，有机酸根和 Mn^{2+} 表现还原性。在锂盐和锰盐中，也有不可燃烧的盐，如硝酸盐，由于 NO_3^- 本身具有氧化性，所以锂和锰的硝酸盐有氧化性。根据氧化还原反应和化学热力学的原理，只要在反应物原料中同时有还原剂和氧化剂，且反应的 $\Delta G<0$，氧化还原反应就能发生。因此，只要选择锂、锰的有机酸盐和硝酸盐以及添加适当助剂，就可发生氧化还原反应，且可通过调节氧化剂的数量和加热温度实现对燃烧反应速率的控制，得到纯度高、结晶度好、颗粒分散的产物，以提高材料的比容量和电充放循环性能。

本实验以 $LiNO_3$ 和 $MnAc_2 \cdot 4H_2O$ 为原料，将其溶解于水中，外加一定量的 HNO_3 辅助氧化剂，通过加热燃烧，在较短的反应时间和较低的加热温度条件下就能合成尖晶石型 $LiMn_2O_4$ 锂离子电池正极材料。

三、实验用品

(1) 仪器

马弗炉、鼓风干燥箱、玛瑙研钵、坩埚、电子分析天平、移液管等。

(2) 试剂

$LiNO_3$、$MnAc_2 \cdot 4H_2O$、HNO_3 和蒸馏水等。

四、实验步骤

目标产物的质量控制在 3 g 左右，按照化学计量比 Li∶Mn=1∶2，采用电子分析天平准确称取 $LiNO_3$ 和 $MnAc_2 \cdot 4H_2O$，置于 300 mL 瓷坩埚中，加入 5 mL HNO_3 溶液（$V_{HNO_3}:V_{H_2O}=3:2$）后，置于 105 ℃干燥箱中预熔 15 min，使其形成均匀澄清的液相体系。

将以上澄清的混合溶液置于预设温度为 500 ℃的马弗炉中，并盖上坩锅盖，关闭炉门，燃烧反应 3 h 后取出，冷却至室温，通过玛瑙研钵研磨。

将研磨好的粉体材料再次置于预设温度为 700 ℃的马弗炉中，关闭炉门，焙烧 3 h 后取出，冷却至室温，制得尖晶石型 $LiMn_2O_4$ 锂离子电池正极材料。

合成的黑色产物再次通过玛瑙研钵研磨，并装入自封袋备用。采用 X 射线衍射仪检测合成产物的相组成（角度范围 10～70°，扫描速率 10°/min）。

尖晶石型 $LiMn_2O_4$ 正极材料的燃烧合成路线见图 4-2。

五、注意事项

(1) 本实验使用的硝酸为浓硝酸，具有较强的腐蚀性，注意做好防护。

(2) 马弗炉炉温较高，要避免烫伤。

(3) 玛瑙研钵价格昂贵，使用时防止研磨棒滑落摔碎。

(4) 小心开裂的热坩埚跌落，瓷片溅起烫伤人员；热坩埚不能直接放在水泥台面上，应放置在砖块或石棉网上，以免坩埚底部脱落。

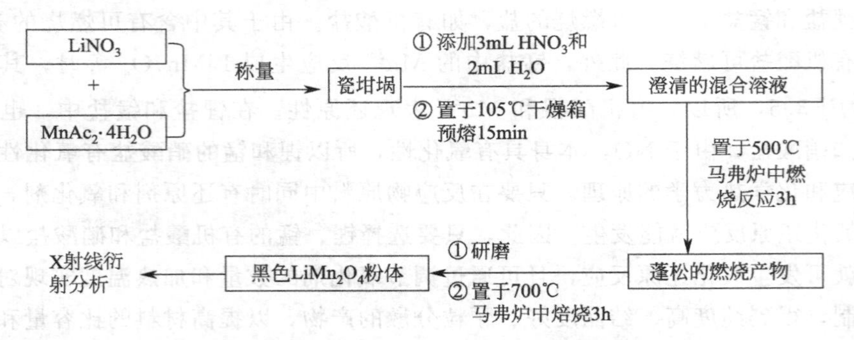

图 4-2　尖晶石型 $LiMn_2O_4$ 正极材料的燃烧合成路线

六、思考题

(1) 影响溶液燃烧法合成制备尖晶石型 $LiMn_2O_4$ 的因素有哪些?

(2) 外加 HNO_3 的作用是什么?

(3) 如何实现有效调控燃烧合成?

(4) 本实验的操作关键点是什么?

(5) 在 500℃的马弗炉中进行燃烧反应时，坩埚为什么要加盖?

七、参考资料

[1] 杜柯，张宏．柠檬酸络合反应方法制备尖晶石型 LMn_2O_4 [J]．功能材料与器件学报，2002，8 (1)：31-34.

[2] Xia Y, Huang M, Chen M M, et al. Modification of the solution flameless combustion synthesis of spinel $LiMn_2O_4$ by nitric acid [J]. Asian Journal of Chemistry, 2013, 25 (4): 1917-1920.

[3] Duan Y, Guo, J. Xiang M, et al. Single crystalline polyhedral $LiNi_xMn_{2-x}O_4$ as high-performance cathodes for ultralong cycling lithium-ion batteries [J]. Solid State Ionics, 2018, 326 : 100-109.

[4] 朱金玉，刘清，向明武，等．Ni-Cu 双掺 $LiMn_2O_4$ 正极材料的制备及电化学性能研究 [J]，现代化工，2020，40 (5)：104-108.

知识链接

2018 年，云南省打出了"绿色能源""绿色食品"健康生活目的地"这三张牌，可见能源和环境问题也是影响人类可持续发展的主要问题。锂离子电池是一种可再充的绿色能源电池，具有电压高、比能量大、循环寿命长、安全性能好、自放电小、可快速充电以及工作温度范围较广等优点，已经被广泛应用于手机、笔记本电脑等便携式电子设备，无人机，电动汽车或混合动力汽车以及智能电网等领域。在已商业化的锂离子电池正极材料 ($LiCoO_2$、$LiFePO_4$ 以及 $LiMn_2O_4$) 中，尖晶石型 $LiMn_2O_4$ 正极材料具有比容量大、成本低、环境友好、无记忆效应等优点，将成为最具发展潜力的锂离子电池正极材料之一。

尖晶石型 $LiMn_2O_4$ 正极材料的合成方法很多。传统的制备方法为高温固相反应，耗时长、反应温度超高且能耗高，其大规模生产不经济；其他合成方法，如共沉淀法、溶胶凝胶法、水热法等，合成工艺较为复杂，反应时间长，产率较低，其应用也受限。本实验采用燃烧合成法，在外加氧化剂的情况下，合成原料自身发生燃烧，大大提高了反应时的温度，所以容易在较短反应时间、较低反应温度的情况下，合成结晶性高、性能良好的尖晶石型 $LiMn_2O_4$ 正极材料。

实验 4　四苯乙烯聚集诱导发光性能

一、实验目的

(1) 了解发光原理和发光材料。

(2) 了解聚集诱导发光现象和此类发光材料的性质。

(3) 掌握混合溶剂溶液的配制。

(4) 熟知荧光光谱仪的使用。

二、实验原理

发光是发光物质受外界能量（如光、电）激发后发生的一种去激发过程。在吸收外界能量的过程中，发光物质被激发，部分电子从基态跃迁到激发态。激发态是一种高能状态，存在时间很短，处于激发态的电子很快会回落到基态并释放出多余的能量。部分能量通过碰撞以热的形式释放，部分能量以光辐射的形式释放，即发光。此外，发光通常伴随发热（但发热未必伴随发光）。

发光材料是一类能够以某种方式吸收外界能量，并将吸收的能量转化成光辐射的物质，发光材料在照明、显示、检测、成像等领域具有广泛的应用价值。按照组成成分，发光材料可以分为无机发光材料和有机发光材料，二者各具特色和优点，如无机发光材料大多通过固相热反应合成，耐热性能更好；有机发光材料种类多样，易于通过有机基团变换进行调控，色彩丰富，但热稳定性相对要差。

绝大多数传统的有机发光材料，如香豆素、荧光素、芘、苝酰亚胺、萘酰亚胺等，在稀溶液中都具有很好的发光性能，但在浓溶液中或固态时，发光减弱甚至消失，这一现象称为聚集诱导猝灭效应（aggregation-caused quenching，ACQ），这在很大程度上限制了这些发光材料的应用。2001 年，香港科技大学唐本忠院士研究团队在研究硅杂环戊二烯（silole，图 4-3）时，率先发现了具有不同于上述有机发光材料的特性，即在稀溶液中不发光，而在聚集态或固态时呈现出很强的荧光发射，他将这一新的发光现象命名为聚集诱导发光（aggregation-induced emission，AIE），并在随后的研究中合成了一系列具有 AIE 特性的有机发光化合物，并对引起 AIE 特性的机理进行了阐释，在根源上解决了因分子聚集引起荧光猝灭的难题，为有机发光材料的发展提供了新的方向。

具有 AIE 特性的有机发光分子除了上述硅杂环戊二烯外，后来人们又陆续发现和合成了具有 AIE 性质的环状多烯型、多芳香取代乙烯型、腈取代二苯乙烯型、吡喃型等化合物。人们也发现了多种 AIE 特性的形成机理，如分子内运动受限(restriction of intramolecular motions，RIM)、形成 J 聚体（formation of J-aggregates)、分子内电荷转移（intramolecular charge transfer，ICT）等，其中 RIM 机理最为常见和被广泛认可。

图 4-3　硅杂环戊二烯结构式

四苯乙烯（tetraphenylethylene，TPE）及其大量衍生物是通过 RIM 机理呈现 AIE 特性的典型物质。在稀溶液中四苯乙烯中的四个苯基不在同一平面上，并处于高速旋转中[图 4-4(a)]，消耗激发态能量，从而导致非辐射弛豫占主导地位，因此表现出极弱的荧光，甚至完全不发光；在聚集状态时，分子间相互作用增强，分子内运动受到限制，非辐射弛豫被阻止，荧光强度显著提高。当四苯乙烯以低浓度溶于良性溶剂（如 N,N-二甲基甲酰胺）中时，通常难以观察或检测到其发光或发光极弱，继续加入可混溶的不良溶剂（如水）时，随着不良溶剂比例的提高，四苯乙烯会发生聚集和析出，开始出现发光并逐渐增强[图 4-4(b)]。

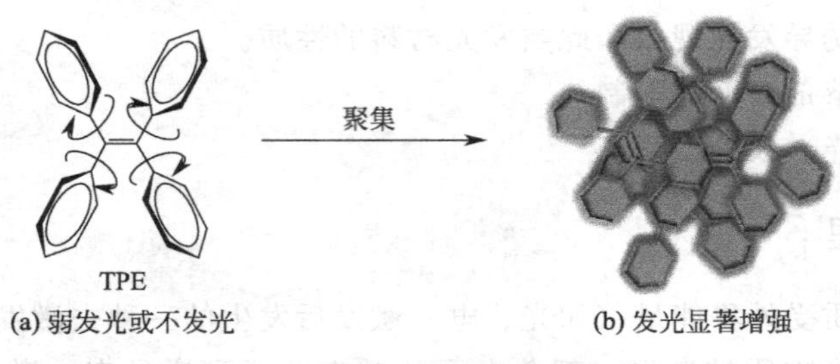

图 4-4　四苯乙烯聚集诱导发光

三、实验用品

(1) 仪器

容量瓶（100 mL)、容量瓶（25 mL)、电子天平（梅特勒-托利多，读数精度 0.1 mg)、手持式紫外灯、荧光光谱仪（法国 Jobin Yvon 公司的 FL3-21)、石英比色皿、烧杯、量筒、吸量管、玻璃棒等。

(2) 试剂

四苯乙烯、N,N-二甲基甲酰胺、蒸馏水等。以上试剂均为分析纯。

四、实验步骤

(1) 以 N,N-二甲基甲酰胺作溶剂，配制 1×10^{-4} mol/L 四苯乙烯溶液

用电子天平称取 3.3 mg 四苯乙烯，置于 50 mL 小烧杯中，加入 N,N-二甲基甲酰胺(DMF）溶解后，定量转移至 100 mL 容量瓶中，最后加入 DMF 至刻度线，摇匀，静置待用。

(2) 以 N,N-二甲基甲酰胺和水混合作溶剂，配制 1×10^{-5} mol/L 四苯乙烯系列溶液

用吸量管分别向 10 个 25 mL 容量瓶移取 1×10^{-4} mol/L 的四苯乙烯溶液 2.5 mL，容量瓶编号 1～10。除 1 号瓶直接加入 DMF 至刻度线外（理论上加入 22.5 mL DMF)，其余 9 个容量瓶依次加入 20.0 mL、17.5 mL、15.0 mL、12.5 mL、10.0 mL、7.5 mL、

5.0 mL、2.5 mL、0.0 mL DMF，再加蒸馏水至刻度线，摇匀，静置 1～2 min。此时配得一系列浓度为 1×10^{-5} mol/L，溶剂为 DMF 和水的混合溶剂的四苯乙烯溶液（每份为 25 mL），其中 1～10 号水的体积占比依次为 0%、10%、20%、30%、40%、50%、60%、70%、80%、90%。

（3）光致发光的测定

将容量瓶紧密排成一排，用手持式紫外灯照射溶液，观察溶液发光情况，并记录发光现象。将上述溶液依次盛放到比色皿中，在荧光光谱仪上对其发光进行测量（激发波长为 362 nm），将其发光光谱最大发射波长对应的发光强度记录在表 4-1 中，并以水的体积占比为横坐标，发光强度为纵坐标作图。

表 4-1　水的不同体积占比及对应的发光强度（362 nm 激发）

水的体积占比	0%	10%	20%	30%	40%	50%	60%	70%	80%	90%
发光强度										

五、实验结果与分析

（1）描述容量瓶在手持式紫外灯照射下的发光现象。

（2）将水不同体积占比时的发光光谱的最大发射波长对应的发光强度记录在表 4-1 中，并以水的体积占比为横坐标和相应的发光强度为纵坐标进行作图。

（3）对实验现象和实验结果进行解释，并判断四苯乙烯开始发生聚集时水的体积百分比。

六、注意事项

（1）实验成功的关键在于溶液的精确配制，原始浓度溶液取用量的计算要准确。

（2）发光材料对杂质较为敏感（杂质淬灭），所用的玻璃仪器要洗涤干净，溶剂纯度要高，配制过程中要避免污染。

（3）规范使用荧光光谱仪，提前了解荧光光谱仪的使用方法。

七、思考题

（1）能否配制出水体积占比为 100%的四苯乙烯溶液？

（2）聚集诱导发光类材料可以用来做什么？

（3）研究物质聚集诱导发光现象时采用其高浓度溶液进行研究是否合适？

（4）对同一个物质而言，稀溶液中自由的单分子态和聚集后的固态的物理和化学性质是否相同？

八、参考资料

[1] 夏晶，吴燕梅，张亚玲，等．具有聚集诱导发光特性的四苯基乙烯研究进展 [J]．影像科学与光化学，2012，30（1）：9-25.

[2] 阮志军，陈砚美，陈小莉，等．分子聚集的变化：聚集诱导发光 [J]．黄冈师范

学院学报，2020，40（6）：89-92.

知识链接

相对于传统的有机发光材料，聚集诱导发光（AIE）作为一种新型光学材料的设计概念和理论，引起了国内外化学家和材料学家广泛的研究兴趣。然而，AIE材料的优势能否解决目前实际应用中遇到的问题，才是体现AIE价值的关键。AIE材料最显著的优势是其在聚集态下高效发光，而聚集态恰好是发光材料在实际应用中最为常见的形式。例如，有机电致发光（OLED）中的发光材料在柔性显示和照明领域的应用前景几乎完全依赖于其发光层薄膜的光学性质，因为只有高的固态发光效率才能最终走向市场。生命体系和自然环境多以水为介质，而有机荧光分子大都具有疏水特性，因而导致传统染料在固态或聚集态应用时效率大大降低。AIE分子在特定的底物诱导下形成聚集体，荧光效率却可以出现显著的增加，甚至由暗到明的突跃，从而实现对刺激源的定性分析和定量检测，使高品质的活体成像和高灵敏度的在线传感监测变得更加容易。目前AIE材料在众多发光材料领域得到应用，如作为对刺激（pH、温度、溶剂、压力等）特异性响应与可逆性传感的智能材料、可调谐折射率的液晶或偏振光材料、高效率的OLED显示和照明材料、光波导材料、选择性生化传感材料、痕迹识别型材料以及生物体系中的细胞器、病毒或细菌、血管成像材料等。

实验5　丙交酯开环聚合制备聚乳酸

一、实验目的

（1）掌握开环聚合的原理。

（2）了解丙交酯和聚乳酸的结构。

（3）了解制备聚乳酸的方法和流程。

二、实验原理

聚乳酸（polylactic acid，PLA）属于化学合成的可完全生物降解材料，合成聚乳酸的原料乳酸可取自自然界，且含量丰富，因此，可以避开由化工产品合成聚乳酸，从而节约一部分石油资源。聚乳酸是一种可以完全降解且对环境友好的脂肪族聚酯类高分子材料。它在自然界微生物、水、酸、碱等功能介质的作用下能完全分解，最终分解产物是二氧化碳和水，因而不会对环境产生污染。由PLA制成的各种制品被废弃后，可在自然界中被分解成二氧化碳和水，重新参与自然界的物质循环。因而PLA被认为是21世纪最有前途的可生物降解的功能材料。

本实验以丙交酯为原料，以辛酸亚锡为催化剂。其机理为：含羟基化合物首先和锡原子中的空轨道配位，然后对丙交酯中的碳-氧键进行插入，丙交酯开环，丙交酯单体依次以这样的机理进行配位、插入，导致聚乳酸的链不断增长，直至形成高分子量聚合物。

$$\text{丙交酯（}O{=}C_1OC(CH_3)C(=O)OC_1CH_3\text{）} \xrightarrow[\text{辛酸亚锡}]{\text{开环聚合}} \underset{\text{高聚物}}{H{-}\!\left[O{-}\underset{}{\overset{CH_3}{\overset{|}{C}H}}{-}CO\right]_m\!{-}OH}$$

三、实验用品

（1）仪器

标准磨口玻璃仪器、分析天平、电热套、真空泵、电热真空干燥箱、高纯氮输送系统等。

（2）试剂

丙交酯、辛酸亚锡、三氯甲烷等。

四、实验步骤

（1）反应前，将 10 g 丙交酯加入 0.5% 的辛酸亚锡催化剂中（5～10 mL 三氯甲烷为溶剂），反应温度为 130℃。为消除可能黏附的含羟基物质对聚合过程的影响，将反应试管（先蒸馏水洗涤，再无水乙醇洗涤）在电热真空干燥箱中处理 2 h（大约 200 ℃），然后冷却备用。

（2）连接反应装置，包括氮气保护装置和减压装置。

（3）将一定量的丙交酯放入反应试管中，接着加入催化剂辛酸亚锡（一定浓度的三氯甲烷溶液），然后将瓶盖及反应瓶连接处用密封胶密封好。将反应试管放入试管架中，连接到减压装置上。

（4）减压至一定的真空度，除去溶剂三氯甲烷，减压 3 h 左右，以使溶剂挥发干净。

（5）减压的同时将电热套加热到既定温度。

（6）将反应试管插入电热套中，用氮气置换若干次后，减压进行聚合。

（7）聚合一定时间，即可得到粗聚合产物。

（8）用三氯甲烷将粗产品溶解，过滤，再用过量甲醇将聚合物从滤液中沉淀出来，抽滤后将滤渣置于电热真空干燥箱中，于 50 ℃下干燥至恒重，得到提纯产物并称重。

五、思考题

（1）具有哪些化学结构的化合物可以开环聚合？

（2）聚乳酸结构中应该有哪些红外特征吸收峰？

（3）粗聚合产物和提纯产物的区别是什么？

六、注意事项

（1）氮气一定要充足，而且必须为高纯氮气。

（2）一定要注意电热真空干燥箱的真空度。

七、参考资料

[1] Lasprilla A J R，Martinez G A R，Lunelli B H. Polylactic acid synthesis for ap-

plication in biomedical devices——A review [J] . Biotechnology Advances, 2011, 30 (1): 321-328.

[2] Auras R, Harte B, Selke S. An overview of polylactides as packaing materials [J] . Macromolecular Biosience, 2004, 4 (9): 835-864.

[3] Umare P S, Tembe C L, Rao K V, et al. Catalytic ring-opening ploymerization of L-lactide by titanium biphenoxy-alkoxide inihibitors [J]. Journal of Molecular Catalysis A: Chemical, 2007, 268 (1-2): 235-243.

[4] Krul L P, Volozhyn A I, Belov D A, et al. Nanocomposites based on poly-D, L-lactide and multiwall carbon nanotubes [J]. Biomolecular Engineering, 2007, 24 (1): 93-95.

[5] D. Garlotta. A literature review of poly (lactic acid) [J] . Polym Environ, 2001, 9: 63-84.

[6] R. Auras, L. T. Lim, S. Selke, et al. Poly (lactic acid): synthesis, structures, properties, processing, and applications [M]. New Jersey: Jhon Wiley & Sons, Inc, 2010.

知识链接

开环聚合是环状化合物单体经开环加成转变为线型聚合物的反应。开环聚合产物和单体具有同一组成。反应一般在温和条件下进行，副反应比缩聚反应少，易得到高分子量聚合物，也不存在等当量配比的问题。开环聚合不同于烯类加成聚合，不像双键开裂时释放出那样多的能量。在工业上占有重要地位的开环聚合产物有聚环氧乙烷、聚环氧丙烷、聚四氢呋喃、聚环氧氯丙烷、聚甲醛、聚己内酰胺、聚硅氧烷等。

实验6 Y_2O_3：Eu^{3+} 的制备及发光性能测试

一、实验目的

(1) 掌握高温固相反应法制备无机材料的基本原理和方法。
(2) 掌握固体荧光分析技术。

二、实验原理

高温固相反应法是无机材料的一种传统合成方法，其优点是工艺流程简单，不需要复杂的设备，适合于工业批量生产。固相反应通常取决于材料的晶体结构以及缺陷结构，而不仅仅是成分的固相反应性。固相反应的充分必要条件是反应物必须相互接触，即反应是通过颗粒界面进行的。反应物颗粒越细，其比表面积越大，越有利于固相反应的进行。另外，其他一些因素，如温度、压力、添加剂、射线的辐照等，也是影响固相反应的重要因素。固相反应一般包括以下四个步骤：①固相界面的扩散；②原子尺度的化学反应；③新相成核；④固相的运输及新相的长大。决定固相反应的两个重要因素是成核速度和扩散速度。固相反应所制得的荧光粉一般需要进行后处理，如粉碎、选粉、洗粉、包覆、筛选等。

$Y_2O_3:Eu^{3+}$是一种高效的红色荧光粉，被广泛应用于照明、显示等领域。无机荧光粉的合成方法很多，但传统、有效的方法是高温固相反应法，即在高温加热下，将各原料混合烧结成相。

$$(1-x)Y_2O_3+xEu_2O_3 = Y_{2-2x}O_3:2xEu^{3+}$$

三、实验用品

(1) 仪器

高温马弗炉、刚玉坩埚、玛瑙研钵。

(2) 试剂

Y_2O_3 (99.99%)、Eu_2O_3 (99.99%)。

四、实验步骤

(1) 荧光粉的制备

将Y_2O_3和Eu_2O_3按化学计量比在玛瑙研钵中研磨 30 min，然后将混合样放入刚玉坩埚中，于1200℃高温马弗炉中反应 4 h。自然冷却至室温，然后将样品研磨细，即得所需荧光粉$Y_2O_3:Eu^{3+}$。

(2) XRD 结构表征

将样品置于 XRD 粉末衍射仪上进行扫描，将所得 XRD 衍射谱图与标准卡片进行对比。

(3) 荧光粉荧光测试

将少量样品装入样品槽中，对准光路，然后测定其激发波长和发射波长。

五、实验结果与分析

将所得激发和发射波长数据保存作图。

六、注意事项

(1) 样品烧结温度高，一定要等样品冷却至室温再取出，避免烫伤。

(2) 样品一定要研磨均匀。

七、思考题

(1) 稀土Eu^{3+}的发光机理是什么？

(2) 无机固体掺杂材料中掺杂离子的选择要注意哪些因素？

八、参考资料

[1] Cho S H, Kwon S H, Yoo J S, et al. Cathodoluminescent characteristics of a

spherical Y_2O_3 : Eu phosphor screen for field emission display application [J] . The Journal of Electrochemisty Society, 2000, 147 (8): 3143-3147.

[2] Ferrari J L, Schiavon M A, Goncalves R R, et al. Film based on Y_2O_3: Eu^{3+} (5 mol% of Eu^{3+}) for flat panel display [J]. Thin Solid Films, 2012, 524: 299-303.

[3] Kang Y C, Park S B, Lenggoro I W, et al. Preparation of nonaggregated Y_2O_3: Eu phosphor particles by spray pyrolysis method [J] . Journal of materials Research, 1999, 14 (6): 2611-2615.

[4] Hirai T, Orikoshi T, Komasawa I. Preparation of Y_2O_3: Yb, Er infrared-to-visible conversion phosphor fine particles using an emulsion liquid membrane system [J] . Chemistry of Materials, 2002, 14 (8): 3576-3583.

[5] Taxak V B, Khatkar S P, Han S D, et al. Tartaric acid-assisted sol-gel synthesis of Y_2O_3 : Eu^{3+} nanoparticles [J]. Journal of Alloy and Compounds, 2009, 469 (1-2): 224-228.

知识链接

荧光粉，俗称夜光粉，通常分为光致储能夜光粉和带有放射性的夜光粉两类。光致储能夜光粉中荧光粉在受到自然光、日光灯光、紫外光等照射后，把光能储存起来，在停止光照射后，再缓慢地以荧光的方式释放出来，所以在夜间或者黑暗处，仍能看到发光，持续时间长达几小时至十几小时。

灯用荧光粉主要有三类。第一类用于普通荧光灯和低压汞灯，第二类用于高压汞灯和自镇流荧光灯，第三类用于紫外光源等。荧光粉也有好多种，而且价格都是不一样的。荧光粉具有热稳定性好、安全环保的特点，适用于各种白光，可调节出不同红色、蓝色、黄色等的色彩。

实验 7　芦丁在纳米金修饰玻碳电极上的电化学行为及其测定

一、实验目的

(1) 学习电化学分析法测定芦丁的原理和实验方法。

(2) 了解芦丁的结构和性质。

(3) 学习固体电极表面的处理方法和化学修饰电极的制备方法。

(4) 通过对体系的测量，了解如何根据峰电流、峰电位及峰电位差和扫描速率之间的函数关系来判断电极反应过程的可逆性，以及求算有关的热力学参数和动力学参数。

(5) 学习电化学工作站的使用。

二、实验原理

芦丁 (rutin)，又名芸香苷、维生素 P 等，是一种多羟基黄酮类化合物，存在于多种植物的茎和叶中，是一些中草药的有效成分，其化学结构式见图 4-5。其主要用途为抗炎、抗病毒等，在临床上用于防治各种因毛细管脆性增加而引起的出血性疾病，如脑出血、视网膜出血和急性出血性肾炎、冠状动脉高血压病、过敏性紫癜等。芦丁也用于食品抗氧化剂和色素生产工艺，主要由醇提、萃取、层析、结晶等工序组成。目前芦丁的检测方法主要有色谱分析法、化学发光法、毛细管电泳法、荧光分析法以及电化学方法。其中电化学方法因设备简单、价格便宜、响应灵敏快速、重现性好而受到了普遍的关注。芦丁分子中含有 4 个酚羟基，具有电化学活性，因此可用电化学分析法对其进行检测，其在不同类型化学修饰电极上的电化学研究及测定均有报道。

循环伏安法是用途最广泛的研究电活性物质的电化学分析方法，在电化学、无机化学、有机化学、生物化学等领域得到了广泛的应用。由于它能在很宽的电位范围内迅速观察研究对象的氧化还原行为，因此电化学研究中常常首先进行的是循环伏安行为研究。

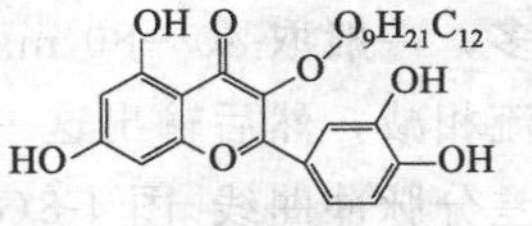

图 4-5　芦丁的化学结构式

循环伏安法是在工作电极上施加一个线性变化的扫描电压，以恒定的变化速度扫描，当达到某设定的终止电位时，再反向回归至某一设定的起始电位，记录工作电极上得到的电流与施加电压的关系曲线，对溶液中的电活性物质进行分析，如图 4-6 和图 4-7 所示。

图 4-7 为典型的循环伏安图。选择施加在 A 点的起始电位 E_i，然后电位由正向负扫描，当电位负到能够将氧化性物质（Ox）还原时，在工作电极上发生还原反应：$Ox+ne \Longrightarrow Red$，阴极电流迅速增加（$B \longrightarrow D$），电流在 D 点达到最大值，此后由于电极附近溶液中的 Ox 转变为还原性物质（Red）而被耗尽，电流迅速衰减（$D \longrightarrow E$）；在 F 点电压沿正的方向扫描，当电位能够将 Red 氧化时，在工作电极表面聚集的 Red 将发生氧化反应：$Red \Longrightarrow Ox+ne$，阳极电流迅速增加（$I \longrightarrow J$），电流在 J 点达到最大值，此后由于电极附近溶液中的 Red 转变为 Ox 而耗尽，电流迅速衰减（$J \longrightarrow K$）；当电压达到 A 点的起始电位 E_i 时便完成了一个循环。

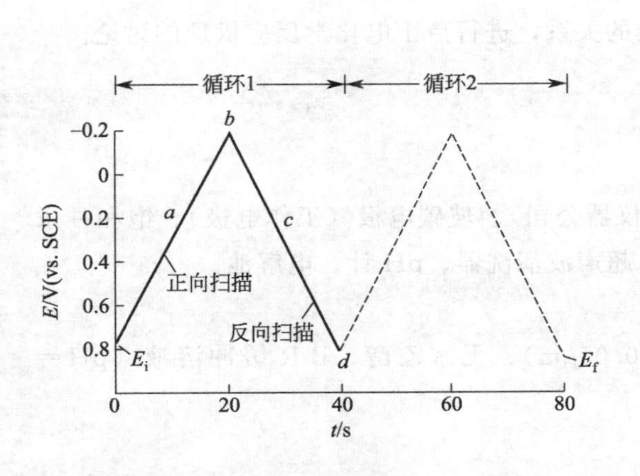

图 4-6　循环伏安法的典型激发信号（三角波电位）

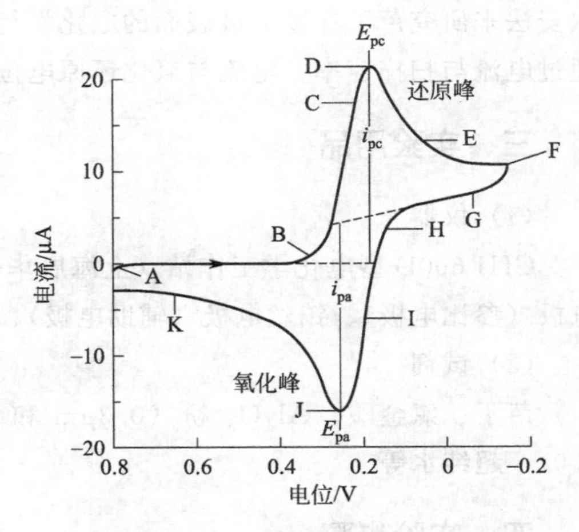

图 4-7　典型的循环伏安图

循环伏安图的几个重要参数为：阳极峰电流（i_{pa}）、阴极峰电流（i_{pc}）、阳极峰电位（E_{pa}）、阴极峰电位（E_{pc}）。对于可逆反应，$i_{pa} \approx i_{pc}$，峰电位的差值 $\Delta E = E_{pa} - E_{pc} \approx 0.059\ V/n$，峰电位与扫描速率无关；如果循环伏安图只出现一个单峰，则为不可逆过程。$i_p = 2.69 \times 105 n^{3/2} A D^{1/2} v^{1/2} c$，$i_p$ 为峰电流（A），n 为电子转移数，A 为电极面积（cm^2），D 为扩散系数（cm^2/s），v 为扫描速率（V/s），c 为浓度（mol/L）。由此可见，i_p 与 $v^{1/2}$ 和 c 都是线性关系。

差分脉冲伏安法是在有机物和无机物的痕量水平测量中非常有用的一种技术（图4-8）。激励方式为线性增加的直流电压加等振幅的脉冲电压[图 4-8(a)]，差分脉冲伏安法的电位波形是线性增加的电压与恒定振幅的矩形脉冲的叠加。脉冲宽度比其周期要短得多，一般取 40～80 ms。在对体系施加脉冲前 20 ms 和脉冲后 20 ms 测量电流，将两次电流相减，然后输出这一个周期中的电解电流Δi [图 4-8(b)]。用Δi 对电位 E 作图，即得差分脉冲曲线[图 4-8(c)]。在脉冲施加前 20 ms，只有电容电流 i_C；在脉冲期后 20 ms，所测电流为电解电流和电容电流之和，两个电流相减得到Δi，因此由杂质氧化还原电流导致的背景电流也被大大地扣除了，因而差分脉冲伏安法具有更高的检测灵敏度和更低的检出限，能够应用于浓度低至 10^{-8} mol/L（约 1μg/L）的场合。

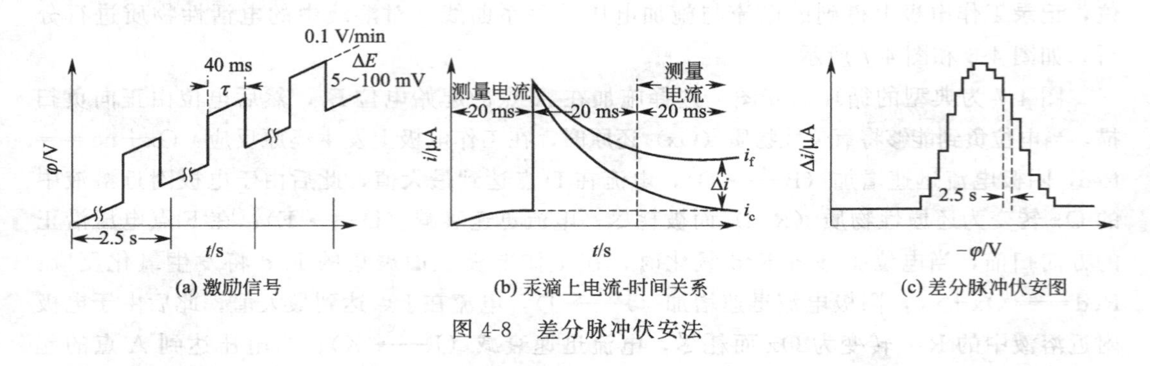

图 4-8　差分脉冲伏安法

本实验通过电化学方法在玻碳电极表面沉积纳米金，并以此作为工作电极，采用循环伏安法来研究芦丁在该电极表面的电化学行为，采用差分脉冲伏安法来定量测定芦丁，并通过电流与扫描速率、电流与氧化还原电位的关系，进行芦丁电化学反应机理的讨论。

三、实验用品

（1）仪器

CHI 660D 型电化学工作站（上海辰华仪器公司）、玻碳电极（工作电极）、饱和甘汞电极（参比电极）、铂丝电极（辅助电极）、超声波清洗器、pH 计、电解池。

（2）试剂

芦丁、氯金酸、Al_2O_3 粉（0.3μm 和 0.05μm）、无水乙醇、B-R 缓冲溶液（pH＝4.0）、超纯水等。

四、实验步骤

（1）电极预处理

分别用0.3 μm和0.05 μm的Al_2O_3粉将玻碳电极表面抛光至镜面，然后依次用超纯水、无水乙醇和超纯水超声清洗，备用。

(2) 修饰电极的制备

向0.5 mmol/L $HAuCl_4$溶液通5 min氮气除氧。打开电脑，打开CHI 660D型电化学工作站操作界面，将处理好的玻碳电极置于上述已除氧的溶液中，在−0.5～1.5 V的电位范围内，以100 mV/s的扫描速率循环扫描5圈，使金粒子沉积到玻碳电极表面，得到纳米金修饰的玻碳电极。

(3) 芦丁在电极上的循环伏安行为

向电解池中加入10 mL 10 μmol/L的芦丁标准溶液，然后插入不同电极（以纳米金修饰电极或裸电极为工作电极，饱和甘汞电极为参比电极，铂丝电极为辅助电极），设定循环伏安法参数。打开电化学工作站操作界面，在“实验”菜单中选择“实验方法”，选择“循环伏安法”，点击“确定”；设置实验参数：高电位（+0.8 V），低电位（0 V），静止时间（2 s），扫描速率（0.1 V/s），灵敏度（1.0×10^{-5}），循环次数（1），点击“确定”。再从“实验”菜单中选择“开始实验”，观察记录循环伏安图，记录峰电流和峰电位。

比较纳米金修饰电极或裸电极的循环伏安图，并得出结论。

(4) 考察峰电流与扫描速率的关系

在加入10 mL 10 μmol/L芦丁标准溶液的电解池中，分别以0.10 V/s、0.15 V/s、0.20 V/s、0.25 V/s、0.30 V/s的扫描速率扫描（其他实验条件同上），记录0～0.8 V扫描范围内的循环伏安图并记录峰电流（实验数据填入表4-2中）。

相同芦丁浓度下，分别以i_{pa}和i_{pc}对扫描速率v作图，说明二者之间的关系。

相同实验条件下，计算阳极峰电流与阴极峰电流的比值（i_{pa}/i_{pc}）、阳极峰电位与阴极峰电位的差ΔE，并根据实验结果说明芦丁在B-R溶液中电极反应的可逆性。

表4-2 不同扫描速率下的峰电位和峰电流

扫描速率/V/s	E_{pa}/V	i_{pa}/μA	E_{pc}/V	i_{pc}/μA	i_{pa}/i_{pc}
0.10					
0.15					
0.20					
0.25					
0.30					

(5) 考察峰电流与芦丁浓度的关系

在加入10 mL芦丁标准溶液的电解池中，芦丁浓度分别为0.1 μmol/L、0.5 μmol/L、1.0 μmol/L、5.0 μmol/L、10.0 μmol/L。其他实验条件同上，记录0～0.8 V扫描范围内的差分脉冲伏安图，并绘制标准曲线，得出标准曲线的线性范围和相关系数。

相同扫描速率下，分别以i_{pa}和i_{pc}对芦丁的浓度作图，说明峰电流与芦丁浓度之间的关系。

五、注意事项

（1）为了使液相传质过程只受扩散控制，应在加入电解质和溶液处于静止状态下进行电解。

（2）实验前电极表面要处理干净。

（3）不同扫描速率之间，为了使电极表面回复初始状态，应将电极提起后再插入溶液中，或将溶液搅拌，待溶液静止后再测量。

（4）避免电极夹头互碰导致的仪器短路。

六、思考题

（1）在三电极体系中，工作电极、参比电极和辅助电极各起什么作用？

（2）若实验测得的条件电位值和ΔE 值与文献值有差异，试说明原因。

（3）峰电流与扫描速率的关系可以说明什么问题？

七、参考资料

[1] 张艳丽，庞鹏飞．植物多酚的石墨烯电化学传感研究［M］．北京：科学出版社，2020.

[2] Lai Y Q，Teng X，Zhang Y L，et al. Double stranded DNA-templated copper nanoclusters as a novel fluorescent probe for label-free detection of rutin［J］．Analytical Methods，**2019**，11（28）：3584-3589.

[3] Pang P F，Yan F Q，Chen M，et al. Promising biomass-derived activated carbon and gold nanoparticle nanocomposites as a novel electrode material for electrochemical detection of rutin［J］．RSC Advances，2016，6：90446-90454.

[4] Pang P F，Li H Z，Liu Y P，et al. One-pot facile synthesis of platinum nanoparticle decorated reduced graphene oxide composites and their application in electrochemical detection of rutin［J］．Analytical Methods，2015，7（8）：3581-3586.

[5] 张亚，杜芳艳，严彪，等．芦丁在纳米金修饰玻碳电极上的电化学行为及其测定［J］．分析试验室，2012，31（1）：68-71.

[6] 孙伟，王丹，张媛媛，等．电化学沉积纳米金和石墨烯修饰离子液体碳糊电极检测芦丁的研究［J］．分析化学，2013，41（5）：709-713.

[7] 李惠茗，张惠怡，赖祥文，等．鞣酸功能化石墨烯修饰电极上芦丁的电化学行为及灵敏检测［J］．分析测试学报，2016，35（3）：292-298.

[8] 韩海霞，弓巧娟，秦建芳，等．聚 L-半胱氨酸/还原氧化石墨烯/Nafion 修饰玻碳电极对芦丁的电化学传感行为研究［J］．分析科学学报，2018，34（2）：249-252.

知识链接

芦丁（rutin），又称为芸香苷、维生素 P、紫槲皮苷、路丁、路丁粉、路通、络通、紫皮苷。

芦丁的主要用途如下：①用作食用抗氧化剂和营养增强剂等。②芦丁有维生素P的功效和抗炎作用，能降低如芥子油导致的动物眼睛或皮肤炎症，有抗病毒作用，当浓度为200μg/mL时，芦丁对水疱性口炎病毒有最大的抑制作用；有强烈的抗氧性，把芦丁加入富有溶酶体的匀浆内，能抑制类脂质过氧化物的形成；能强烈吸收280～335nm的紫外线，可用于防晒增白型化妆品。③具有维持血管抵抗力、降低血管通透性、减少血管脆性等作用，可用于防治脑出血、高血压、视网膜出血、紫癜和急性出血性肾炎等疾病。

实验8　硫酸钙晶须的制备

一、实验目的

(1) 了解晶须制备的基本原理。

(2) 基本掌握晶须制备的方法。

(3) 了解石膏制备晶须的方法和流程。

二、实验原理

晶须（whisker）是在一定条件下生成的一种截面积小于52×10^{-5} cm^2，长径比一般大于10以单晶形式生长的短纤维，其直径为0.1～10 μm。这一结构特性使晶须中原子排列高度有序，不会出现大晶体中常出现的缺陷，所以其强度几乎为完整晶体材料的理论值，远远超过目前使用的各种增强剂，是目前所知的固体最强形式。同时其具有固定的横截面形状、完整的外形、完整的内部结构，具有显微增强和填充能力，是力学性能十分优异的新型材料。

本实验以工业固体废物脱硫石膏为原料，采用酸化法，在一定的溶解温度、酸浓度以及满足一定的结晶条件下制备得到硫酸钙晶须。

三、实验用品

(1) 仪器

磁力调温搅拌器、烘箱、偏光显微镜等。

(2) 试剂

硫酸、脱硫石膏等。

四、实验步骤

(1) 目标产物晶须产量为20g时，按照脱硫石膏：H_2SO_4=1 g：16 mL，称取一定量的脱硫石膏，量取一定量的硫酸于反应器中。

(2) 将上述溶液放入预设温度为100 ℃的磁力调温搅拌器中，观察并记录实验现象。

(3) 反应完成5min后过滤。

（4）废渣再重新返回反应器中，待反应完成后，再过滤，制得的产品在预设温度为95 ℃的烘箱中烘干1 h，取出后在空气中冷却，即得到所需产物。

（5）将产物取出，得到产物粉末，备用。

注：用偏光显微镜观测晶须的结构。

五、思考题

（1）简述晶须与晶体的特点和区别。

（2）影响脱硫石膏制备晶须的因素有哪些？

（3）酸在制备晶须过程中的作用是什么？

六、注意事项

（1）制备晶须时所用酸为强酸，注意避免对皮肤造成损伤。

（2）过滤时避免液体溅出，以免对周围环境造成污染。

（3）搅拌速度过块，会破坏生成的晶须，注意调节至合适的速度。

七、参考资料

[1] 毛常明，陈学玺．石膏晶须制备的研究进展［J］．化工矿物加工，2005（12）：34-36.

[2] Ma L Z，Ma F L. Study on the effect of phosphogypsum on the soil environment［C］．2010 International Conference on Electrical Engineering and Automatic Control，2010：151-153.

[3] 马林转，宁平，马凤丽，等．磷石膏制备硫酸钙晶须基础研究［C］．2009年磷煤化工循环经济技术及可持续发展论坛，2009：74-77.

知识链接

1574年，L. Erker首次在硫酸矿表面发现胡须状物质。1661年，R. Boyle比较了生长在玻璃和石块上的银晶须。1952年美国Bell电话公司C. Herring和J. R. Galt首次在实验室测定了Sn晶须的强度，发现其强度接近理论强度。

从此，晶须以其优异性能引起科学工作者的兴趣，但由于受当时科技条件的限制，在相当长的一段时间里其研究都停留在实验室阶段。20世纪70年代，美国的Ivan. B Cutler教授研究出在一定条件下制备β-SiC（碳化硅）晶须的方法，从而使碳化硅（SiC）晶须的合成及生产研究真正发展起来。1976年Huloc公司在此基础上开发出用稻壳制备晶须的工艺，此后日本随之出现相关专利，至此晶须的工业化生产有了真正的起步。80年代初，美国和日本实现了β-SiC晶须的规模化生产，并开发了金属基、陶瓷基、树脂基的碳化硅晶须复合材料，使晶须的应用有了突破性的发展。90年代初，人们开发出廉价的镁盐系列、钙盐系列和铝盐系列的晶须品种，由于其制备原料廉价易得，与环境友好而备受关注。晶须优良性能如下。

(1) 优良的力学性能

晶须具有优良的力学性能主要表现为其长径比较大、耐高温、高弹性模量和断裂强度以及无疲劳效应等。晶须的横截面多为薄带形、斜方形、六角形以及三角形等，这能大大增加晶须的长径比，使其具有特殊的增强增韧作用，从而满足增强塑料等的要求。晶须具有在高温下不分解、不软化、无损伤、不滑移等特性，这使其能在耐火材料中得到应用。

(2) 增强增韧作用

晶须长度大、直径小，内部原子排列高度有序，从而使其具备有增强、增韧的作用，同时还具有高模量、高强度的特性，因此将其填充于高分子聚合物材料中，不仅能起到增强高分子聚合物强度和韧性的作用，还能够起到骨架作用。晶须能使高分子聚合物增强、增韧的原因是：当载荷应力作用于高分子复合材料时，载荷应力通过基体传递到内部的晶须，晶须可吸收外力的作用，局部地抵抗应变，从而起到增强、增韧的作用。

(3) 耐磨作用

晶须填充改性高分子有机材料不仅能增强复合材料的拉伸弯曲强度，还能改善复合材料的耐磨性。目前研究最多的耐磨高分子材料是聚醚醚酮（PEEK），如钛酸钾改性聚醚醚酮和碳酸钙晶须改性聚醚醚酮，其耐磨性均显著提高。

(4) 阻燃作用

无机晶须熔点较高，一般都在1000 ℃以上，将其填充于高分子材料中可弥补高分子材料在耐热方面的不足，从而提高整个体系的玻璃化转变温度和热变形温度，起到阻燃作用。将碱式硫酸镁晶须[$MgSO_4 \cdot 5Mg(OH)_2 \cdot 3H_2O$]作为阻燃剂最为广泛，这是由于其分子中的结晶水在燃烧时发生脱水反应，吸收大量热能，从而降低了基材的温度，而且脱水产生的水蒸气既能稀释火焰区反应气体的浓度又能吸收烟雾，起到了阻燃和消烟的作用。

(5) 热传导作用

晶须的导热性能较好，主要依靠晶格振动，即以声子振动为主，而高分子材料的热传导作用主要依靠内部原子间振动，导热性能较差。将适量晶须添加到高分子材料中，使其在复合基体中相互搭接形成导热通道，从而大幅提高复合材料的导热效率，改善高分子材料导热性能。

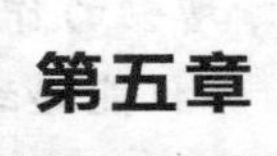

第五章 现代技术化学应用

实验1 紫外光谱法研究β-环糊精与槐果碱的主客体络合

一、实验目的

(1) 了解环糊精在药物中的应用。

(2) 了解槐果碱的药理作用。

(3) 掌握应用紫外-可见分光光度研究主客体络合行为的方法。

(4) 熟悉主客体络合常数的计算方法。

二、实验原理

槐果碱[sophocarpine,简称 SPC,结构如图 5-1(a)所示]属于四环喹诺唑烷生物碱，是苦豆子草、苦参等豆科槐属植物中主要的生物活性化合物。大量研究表明，槐果碱具有调节血压、调节神经中枢、抗病毒、镇痛和保肝等作用，此外，槐果碱还具有较强的抗肿瘤活性，在抵抗癌细胞转移和增殖的同时，还能诱导肿瘤细胞凋亡。由于槐果碱的水溶性较差，限制了其在临床上的应用，因此，寻找一个适宜的药物载体十分有意义。

环糊精[cyclodextrin,简称 CD,结构如图 5-1(b)所示]是最常见的药物载体。它是由一系列 D-吡喃葡萄糖苷元通过糖苷 α-1,4 键连接组成的环状低聚糖，可从淀粉中大量获得。常见的环糊精有 α-CD、β- CD、γ- CD 三种，它们分别由 6、7、8 个葡萄糖苷元组成。环糊精具有“外疏水，内亲水”的特性，被广泛应用于药物载体、农药、食品和化妆品等领域。其中，环糊精与药物进行主客体络合后能显著改善药物的水溶性、稳定性、生物利用度等生理化学特性，而β-环糊精因空腔内径大小和深度适中、价格便宜，被广泛用作药物载体。

本实验采用紫外-可见分光光度法对β-环糊精与槐果碱的主客体络合行为进行研究。

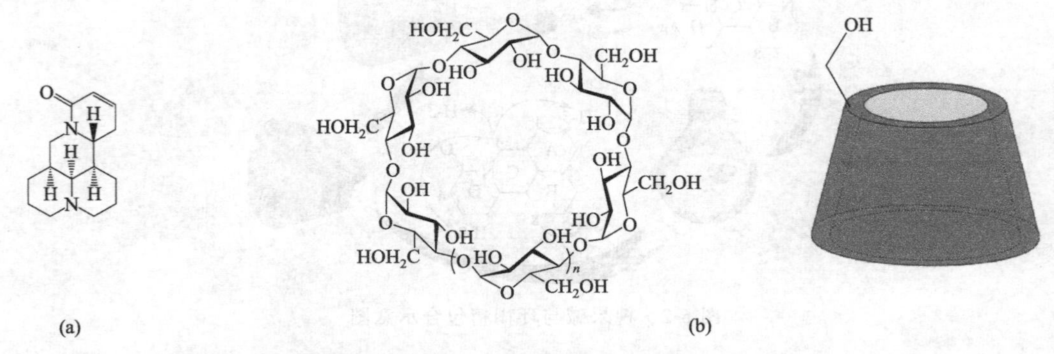

图 5-1　槐果碱（a）和β-环糊精（b）的结构

三、实验用品

（1）仪器

紫外-可见分光光度计（Aglient 8453）、电子分析天平（FA1004）、真空干燥箱 DZF、圆底烧瓶（25 mL）、石英比色皿（1 cm）、容量瓶（10 mL、20 mL、50 mL、500 mL）；移液枪（200 μL、5 mL）、胶头滴管（5 mL）、比色管（10 mL）、烧杯（100 mL、250 mL）。

（2）试剂

β-CD、Na_2HPO_4、柠檬酸、无水 Na_2CO_3、$NaHCO_3$、无水甲醇、超纯水等，以上试剂均为分析纯。

四、实验步骤

（1）包合物的制备

首先，按物质的量比（主：客＝1：2）准确称取客体 SPC 0.02 mmol（0.0049 g）于 25 mL 圆底烧瓶中，并加入 4 mL 甲醇溶液，待其全部溶解后加入 8 mL 超纯水使其混匀；随后准确称取主体 β-CD 0.01 mmol（0.0113 g）于以上溶液中，使其充分溶解后在室温下避光搅拌 4 天，取出溶液并用 0.45 μm 的微孔滤膜过滤，将包合物溶液进行减压蒸馏，于 50 ℃条件下真空干燥，得到白色固体粉末，即 β-环糊精与槐果碱包合物。槐果碱与环糊精包合如图 5-2 所示。

（2）药液的制备

配制浓度为 4 mmol/L 的 SPC 溶液：准确称取 SPC 0.0099 g 于 10 mL 棕色容量瓶中，用甲醇定容至刻度线，摇匀即可。

（3）缓冲溶液的配制

pH＝3.0 的缓冲溶液：分别称取 7.1628 g Na_2HPO_4 和 8.4056 g 柠檬酸于 100 mL 烧杯中，加超纯水搅拌溶解后转移至 500 mL 容量瓶中定容，摇匀备用。

pH＝10.5 的缓冲溶液：分别称取 4.2396 g 无水 Na_2CO_3 和 0.8401 g $NaHCO_3$ 于烧杯中，加超纯水搅拌溶解后转移至 500 mL 容量瓶中定容，摇匀备用。

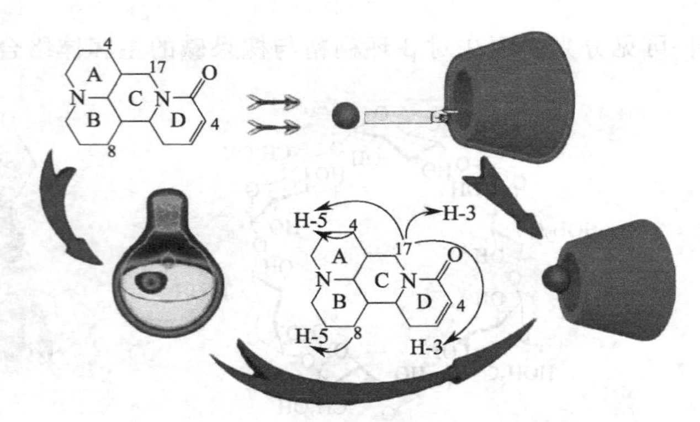

图 5-2 槐果碱与环糊精包合示意图

(4) 参比溶液的配制

pH=10.5 的参比溶液：分别取 pH=10.5 的缓冲溶液 8 mL、无水甲醇 2 mL 于无色玻璃小瓶中，摇匀。

pH=3.0 的参比溶液：分别取 pH=3.0 的缓冲溶液 8 mL、无水甲醇 2 mL 于无色玻璃小瓶中，摇匀。

(5) 槐果碱溶液标准曲线的绘制

将 4 mmol/L SPC 溶液用甲醇溶液稀释至一定的浓度（0.21 mmol/L、0.22 mmol/L、0.23 mmol/L、0.24 mmol/L、0.25 mmol/L、0.26 mmol/L、0.27 mmol/L、0.28 mmol/L、0.29 mmol/L、0.30 mmol/L），然后在 $\lambda=259$ nm 波长下测定不同浓度 SPC 溶液的吸光度值。以 SPC 浓度为 X 坐标，浓度对应的吸光度值为 Y 坐标作图，即得 SPC 的标准曲线。

(6) 紫外光谱测定

保持 SPC 溶液的浓度为 0.18 mmol/L，按照表 5-1 的浓度梯度分别配制不同浓度的 β-CD 溶液，并分别用 pH=3.0（Na_2HPO_4-柠檬酸）和 pH=10.5（$NaHCO_3$-Na_2CO_3）的缓冲溶液与甲醇定容（$V_{缓}/V_{甲}=4:1$），随后在最大吸收波长（$\lambda=259$ nm）下分别测定各溶液的吸光度值。

表 5-1 紫外-可见光谱滴定中 CD 在 pH=3.0 和 pH=10.5 条件下的浓度

主体	浓度梯度/mmol/L	pH
β-CD	0、0.32942、0.47060、0.9604、1.372、1.96、2.8、4.0	3.0
	0、0.67228、0.9604、1.372、1.96、2.8、4.0	10.5

(7) 稳定常数的计算

首先，假设 SPC 与 β-CD 以 1∶1 形成包合物，则 SPC 与 CD 包合物体系中存在以下平衡：

$$\mathrm{SPC}+\mathrm{CD} \xrightleftharpoons{K_s} \mathrm{SPC}\cdot\mathrm{CD} \tag{5-1}$$

当配位达平衡时，平衡常数 K_s 可表示为：

$$K_s=\frac{[\mathrm{SPC}\cdot\mathrm{CD}]}{[\mathrm{SPC}][\mathrm{CD}]}=\frac{[\mathrm{SPC}\cdot\mathrm{CD}]}{([\mathrm{SPC}]_0-[\mathrm{SPC}\cdot\mathrm{CD}])\times([\mathrm{CD}]_0-[\mathrm{SPC}\cdot\mathrm{CD}])} \tag{5-2}$$

由朗伯-比尔定律，可推出 $[\mathrm{SPC}\cdot\mathrm{CD}]=\Delta A/\Delta\varepsilon$，则：

$$K_s=\frac{\Delta A/\Delta\varepsilon}{([\mathrm{SPC}]_0-\Delta A/\Delta\varepsilon)([\mathrm{CD}]_0-\Delta A/\Delta\varepsilon)} \tag{5-3}$$

式中，ΔA 为有无 CD 时 SPC 的吸光度之差；$\Delta\varepsilon$ 为有无 CD 时 SPC 的摩尔消光系数之差；$[SPC]_0$ 为 SPC 原始浓度；$[CD]_0$ 为 CD 原始浓度。

(8) Job 曲线的绘制

采用工作曲线法确定 SPC 与 β-CD 的化学计量比。所有实验均在 pH=3.0 的缓冲溶液中进行，保持 SPC 与 β-CD 溶液的总浓度为 0.18 mmol/L，使 SPC 与 CD 物质的量之比在 0～1 内变化，分别配制一系列浓度的 SPC 与 CD 混合溶液。然后，在 λ=259 nm 波长下测定各溶液的吸光度值。以客体（SPC）的摩尔分数（$X_{客体}$）为横坐标，吸光度之差（ΔA）与客体摩尔分数（$X_{客体}$）之积为纵坐标作图，可得 SPC 与 β-CD 的工作曲线。

五、注意事项

(1) 制备 β-环糊精与槐果碱的包合物时要避光，常温下搅拌。

(2) 包合物在进行减压蒸馏和真空干燥时，温度不能超过 60 ℃，50 ℃为最佳温度。

六、思考题

(1) 常见大环化合物的主体有哪几种？

(2) 常用于作为药物载体的环糊精有哪几种？各有什么优缺点？

(3) 常用于制备主客体包合物的方法有哪些？

(4) 还可以采用哪些方法探究 β-环糊精与药物的主客体络合行为？

(5) 包合物的表征方法有哪些？

七、参考资料

[1] Lu Y, Xu D, Liu J Y, et al. Protective effect of sophocarpine on lipopolysaccharide-induced acute lung injury in mice [J]. Int. Immunopharmacol., 2019, 70: 180-186.

[2] He L J, Liu J S, Luo D, et al. Quinolizidine alkaloids from Sophora tonkinensis and their anti-inflammatory activities [J]. Fitoterapia, 2019, 139: 104391-104396.

[3] 季宇彬，赵贺，王福玲．槐果碱药理作用研究进展 [J]. 中草药，2018，49 (20): 4945-4948.

[4] Zhang P P, Wang P Q, Qiao C P, et al. Differentiation therapy of hepatocellular carcinoma by inhibiting the activity of AKT/GSK-3β/β-catenin axis and TGF-β induced EMT with sophocarpine [J]. Cancer Lett., 2016, 376: 95-103.

[5] Yang L J, Chang Q, Zhou S Y, et al. Host-guest interaction between brazilin and hydroxypropyl-β-cyclodextrin: preparation, inclusion mode, molecular modelling and characterization [J]. Dyes & Pigments, 2018, 150: 193-201.

[6] Saenger W. Cyclodextrin inclusion compounds in research and industry [J]. Angew Chem. Int, Ed., 2010, 19 (5): 344-362.

[7] Yang L J, Xia S, Ma S X, et al. Host-guest system of hesperetin and β-cyclodextrin or its derivatives: preparation, characterization, inclusion mode, solubilization and stability [J]. Materials Science Engineering C Materials Biological Applications, 2016, 59

(3)：1016-1024.

[8] 盛周煌，胡均鹏，朱良．柳叶蒿精油/羟丙基-β-环糊精包合物的制备与缓释抗菌性能［J］. 食品工业，2017，38（10）：98-101.

[9] 徐蓉蓉．薏苡素羟丙基-β-环糊精包合物制剂研究［D］. 扬州大学，2018.

[10] 杨俊丽，杨云汉，杜瑶，等．高丽槐素与羟丙基-β-环糊精包合行为及其分子模拟研究［J］. 中国新药杂志，2019，8（15）：1889-1895.

知识链接

超分子化学是研究分子间通过非共价键相互作用形成的复杂有序且具有特定功能的分子聚集体的一门新兴交叉学科。环糊精是超分子药物化学的重要研究领域。超分子化学药物具有良好的安全性、低毒性和高生物利用度等诸多优点而备受关注，目前已有多种超分子化学药物应用于临床研究。

实验 2　LED 发光二极管制作工艺

一、实验目的

（1）掌握半导体二极管发光的基本原理。

（2）掌握 LED 发光二极管制作工艺。

二、实验原理

发光二极管（light emitting diode，简称 LED）是一种可将电能转化为光能的固体电致发光器件，其基本机构如图 5-3 所示。

半导体白光二极管固体照明技术与传统的固态照明（白炽灯、荧光灯）技术相比，显示出使用电压低、光效高、适用性广、稳定性好、对环境友好、颜色可调等优点，因而半导体白光二极管被喻为新一代照明光源。目前白光 LED 主要通过两种途径产生白光：一种是荧光转换型，即用单个 LED 芯片和荧光粉组合发光；另一种是采用红、绿、蓝三色 LED 芯片组合发光，即多芯片白光 LED。当今商业化、大规模生产的主要是荧光转换型 WLED。

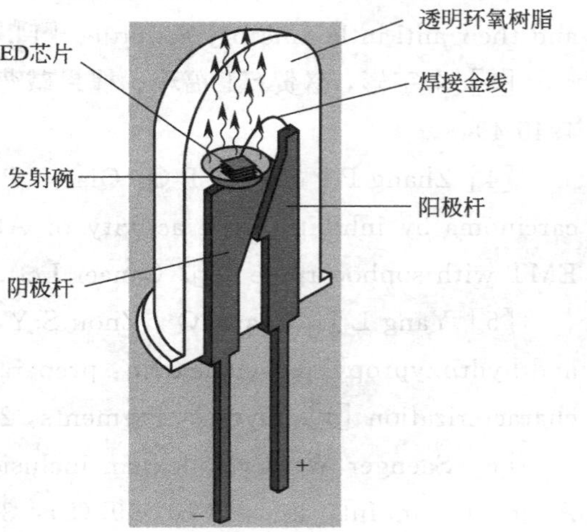

图 5-3　LED 的构造和外形示意图

三、实验用品

（1）仪器

焊线机、烘箱、LED 芯片、金线、LED 支架、LED 发射杯、模具等。

（2）试剂

环氧树脂、封装硅胶、导电胶等。

四、实验步骤

（1）点胶

在显微镜下，利用尖嘴镊子蘸取少量的绝缘胶于 LED 发射杯中。点胶时尽量点在芯片杯的中心位置，不要碰到杯壁，不太熟练的请使用便于观察的白色胶。点的量不要太多，否则会淹没芯片。该胶为绝缘胶，所以请注意避免粘在芯片的电极上。

（2）粘芯片

在显微镜下，利用尖嘴镊子取出一片 LED 芯片，将其放于绝缘胶上（保证芯片电极朝上）。放上芯片后，在保证镊子头无胶的情况下，最好能够用镊子头轻按一下芯片，以保证粘贴得更牢固，避免拉线时出现芯片被拉出的情况。

粘好芯片后放入烘箱，150 ℃下烘 1 h 即可。

（3）拉线

将焊线机电源打开，设置好各项参数。将已粘好芯片的 LED 支架置于焊线机架上，利用金钱将 LED 芯片的电极与 LED 支架两端连接起来。

焊嘴堵了，应先找一个粘有金子较多的芯片杯，对准金子的部位多打几次，利用金子在高温下的黏附力把堵在焊嘴处的金线拉出；如堵塞比较严重，上述方法不能解决时则可以更换焊嘴。

若粘芯片时不小心在芯片电极上粘上了绝缘胶，则可以先用镊子轻轻刮掉电极表面的胶，然后即可正常拉线。

（4）涂粉

将荧光粉与硅胶按合适比例（一般质量比为 1∶1）于小烧杯中调匀，然后将调好的粉胶点于已拉好线的芯片杯上。此项操作需要小心，注意不要碰断金线。点好后放入烘箱，150 ℃下烘 1 h 固化。

（5）封管

将已固化的 LED 芯片取出，进行封管操作。先将质量比 1∶1 的 A、B 型环氧树脂混合，搅匀，每排 20 个 LED 管的用量为 4 g 左右，注意不要浪费，混合的时候一定要慢，否则会产生大量气泡；用一次性注射器吸取后滴入模具中，与模具口齐平即可，不要滴入太多。然后插入支架，放入 100 ℃烘箱烘 0.5 h（赶除少量的气泡），然后升温到 150 ℃，再烘 1 h。从模具中取出 LED，绞断支架连线，得所需发光二极管器件。

五、注意事项

（1）为了减少芯片暴露于空气中的时间，必须全部点完胶后再一次性粘芯片。

（2）不要在胶上进行焊接，否则会堵线。

（3）除了更换焊嘴处的螺丝（注意：此螺丝不要拧太紧!），严禁动任何其他螺丝。

（4）固化好的 LED 管需要拔出模具，拔的时候请不要绞动，否则金属支架可能会断。

六、思考题

（1）白光 LED 器件的发光原理是什么？

（2）白光 LED 器件的用途有哪些？

七、参考资料

［1］Lim J，Jun S，Jang E，et al. Preparation of highly luminescent nanocrystals and their application to light-emitting diodes［J］. Advanced Materials. 2007，19：1927-1932.

［2］Kimura N，Sakuma K，Hirafune S，et al. Exreahigh color rendering white light-emitting diode lamps using oxynitride and nitride phosphors excited by blue ligh-emitting diode［J］. Apply Physics Letters 2007，90：051109（1-3）.

［3］Dalmasso S，Damilano B，Pernot C，et al. Injection dependence of the electroluminescence spectra of phosphor free GaN-based white light emitting diodes［J］. Physica State Solid（a），2002，192：139-143.

［4］Sivakumar V，Varadaraju U V. An orange-red phosphor under near-UV excitation for white light emitting diodes［J］. Journal of the Electrochemisty Society，2007，154：J28-J31.

［5］Pimputkar S，Speck J S，DenBaars S P，et al. Prospects for LED lighting［J］. Nature Photonics，2009，3：180-182.

［6］Sheu J K，Chang S J，Kuo C H，et al. White-light emission from near UV InGaN-GaN LED chip precoated with blue/green/red phosphors［J］. IEEE Photonics Technology Letters，2003，15：18-20.

知识链接

发光二极管（light emitting diode，简称 LED）是一种能将电能转化为光能的半导体电子元件。发光二极管这种电子元件早在 1962 年就已经出现，早期其只能发出低光度的红光，之后发展出其他单色光的版本，时至今日能发出的光已遍及可见光、红外线及紫外线，光度也得到了提高。目前，发光二极管已被广泛地应用于室内外 LED 照明、LED 显示屏、交通信号灯、汽车用灯、显示屏的背光源、灯饰、光纤通信等。

LED 与普通二极管一样，由一个 PN 结组成，也具有单向导电性，只是 LED 可以发光。其发光原理可描述为：电子（带负电）多的 N（一，negative）型半导体和空穴（带正电）多的 P（十，positive）型半导体结合，向该半导体施加正向电压时，电子和空穴就会移动并在结合部再次结合，在结合的过程中产生大量的能量，而这些能量以光的形式释放出来，这就是其发光的奥秘。与先将电能转换为热能，再转换为光能的以往光源相比（如早期爱迪生发明的白炽灯），LED 能够直接将电能转换为光能，能够不浪费光能且高效率地获得光。

实验 3 量子化学软件模拟 HCN 与 HNC 的异构化反应

一、实验目的

（1）学会利用 GaussView 软件构建简单的分子。

（2）学会利用 Gaussian 03 软件进行模拟计算。

（3）学会对 Gaussian 03 的计算结果进行处理和分析。

二、实验原理

（1）HCN气体简介

氰化氢（HCN）是一种高毒气体，在液体状态下被称为氢氰酸。云南省矿产资源丰富，许多矿产资源在矿热强化和还原冶炼过程中会产生 HCN，例如黄磷尾气和电石炉尾气中均含有 HCN。催化水解法作为净化工业废气中 HCN 最有前景的方法之一，受到广泛关注，HCN 催化水解法通过 $HCN + H_2O \longrightarrow NH_3 + CO$ 实现 HCN 的催化转化。然而，HCN 的剧毒性及实验过程的高风险性、实验条件的苛刻性和高运行成本导致了实验的危险性和复杂性，限制了人们对其进行深入广泛的研究，也制约了人们对该反应机理的深入认识。

近年来，随着计算机技术的飞速发展，计算化学的各种软件、理论与方法也得到不断的更新与发展，计算化学现已成为理论化学的一个重要分支。对于 HCN 催化水解这类有剧毒物质参与且通过实验难以分析的反应，利用量子化学计算方法来研究其反应机理是理想的选择。近几年的理论计算研究表明，在 HCN 水解过程中质子转移是非常关键的，即 HCN 水解反应的实质是 H 的转移。在反应路径设计过程中，若 HCN 先异构化为 HNC，则可降低 HCN 水解的活化能垒。本实验即用过渡态理论模拟 HCN 与 HNC 的异构化反应，如图 5-4 中的第一步。

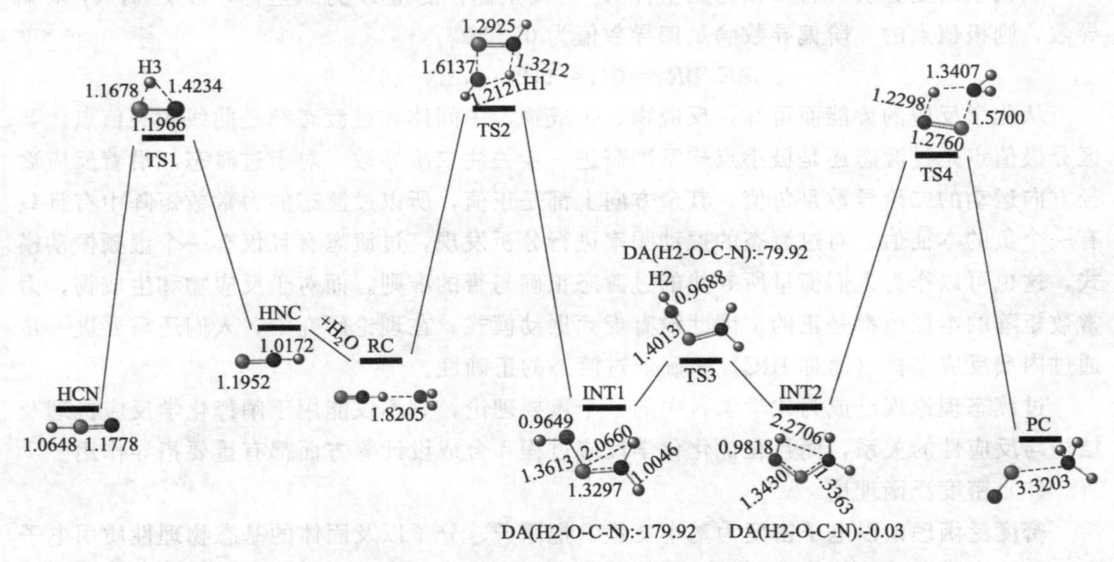

RC—反应复合物；TS—过渡态；INT—中间体；PC—产物复合物

图 5-4　高斯软件计算的 B3LYP/6-31++G(d,p)水平下 HCN 与 H_2O 反应的可能反应途径之一（键长单位为 Å，键角单位为°）

（2）过渡态理论

过渡态理论认为，化学反应不只是通过分子间的简单碰撞就能完成的，而是反应物分子在相互接近的过程中，先变成活化络合物。或者说反应物到产物要经过一个中间过渡态，形成这个过渡态需要克服的最低能量就称为活化能。

在过渡态理论中，过渡态处于化学键生成和断裂的中间状态，其能量要高于反应物和产物，结构不稳定，存在时间很短，因此在实验中很难捕获过渡态，得到关于过渡态的全面信息。然而随着理论化学的发展，利用分子动力学及量子化学的理论与方法，人们可以在反应势能面上寻找过渡态的构型并进一步探索其性质，进而深入研究化学反应机理，认识反应本质。

如图 5-5 所示，能量曲线上的最高点即过渡态，一步反应只有一个过渡态，两步反应有两个过渡态，两个过渡态之间有一个中间体生成。与过渡态相比，中间体能量较低，因此比较稳定，可以通过实验手段检测出来。

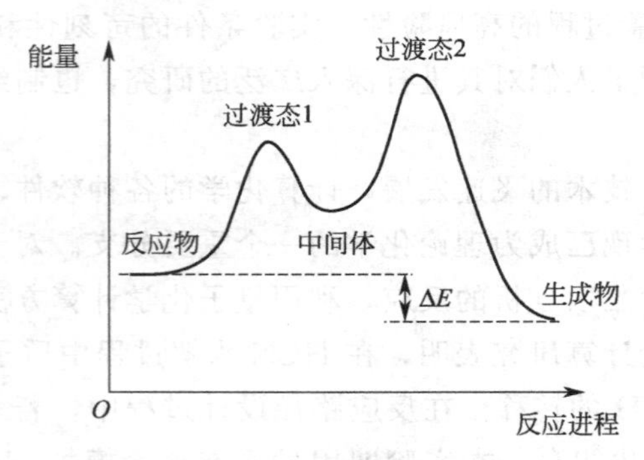

图 5-5　反应势能曲线示意图

从数学角度分析，若以核运动坐标 R_i 为横坐标，能量 E 为纵坐标，以 E 对 R_i 求偏导数，则极值点的一阶偏导数满足偏导数值为 0。

$$\partial E/\partial R_i=0(i=1,2,\cdots,3N-6)$$

从化学反应的势能面可知，反应物、生成物、中间体和过渡态都是曲线的极值点。要区分极值点是过渡态还是极小点构型则需进一步关注二阶导数。对于过渡态，沿着反应途径方向运动的二阶导数是负值，其余方向上都是正值，所以过渡态的力常数矩阵中有且只有一个负的本征值。对过渡态的振动频率进行分析发现，过渡态有且仅有一个虚频振动模式，这也可以作为人们衡量所寻找的过渡态正确与否的准则。而对于反应物和生成物，力常数矩阵的本征值都是正的，因此没有虚频振动模式。在理论研究中，人们还需要进一步通过内禀反应坐标（简称 IRC）来确证过渡态的正确性。

过渡态理论现已成为化学学科中的一个重要理论，它不仅能用于阐释化学反应机理及结构与反应性的关系，而且在优化化学反应过程和合成设计等方面都有重要指导作用。

（3）密度泛函理论

密度泛函理论以电子密度为基本变量，把原子、分子以及固体的基态物理性质用电子密度函数来描述，即采用电子密度代替波函数作为基本变量研究多电子体系电子结构。密度泛函方法在保证了计算精确度的同时，计算量也不是太大，目前在理论模拟中被广泛使用。

三、实验用品

（1）硬件设备

笔记本电脑或台式计算机、高性能计算化学服务器。

（2）软件设备

GaussView 画图软件：画图软件、SSH 远程提交作业软件、Gaussian 03 计算软件、ChemOffice 画图软件。

① GaussView 画图软件：主要功能有创建三维分子模型、设置计算任务及显示 Gaussian 计算结果等。

② SSH 远程提交作业软件：SSH 远程终端工具可在 Windows 界面下访问远端不同系统下的服务器，以达到远程控制终端的目的。

③ Gaussian 03 计算软件：量子化学领域最著名和应用最广泛的软件之一，由量子化学家约翰·波普的实验室开发，可以应用从头计算方法、半经验计算方法等进行分子能量和结构、过渡态能量和结构、化学键及反应能量、分子轨道、偶极矩、多极矩、红外光谱和拉曼光谱、核磁共振、极化率和超极化率、热力学性质、反应路径等分子相关计算。

④ ChemOffice：一款功能强大的化学流程图绘制工具软件，这款软件完美结合化学和生物学所有知识，能有效地帮助化学研究人员制作出精准化学工作图，从而提高工作效率。

四、实验步骤

1. 过渡态的构建与优化

（1）利用 GaussView 建模

打开 GaussView 软件，执行 File→New→Create Mod Group（Ctrl N）程序，打开一个新的窗口，点击左上角 File 下面的元素周期表，接着点击碳原子，然后选择下面带有三键的碳原子构型，在新建窗口上单击，则得到了想要的三键碳原子构型，然后添加氮原子，即得到了 HCN 的分子结构。将氢原子移至 $C\equiv N$ 上方，并将 $C\equiv N$ 拉长，即得到异构过渡态的结构。点击“Edit → Save”，将此构型命名为“ts-hcn. gjf”保存在本地电脑里。

（2）用 SSH 软件远程提交 Gaussian 计算作业

打开 SSH 软件窗口，点击 Quick Connect ，在出现的界面上输入 IP 地址、用户名和密码。界面左边是本地电脑，右边是远程访问的服务器。在右边新建一个文件夹，如命名为“abc”并打开。然后点击左边的本地电脑，进入刚才保存过渡态的文件夹，右击 ts-hcn. gjf，选择“Upload”，将画好的过渡态初始结构上传到服务器“abc”文件夹里。

点击 SSH 软件界面上的灰白按钮“New Terminal Window”，出现文本编辑界面，

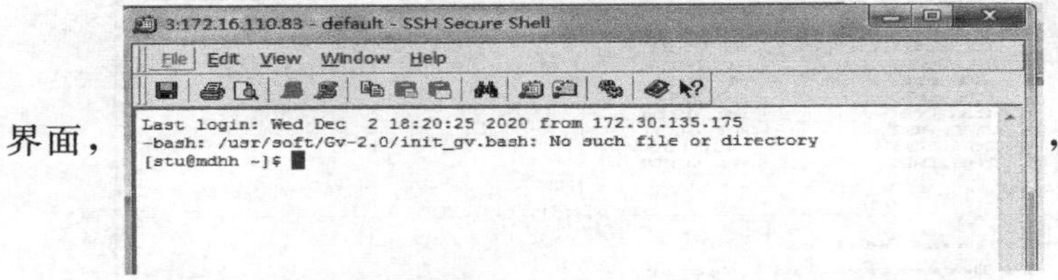

，然后输入“cd abc”则进入到新建的文件夹目录，再输入“ls”命令，则可以看到此目录下的文件 ts-hcn. gjf。输

入查看文件内容命令“vi ts-hcn. gjf”，回车，即可看到输入文件 ts-hcn. gjf 的文本格式。在键盘上按“A”，进入输入模式。此时可以对该文本文件进行编辑。

编辑该文件前四行，页面格式为：

%chk=ts-hcn. chk

%mem=2000mb

%nproc=8

\# b3lyp/6-31+g* opt (ts,calcfc,noeigen)freq=noraman

按下键盘左上角的“Esc”按钮，退出编辑模式，输入“:wq”，回车则保存成功，回到文件夹目录下。键入“g03 ts-hcn. gjf &”，回车，表示要让服务器用 Caussian 03 软件计算“ts-hcn. gjf”文件，计算则按刚刚在编辑模式下输入的关键词执行。键入“ps”可看到行开头有一串数字，这一串数字即本次提交作业的编号，可用于监控本次提交的作业是否算完。输入“top”，回车。如果看到刚才的编号，而且出现末尾“. exe”后缀的文件，则说明作业还正在计算，如果没有编号和“. exe”后缀的文件，则说明该计算作业已经完成或者作业没有提交成功。键盘上按“Q”退出查看作业模式。

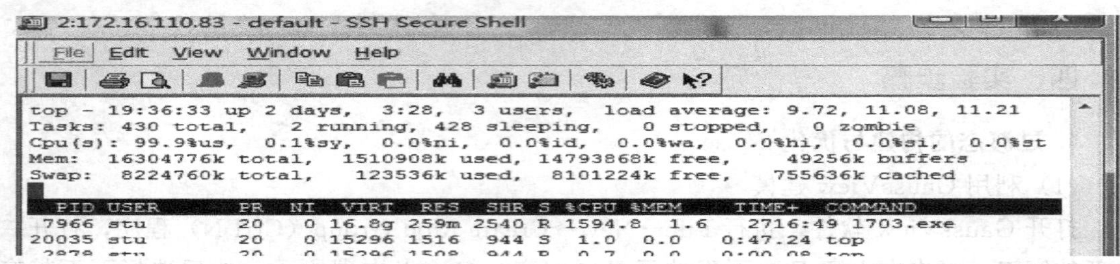

算完以后，需要将过渡态的输出文件从服务器传到本地电脑上。打开传输文件的 SSH 远程操控软件，在空白处点击鼠标右键，选择“Refresh”刷新一下文件夹，右击“ts-hcn. log”，选择“Download”，则输出文件被下载到本地电脑 E 盘“hcn”文件夹里。

(3) GaussView 软件查看过渡态计算是否成功

在 GaussView 软件打开“ts-hcn. log”。点击“Results”里的“View File”可以看到过渡态输出文件的文本格式，直接看该文本文件的最后一行，若出现“Normal termination of Gaussian 03 at……”，则说明该过渡态优化正常结束了。然后再点击“Results”里的“Vibrations”，第一个振动频率应该为负值，且其他振动频率值都为正值，这样就满足“过渡态有且仅有一个虚频振动模式”。选中这个唯一的虚频后，点击“Start”就可以观看到虚频的振动模式。

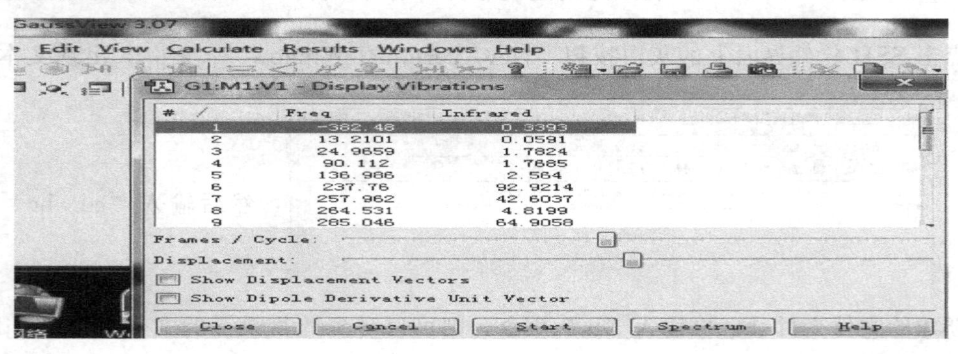

2. IRC 计算确证过渡态

上述 2 个要求都达到，说明过渡态寻找初步正确，继续通过内禀反应坐标计算（IRC 计算）来确证过渡态的正确性。将过渡态结果“ts-hcn. log”文件分别保存成“ircf-ts-hcn. gjf”和“ircr-ts-hcn. gjf”两个输入文件格式，然后跟前面算过渡态方法一样上传到服务器进行计算。

首先来编辑输入文件“ircf-ts-hcn. gjf”，编辑该文件前五行，页面格式为：

```
%chk=ircf-ts-hcn. chk
%mem=2000mb
%nproc=8
# b3lyp/6-31+g*
# irc=(calcfc,forward,stepsize=10,maxpoints=100,maxcyc=200)
```

按下“Esc”按钮，退出编辑模式，输入“：wq”，回车则保存成功，回到文件夹目录下。键入“g03 ircf-ts-hcn. gjf &”回车，提交作业。

在等待服务器计算向前跑 IRC 作业的同时，可以来编辑“ircr-ts-hcn. gjf”。方法与编辑“ircf-ts-hcn. gjf”相同。唯一的区别是第五行中的“forward”关键词替换为“reverse”。同前提交作业。等两个 IRC 计算的作业都算完以后，像前面一样把两个输出文件 . log 文件“Download”到本地电脑 E 盘“hcn”文件夹里。GaussView 软件查看这两个输出文件“ircf-ts-hcn. log”和“ircr-ts-hcn. log”。打开发现这两个文件的构型分别是 HCN 和 HNC 的构型，与预想的一样。这就再次说明对于过渡态的猜测是合理的，接下来把这两个构型分别保存成“hcn. gjf”和“hnc. gjf”。

3. 优化反应物和产物

用跟前面提交过渡态优化的方法一样优化反应物和产物（“hcn. gjf”和“hnc. gjf”）。编辑“hcn. gjf”文件前四行，页面格式为：

```
%chk=hcn. chk
%mem=2000mb
%nproc=8
# b3lyp/6-31+g* opt(noeigen) freq=noraman
```

可用相同的关键词来编辑“hnc. gjf”。注意修改第一行为“%chk=hnc. chk”。

将反应物和产物（“hcn. gjf”和“hnc. gjf”）都优化好以后得到两个输出文件（“hcn. log”和“hnc. log”）。下载到本地电脑 E 盘“hcn”文件夹里。这次用 GaussView 软件查看的反应物和产物都是反应曲线上的稳定点，因此二者的频率应该是全实频，不能有虚频。即点击“Results→Vibrations”看到的频率值应该都是正值。

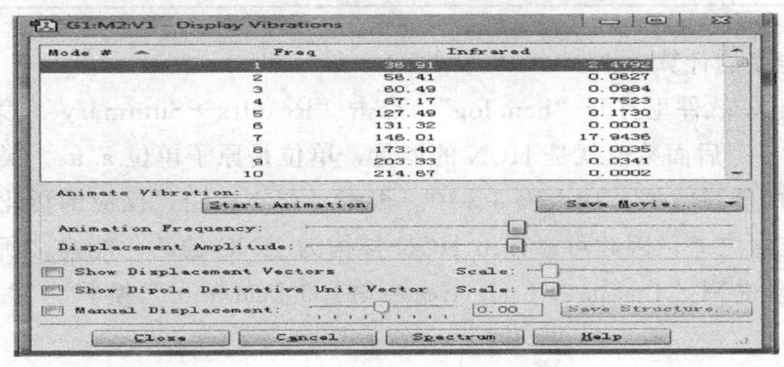

整个计算过程结束。

五、注意事项

(1) 优化过渡态，IRC 计算和反应物、产物优化时必须采用同一理论水平，否则计算结果没有物理意义。

(2) 看过渡态是否有且只有一个虚频。非过渡态必须是全实频。

(3) HCN 与 HNC 的异构化反应只设计了一个过渡态，即一步完成，中间没有中间体生成。大多数反应都不是一步就能完成的，也就是说反应过程中可能需要设计多个过渡态，这样就会有很多个中间体生成。对于这样的反应，人们只需要把每一个过渡态对应的每个步骤都按上述方法操作就可以。最后比较哪一个步骤的能垒最高，能垒最高的那一步就是所设计反应路径的速度控制步骤。

六、思考题

(1) 过渡态设计是否合理，需要三步确证，分别是哪三步？

(2) 如果某反应是通过若干步骤完成的，如何确定该反应的速度控制步骤？

(3) 说说你对过渡态理论的理解。

七、实验结果与分析

(1) 键长、键角数据的收集

在 GaussView 软件里打开“hcn. log”，点击键长修饰按钮，然后选中碳原子和氢原子，则可见 C—H 键长数据，单位为 Å。点击键角修饰按钮，然后依次选中 C、H 和 N，则可见“H—C—N”键角的数据，单位为“°”。类似可得到过渡态 TS 和 HNC 的构型参数（表 5-2）。

表 5-2 构型参数

参数	C—H/Å	N—H/Å	C—N/Å	H—C—N(°)
HCN				
TS				
HNC				

(2) 活化能垒的计算

在 GaussView 软件里打开“hcn. log”，点击“Results→Summary”，第五行可见“E (RB+HF-LYP)”后面数值就是 HCN 的能量，单位是原子单位 a. u. 。类似可得到过渡态 TS 和 HNC 的能量数据。计入表 5-3 中。根据过渡态理论，反应的活化能垒为过渡态能量与反应物能量之差，因此可以算出 HCN 异构为 HNC 的活化能垒，所得单位是原子单位 a. u. 。根据进率“1 a. u. =1 Hartree=627. 5 kcal/mol”换算为常用的能量单位“kcal/mol”。

表 5-3 能量数据

参数	E/a. u.	$\Delta E^{\neq}$/a. u.	$\Delta E^{\neq}$/(kcal/mol)
HCN			
TS			
HNC			

1 a. u. =1 Hartree=627. 5kcal/mol

(3) 作图

GaussView 显示的是三维立体结构，而实验报告或者论文中一般都需要二维平面图像结构。

在 GaussView 软件里打开“hcn. log”，用鼠标左键和右键调整好需要展示的 HCN 平面构型，为了便于观察和比较，统一让 C 处在左边，N 处在右边。调整、摆放好以后，点击“Save Image”保存成平面图形文件“hcn. tif”。然后在本地电脑文件夹里右击“hcn. tif”，打开方式选择“画图”，用“矩形选择”框刚好把 HCN 的三个原子框入矩形框内，点击右键复制，然后打开 Chemdraw 软件，在空白界面上粘贴。则可将 HCN 分子的平面构型导入 Chemdraw 软件里。用同样的方法把过渡态和 HNC 的平面构型全都导入 Chemdraw 的界面上。按反应物、过渡态和产物的顺序摆好三个分子构型，把过渡态放置中间的上面位置，然后把三个平面分子的大小比例调整适中，在每个结构下面画一短条粗线，表示它们都是反应能量曲线上的驻点。在粗线下方标明“HCN”“TS”“HNC”。用实线把这三条短粗线略微连接一下，表示这是整个反应过程和路径。还可以在过渡态结构上用虚线把 C—H 键和 N—H 键都连接起来，然后把键长、键角，能量信息在各个驻点上标示出来。最后把该文件保存成“HCN-HNC. cdx”文件格式，便于以后对此图像进行修改编辑。同时将该文件保存成“HCN-HNC. tif”图片格式，便于后面插入到实验报告或者论文的 word 文档中。

八、参考资料

[1] Xia F T, Ning P, Zhang Q L, et al. A gas-phase ab initio study of the hydrolysis of HCN [J]. Theor. Chem. Acc., 2016, 135: 1-14.

[2] Kröcher O, Elsener M H. Hydrolysis and oxidation of gaseous HCN over heterogeneous catalysts [J]. Applied Catalysis B: Environmental, 2009, 92: 75-89.

[3] 苑世领，张恒，张冬菊. 分子模拟——理论与实验 [M]. 北京：化学工业出版社，2016.

[4] Gonzalez C, Schlegel H B. An improved algorithm for reaction path following [J]. Journal of Chemical Physics, 1989, 90 (90): 2154-2161.

[5] Gonzalez C, Schlegel H B. Reaction path following in mass-weighted internal coordinates[J]. Journal of physical and chemical C, 1990, 94(14): 5523-5527.

知识链接

G03 计算方法过程：

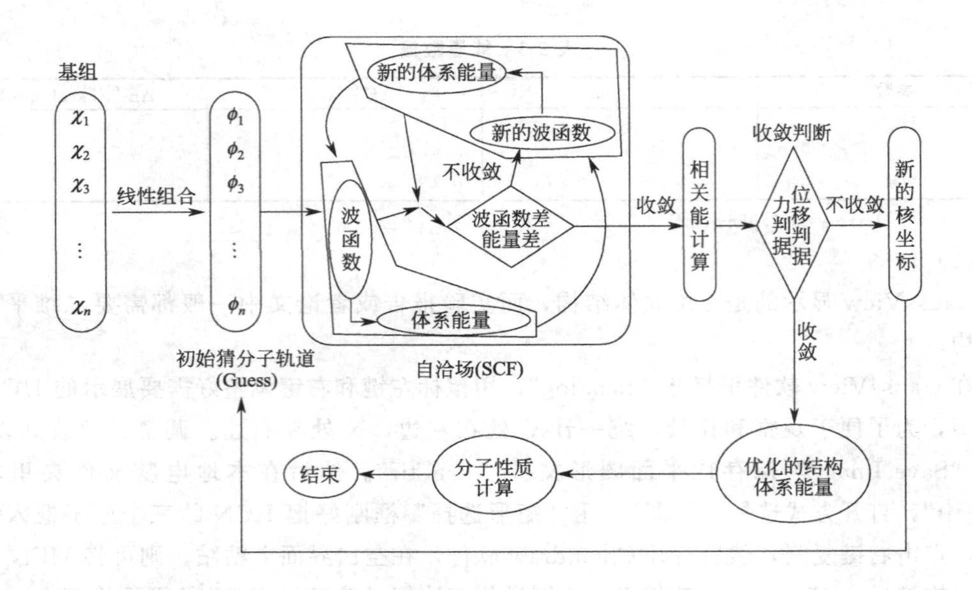

实验4 使用 ANSYS 建立气液热-流-化学反应耦合模型

一、实验目的

(1) 通过模型搭建了解 ANSYS 软件。

(2) 了解多物理场耦合技术及其应用前景。

(3) 熟练掌握 Species Transport 模块的原理和基本方法。

二、实验原理

在诸多物理化学过程中，气体是重要的参与者。气体与固体进行的气固反应，气体与液体所进行的气液反应，气体与气体间的气相反应，这些均很常见。对于化工及冶金的工程师，反应的快慢、产物的去向都是必须掌握的核心问题。然而，多数的气相具有透明、有毒、易燃等特征，实验过程中难以直接观测其反应中及反应后的迁移过程，致使对反应容器及工艺技术的优化难以开展。

本实验基于对 ANSYS 软件 Species Transport 模块的学习和使用，以 $C+CO_2 \longrightarrow 2CO$ 的经典反应为例，带领同学们了解多物理场耦合技术及其应用前景，学习气液热-流-化学反应耦合模型的建立及使用方法，为未来解决实际工程问题提供思路。

Species Transport 模块的原理如下：

气相热-流-化学反应耦合模型中涉及的表面化学反应的守恒方程如下：

$$\frac{\partial}{\partial t}(\rho Y_i)+\nabla\cdot(\rho\vec{v}Y_i)=-\nabla\cdot\vec{J}_i+R_i$$

式中，ρ 为密度；Y_i 为组分的质量分数；R_i 是组分 i 在化学反应质量扩散流量 $\vec{J}_i$ 下的净产出率。

$$\vec{J}_i=-\rho D_{i,\mathrm{m}}\nabla Y_i-D_{T,i}\frac{\nabla T}{T}$$

式中，$D_{i,m}$ 组分 i 在混合物中的扩散系数，$D_{T,i}$ 为热扩散系数；T 为温度。

计算过程中，R_i 可以通过求解 r 次反应的反应速率 R_r 获得：

$$R_r = k_{f,r}\left(\prod_{i=1}^{N_g}[C_i]_{suf}^{\eta'_{i,g,r}}\right)\left(\prod_{j=1}^{N_s}[S_i]_{suf}^{\eta'_{j,s,r}}\right) - k_{b,r}\left(\prod_{i=1}^{N_g}[C_i]_{suf}^{\eta''_{i,g,r}}\right)\left(\prod_{j=1}^{N_s}[S_i]_{suf}^{\eta''_{j,s,r}}\right)$$

式中，$[C_i]_{suf}$ 和 $[S_i]_{suf}$ 分别表示气相组分和液相组分在熔滴表面的摩尔浓度。$\eta'_{i,g,r}$ 和 $\eta''_{i,g,r}$ 为气相 i 组元分别作为反应物与产物时的速率指数。$\eta'_{j,s,r}$ 和 $\eta''_{j,s,r}$ 为液相 j 组元分别作为反应物与产物时的速率指数。

r 次反应的正向反应常数 $k_{f,r}$ 通过 Arrhenius 公式计算：

$$k_{f,r} = A_r T^{\beta_r} e^{-E_r/RT}$$

式中，A_r 为指前因子；β_r 为温度 T 的指数；E_r 为活化能。

如果反应可逆，r 次反应的逆向反应常数 $k_{b,r}$ 通过下式由正向反应常数导出：

$$k_{b,r} = \frac{k_{f,r}}{K_r}$$

K_r 为 r 反应的反应平衡常数，通过下式进行计算：

$$K_r = \exp\left(\frac{\Delta S_r}{R} - \frac{\Delta H_r}{RT}\right)\left(\frac{p_{atm}}{RT}\right)^{\sum_{i=1}^{N_g}(v''_{i,r} - v'_{i,r})} \prod_{k=1}^{N_{types}} (\rho_s)_k^{\sum_{j=1}^{N_{s,k}}(v''_{j,k,r} - v'_{j,k,r})}$$

式中，ΔS_r 为反应熵增；ΔH_r 为反应焓变；p_{atm} 为标准大气压（101325 Pa）；指数中的公式体现吉布斯自由能的变化；N_{types} 为不同组元的数量；$(\rho_s)_k$ 为组元 k 的组元密度；$v''_{i,r}$ 和 $v'_{i,r}$ 分别为产物 i 和反应物 i 在反应 r 中的化学计量常数；$v''_{j,k,r}$ 和 $v'_{j,k,r}$ 分别为熔滴的 j 个组元中，组元 k 在反应 r 中的化学计量常数。

三、实验用品

计算机、ANSYS 学生教育用免费版、U 盘。

四、实验步骤

CO_2 高温还原碳合金熔滴实验的建立过程如下：为简化计算，气液热-流-化学反应耦合模型仅需考虑熔滴表面的化学反应及外部的气相扩散。Ar-CO_2 混合气体从石英管下部入口通入，入口边界条件为 Velocity inlet（速度入口），CO_2 浓度为 10%～30%，流速为 0.1～12 L/min。熔滴被定义为碳合金，混合气体与熔滴在熔滴表面进行脱碳反应。出口混合气体的成分为 Ar-CO_2-CO，出口边界条件为 Outflow（外流），为了简化计算区域，忽视石英管向碳合金外部的传热。使用 CFD 计算软件 FLUENT 16.0 计算，计算模块包括 Energy（能量）、Species Transport（传质）以及 Viscosity（黏度）。计算过程中，由于雷诺数小于 2000，混合气体的运动被认为是层流，Viscosity 计算模块选择层流模型。Energy 模块被用于计算过程中的热。Species Transport 计算模块被用于计算表面化学反应及传递，其中有限反应模块中，使用反应的阿伦尼乌斯方程进行反应速率的计算。根据文献报道，二氧化碳脱碳反应的指前因子及反应活化能分别采用 6.2e^5 J/kmol 及 9.7e^7 J/kmol。耦合算法选择 Pressure-Velocity coupling（压力速度耦合），针对动量方程、组分方程及能量方程，收敛算法选择二阶迎风格式。

五、实验结果与分析

将 15%CO_2-Ar 缓慢地通过充满氩气的石英管与含碳的悬浮在中段的高温熔滴接触。观察 CO_2 的浓度分布及 CO 的生成，如图 5-6 所示。

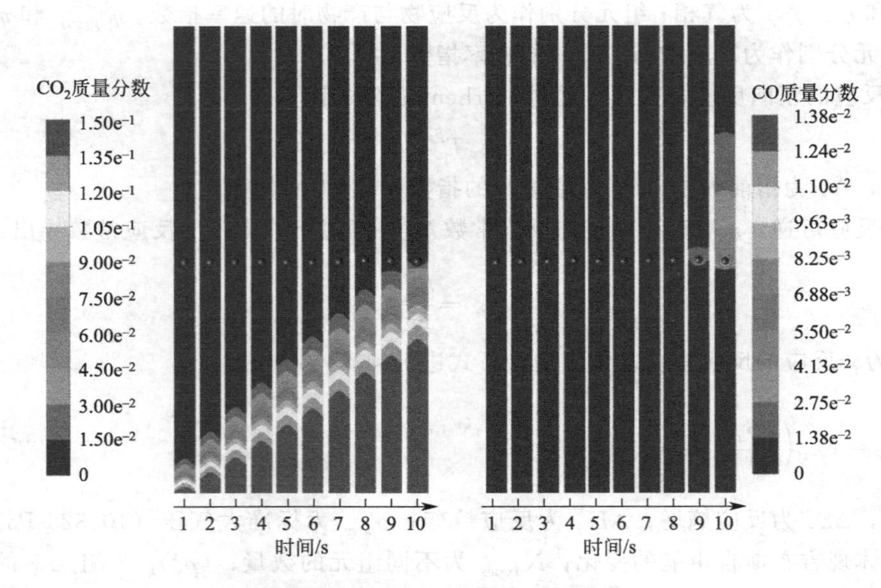

图 5-6　CO_2 的浓度分布及 CO 的生成

模拟计算第 9 秒，气相中的 CO_2 组分随混合气体的通入到达熔滴表面，此时开始有 CO 出现在熔滴附近，这说明脱碳反应开始发生。在此之前，虽然熔滴的温度很高（1875 K），但由于熔滴周围不存在气体反应物，反应并未发生。

六、注意事项

（1）注意观察 CO 的生成时间及过程。

（2）注意观察 CO_2、碳含量、吹起速度、反应表面温度等参数对 CO 生成过程的影响。

七、思考题

（1）ANSYS 软件的优势是什么？和 COMSOL 相比有何不同？

（2）Species Transport 模块还可以用于什么反应的模拟？

（3）模型输出的结果除了气体浓度外还有什么？

（4）怎样可以提高模型的运算速度？

（5）不激活 Species Transport 模块只激活 Energy 模块时会发生什么？

八、参考资料

［1］Lei G，Zhe S，Donghui L，et al. Applications of electromagnetic leviattion and development of mathematical models: a review of the last 15 years (2000 to 2015) [J]. Metallurgical and Materials Transactions B, 2016, 47: 537-547.

[2] Wu P, Yang Y, Barati M, et al. Effect of CO_2-Ar gas mixtures [J]. Metallurgical and Materials Transacitions B, 2015, 42 (9): 664-668.

[3] David R S, Geoffrey. R. B. Interfacial reaction kinetics in the decarburization of liquid iron by carbon dioxide [J]. Metallurgical and Materials Transactions B, 1976, 7: 235-244.

知识链接

ANSYS软件是美国ANSYS公司研制的大型通用有限元分析（FEA）软件，是世界范围内增长最快的计算机辅助工程（CAE）软件，能与多数计算机辅助设计（CAD，computer aided design）软件接口，实现数据的共享和交换，如Creo、NASTRAN、Algor、I-DEAS、AutoCAD等。其是融结构、流体、电场、磁场、声场分析于一体的大型通用有限元分析软件。在核工业、铁道、石油化工、航空航天、机械制造、能源、汽车交通、国防军工、电子、土木工程、造船、生物医学、轻工、地矿、水利、日用家电等领域有着广泛的应用。ANSYS功能强大，操作简单方便，现在已成为国际最流行的有限元分析软件，在历年的FEA评比中都名列第一。目前，中国100多所理工院校采用ANSYS软件进行有限元分析或者将其作为标准教学软件。

实验5　无溶剂法合成香豆素类化合物

一、实验目的

(1) 了解无溶剂合成方法的基本原理。
(2) 基本掌握无溶剂法制备香豆素类化合物的方法。
(3) 了解绿色化学的特点和香豆素类化合物的应用。

二、实验原理

在有机化学物质合成过程中（尤其是固体物质参与的反应），使用有机溶剂是较为普遍的，但这些有机溶剂会散失到环境中造成污染。各国化学家创造并研究出了许多取代传统有机溶剂的绿色化学方法。如以水为介质、以超临界流体（如CO_2）为溶剂、以室温离子液体为溶剂等的方法，而最彻底的方法是完全不用溶剂的无溶剂有机合成法。

无溶剂有机反应最初被称为固态有机反应，因为它研究的对象通常是低熔点有机物。反应时，除反应物外不加溶剂，固体物直接接触发生反应。实验结果表明，很多固态下发生的有机反应，较溶剂中的反应更为有效，且更能达到好的选择性。因此，20世纪90年代初人们明确提出无溶剂有机合成，它既包括经典的固-固反应，又包括气-固反应和液-固反应。无溶剂反应机理与溶液中的反应机理一样，反应的发生源于两个反应物分子的扩散接触，接着发生反应，生成产物分子。此时生成的产物分子作为一种杂质和缺陷分散在母体反应物中，当产物分子聚集到一定大小时，出现产物的晶核，从而完成成核过程，随着晶核的长大，出现产物的独立晶相。

无溶剂反应主要采用如下方法：①室温下，用研钵粉碎、混合、研磨固体反应原料即可反应；②将固体原料搅拌混合均匀之后或加热或静置即可，加热时既可采用常规加热亦可用微波加热的方法；③用球磨机或高速振动粉碎等强力机械方法以及超声波的方法；④主-客体方法，以反应底物为客体，以一定比例的另一种适当分子为主体形成包结化合物，然后再设法使底物发生反应，这时反应的定位选择性或光学选择性等都会因主体的作用而有所改变或改善，甚至变成只有一种选择。利用上述方法反应之后，再根据原料及产物的溶解性能，选择适当的溶剂，将产物从混合物中提取出来或将未反应完的原料除去，即可得较纯净产品。所用溶剂为无毒或毒性较低的水、乙醇、丙酮、乙酸乙酯等。显然，上述方法中，室温下的反应能耗最低，最为简单。其次是加热方法，能耗较高的是机械方法。

无溶剂有机反应可在固态、液态及熔融状态下进行，也可以超声波、微波协助反应，或借助机械能完成。无溶剂合成的优点：①低污染、低能耗、操作简单；②较高的选择性；③控制分子构型；④提高反应效率。

本实验采用无溶剂法制备香豆素类化合物。选用苯酚和乙酰乙酸乙酯为原料，在室温下，苯酚和乙酰乙酸乙酯在 $TiCl_4$ 作用下发生无溶剂反应制得香豆素类化合物，其反应方程式如下：

OH + O O → ($TiCl_4$ / 室温，无溶剂法) O

三、实验用品

（1）仪器

蒸发皿、研磨棒、干燥箱等。

（2）试剂

乙酰乙酸乙酯、苯酚、$TiCl_4$ 等。以上试剂均为分析纯。

四、实验步骤

（1）将20 mmol苯酚和30 mmol乙酰乙酸乙酯倒入蒸发皿中，充分搅拌以混合均匀。

（2）加入10 mmol $TiCl_4$，在室温下不停搅拌。

（3）反应2 min后结束，反应物倒入碎冰中，过滤得粗产品。

（4）粗产品采用乙醇水溶液（乙醇：水＝9：1）进行重结晶，提纯得香豆素产品。

五、思考题

(1) 简述无溶剂有机合成方法的特点。

(2) 影响无溶剂反应制备香豆素的因素有哪些?

(3) $TiCl_4$ 的作用是什么?

六、注意事项

(1) $TiCl_4$ 极易水解，$TiCl_4 + 2H_2O = TiO_2 + 4HCl$，产生的 HCl 气体和水蒸气作用产生酸雾，使用时要做好防护措施。

(2) 蒸发皿用于搅拌操作时要做好防护措施。

七、参考资料

[1]Sheng-Jiao Yan, Chao Huang, Xiang-Hui Zeng, et al. Solvent-free, microwave assisted synthesis of polyhalo heterocyclic ketene aminals as novel anti-cancer agents [J]. Bioorganic & Medicinal Chemistry Letters, 2010, 20:48-51.

[2]蔡哲斌，黄超．三氧化二铝固载氟化钾催化合成香豆素 [J]. 湖北农学院学报，2002，22(5):419-422.

[3]Hassan Valizadeha, Abbas Shockravi. An efficient procedure for the synthesis of coumarin derivatives using $TiCl_4$ as catalyst under solvent-free conditions [J]. Tetrahedron Letters, 2005, 46:3501-3503.

[4]刘芳，兰支利，邓芳，等．香豆素及其衍生物研究进展 [J]. 精细化工中间体，2006，36(4):7-11.

知识链接

香豆素 (coumarin) 最早发现于1820年，以与葡萄糖结合的形式存在于圭亚那黑香豆中，也存在于甜苜蓿和其他植物中。目前，自然界中已分离的香豆素化合物广泛分布于伞形科、芸香科、菊科、豆科、兰科、茄科、瑞香科等天然植物中以及微生物的代谢产物中。香豆素为无色或白色结晶或晶体粉末，具有新割干草的特有气味；难溶于冷水，能溶于沸水，易溶于甲醇、乙醇、乙醚、氯仿、石油醚、油类。香豆素有挥发性，能随水蒸气蒸馏，并能升华。

香豆素及衍生物具有一定的香气，在有机合成及自然界中均占有重要位置，可在化妆品、饮料、食品、香烟、橡胶制品及塑料制品中作为增香剂。因其同时具有抗微生物等重要的生物活性，在农业、工业、医药行业均表现出重要作用，在制药行业中常被用作中间体和药物。有些香豆素衍生物存在于自然界，有些则可通过合成方法制得；有的以游离形式存在，有的与葡萄糖结合在一起，其中不少具有重要经济价值。例如双香豆素，过去由甜苜蓿植物腐败析出，现在可用人工合成，用作抗凝血剂。

香豆素可通过以下方法制备：①以水杨醛、乙酸酐为主要原料，在醋酸钠的催化下缩合脱水制得 (Perkin 法)。②以邻甲酚为主要原料，与氯氧化磷作用转变为磷酸二氢甲苯酯，再与醋酸钠作用制得。③以水杨醛、丙二醛为主要原料，乙酸催化下缩合制得；④由香豆素-3-羧酸脱羧来制备香豆素。

实验 6 超声法 Cannizzaro 反应合成苯甲酸和苯甲醇

一、实验目的

（1）掌握利用超声法 Cannizzaro 反应制备苯甲酸和苯甲醇的原理与方法。

（2）通过萃取分离粗产物，熟练掌握洗涤、蒸馏及重结晶等纯化技术。

（3）掌握液体有机化合物分离纯化的操作方法。

（4）掌握固体有机化合物分离纯化的操作方法。

二、实验原理

苯甲醇又名苄醇，在工业化学品生产中用途广泛，可用作涂料溶剂、照相显影剂、聚氯乙烯稳定剂、合成树脂溶剂、维生素 B 注射液的溶剂、药膏或药液的防腐剂；也可用作尼龙丝、纤维及塑料的干燥剂，染料、纤维素酯、酪蛋白的溶剂；还可制取苄基酯或醚的中间体，同时广泛用于制笔（圆珠笔油）、油漆溶剂等。

苯甲酸又名安息香酸，常以游离酸、酯或其衍生物的形式广泛存在于自然界。苯甲酸为抑菌剂，对霉菌的抑制作用较强。在酸性环境中，0.1%的苯甲酸即有抑菌作用，在碱性环境中，其变成盐而效力大减。其可用作防腐剂和治疗各种皮肤癣症。

超声有机合成是很有价值的实验手段和方法，具有提高产率、缩短时间、简化操作等特点。超声波能量能加速和控制化学反应，提高反应产率和引发新的化学反应，其作用时间短，提高了化学反应的速率。

无 α-H 的醛类（如芳香醛、甲醛等）和浓的强碱溶液作用时，发生分子间的自氧化还原反应，一分子醛被还原成醇，另一分子醛被氧化成酸，此反应称为 Cannizzaro 反应。

Cannizzaro 反应机理：

$$RCHO + {}^{-}OH \longrightarrow RCH(O^-)OH \xrightarrow[RCHO]{负氢迁移} RCOOH + RCH_2O^- \longrightarrow RCH_2OH + RCOO^-$$

本实验利用超声法 Cannizzaro 反应制备苯甲酸和苯甲醇。

主反应：

$$2\,C_6H_5CHO + NaOH \longrightarrow C_6H_5CH_2OH + C_6H_5COONa$$

$$C_6H_5COONa + HCl \longrightarrow C_6H_5COOH + NaCl$$

副反应：

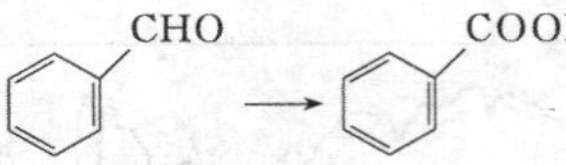

$$C_6H_5CHO \longrightarrow C_6H_5COOH$$

三、实验用品

（1）仪器

100 mL 锥形瓶、分液漏斗、刚果红试纸、超声仪器等。

（2）试剂

氢氧化钠、饱和亚硫酸氢钠、10%碳酸钠溶液、无水硫酸镁、无水碳酸钾、浓盐酸、苯甲醛、乙醚等。以上试剂均为分析纯。

四、实验步骤

（1）准确称取 6.4 g NaOH，加入 20 mL 水，然后加至装有 6.3 mL 苯甲醛的 100 mL 锥形瓶中，摇匀并塞紧塞子，放入超声波清洗器中。设定一定温度及功率，让其反应一段时间，直至反应物透明。

（2）向反应混合物中逐渐加入足够量的水（20～25 mL），不断搅拌使其中的苯甲酸盐全部溶解，冷却后将溶液倒入分液漏斗中，苯甲醇用 15 mL 乙醚分 3 次萃取，冷却后将乙醚萃取过的水溶液保存好。

（3）合并乙醚萃取液，依次用 3 mL 饱和亚硫酸氢钠溶液、5 mL 10%碳酸钠溶液和 5 mL 冷水洗涤。分离出乙醚溶液，用无水硫酸镁干燥 20～30 min。

（4）将干燥后的乙醚溶液倒入 25 mL 圆底烧瓶中，加热以蒸出乙醚（乙醚回收）。

（5）蒸完乙醚后，改用空气冷凝管，在电热套中继续加热，以蒸馏苯甲醇（纯苯甲醇为无色液体），收集 198～204℃的馏分。称重，计算产率。

（6）在不断搅拌下，向前面保存的乙醚萃取过的水溶液中，慢慢加入 20 mL 浓盐酸、20 mL 水和 12.5 g 碎冰的混合物。充分冷却，以使苯甲酸完全析出，抽滤，用少量冷水洗涤，尽量抽干水分，取出粗产物，称量。粗苯甲酸可用水重结晶得到纯苯甲酸。

五、实验结果与分析

苯甲酸的红外光谱、核磁共振碳谱、核磁共振氢谱、如图 5-7～图 5-9 所示；苯甲醇的红外光谱、核磁共振碳谱、核磁共振氢谱如图 5-10～图 5-12 所示。

六、注意事项

（1）超声波仪器在使用前需注意使用规范。

（2）充分振摇是反应的关键。

（3）酸化一定要充分，以使苯甲酸完全析出。

七、思考题

（1）苯甲醛长期放置后会含有什么杂质？如果实验前不除去，对本实验会有什么影响？

（2）用饱和亚硫酸氢钠溶液洗涤乙醚萃取液的目的是什么？

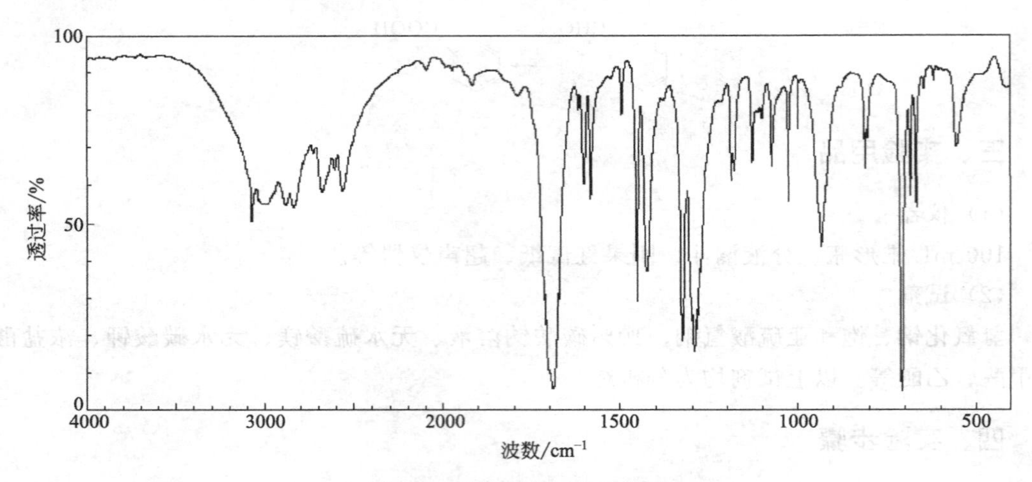

图 5-7 苯甲酸的红外光谱图

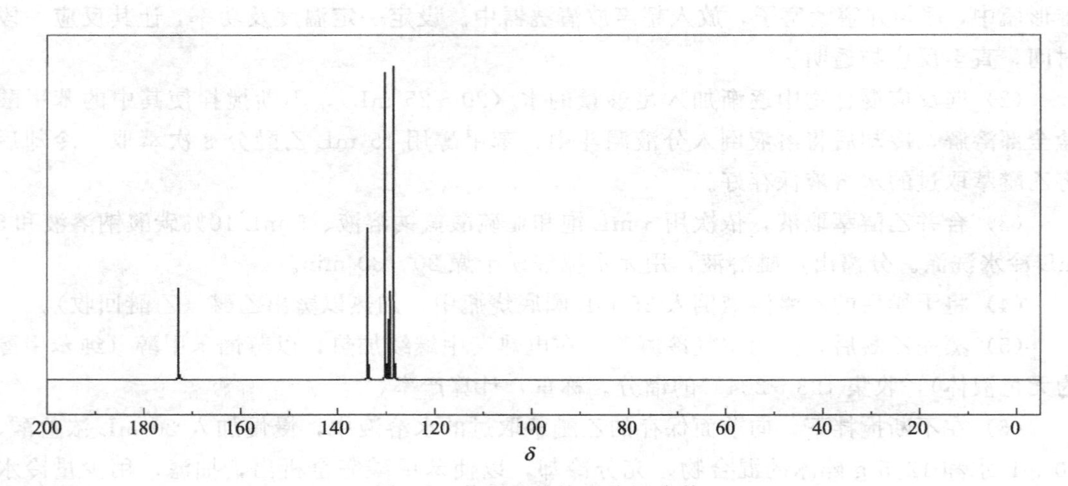

图 5-8 苯甲酸的核磁共振碳谱

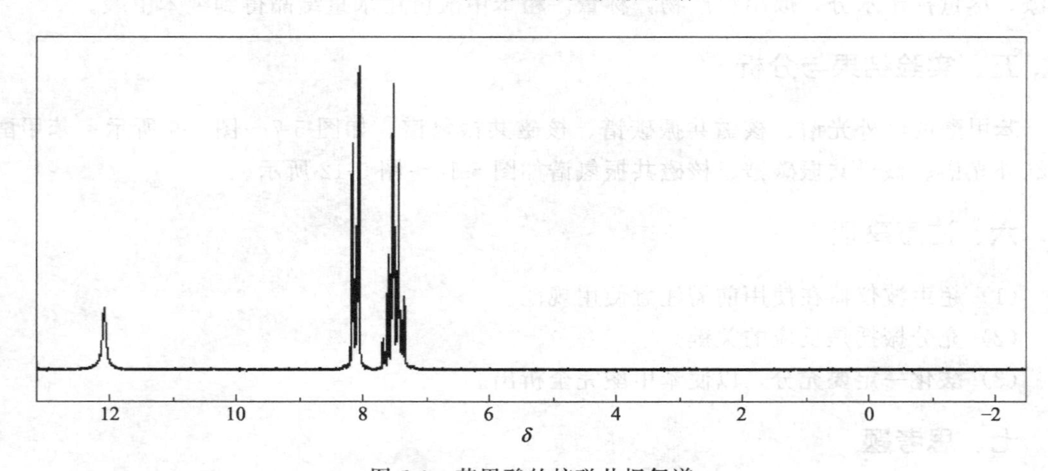

图 5-9 苯甲酸的核磁共振氢谱

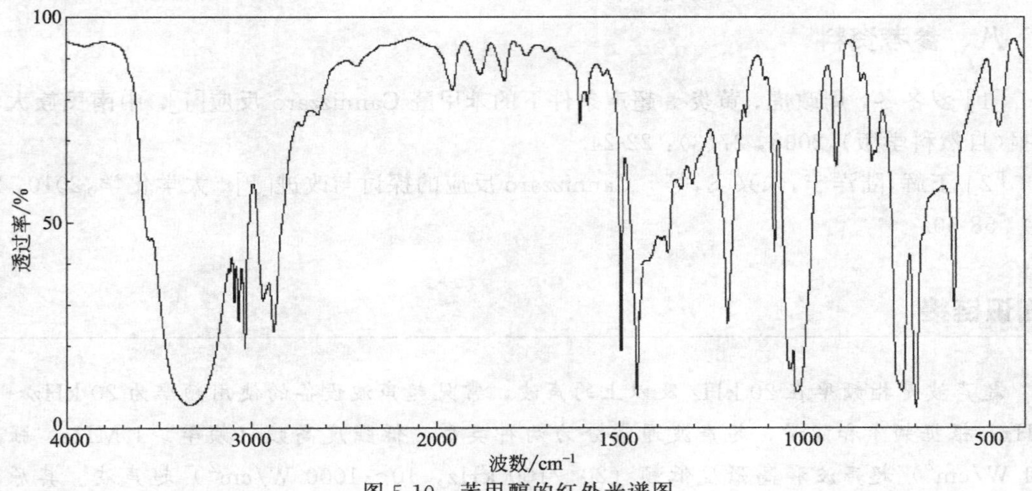

图 5-10　苯甲醇的红外光谱图

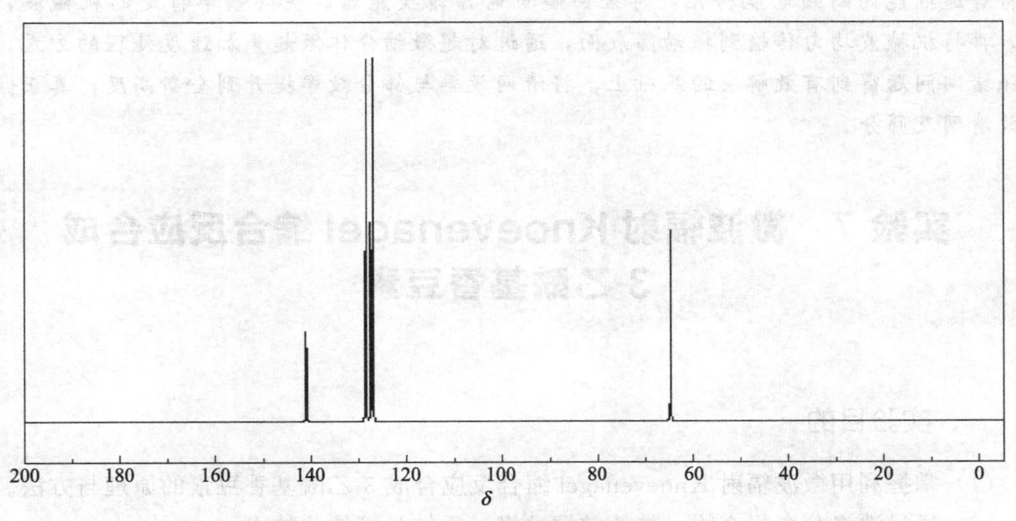

图 5-11　苯甲醇的核磁共振碳谱

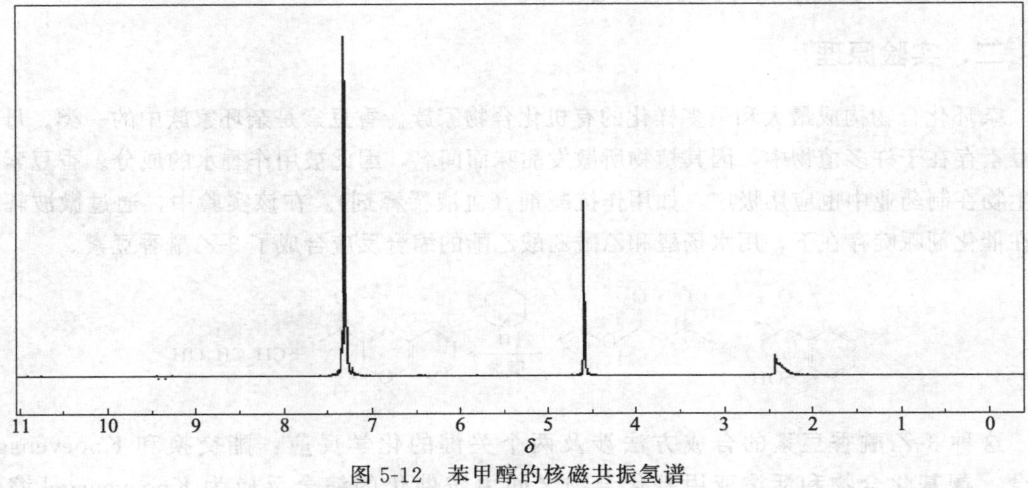

图 5-12　苯甲醇的核磁共振氢谱

八、参考资料

[1] 罗冬冬，周政虎，黄炎．超声条件下的苯甲醛 Cannizzaro 反应[J]．中南民族大学学报(自然科学版),2008，27(3)：22-24.

[2] 王辉,陆洋宁,朱兴飞,等．Cannizzaro 反应的探讨与改进[J]．大学化学,2010，25(1)：58-60.

知识链接

超声波是指频率在 20 kHz 及以上的声波，常见超声波设备的使用频率为 20 kHz～10 MHz。根据频率和能量，超声波通常分为两种类型：低强度高频（频率＞1 MHz，强度＜1 W/cm^2）超声波和高强度低频（20～100 kHz，10～1000 W/cm^2）超声波。其原理是将普通电能向高频电能转化，再经由超声电源箱换能器，获得频率特定的机械波，随后，再将机械波均匀传输到振动筛表面，通过对超微细分体做超声加速度处理的方式，在确保堵网问题得到有效解决的基础上，将清网效率与筛分效率提升到全新高度，真正做到高效清网及筛分。

实验 7　微波辐射 Knoevenagel 缩合反应合成 3-乙酰基香豆素

一、实验目的

(1) 掌握利用微波辐射 Knoevenagel 缩合反应合成 3-乙酰基香豆素的原理与方法。

(2) 通过洗涤分离粗产物，熟练掌握洗涤、重结晶等纯化技术。

(3) 熟悉微波辐射在有机合成中的应用。

二、实验原理

杂环化合物构成最大和最多样化的有机化合物家族。香豆素是杂环家族中的一类。母体香豆素存在于许多植物中，因其植物所散发甜味而闻名，因此被用作香水的成分。香豆素的衍生物在制药业中也应用极广，如用作抗凝剂（血液稀释剂）。在该实验中，通过微波辐射并在催化剂哌啶存在下，用水杨醛和乙酰乙酸乙酯的缩合反应合成了 3-乙酰香豆素。

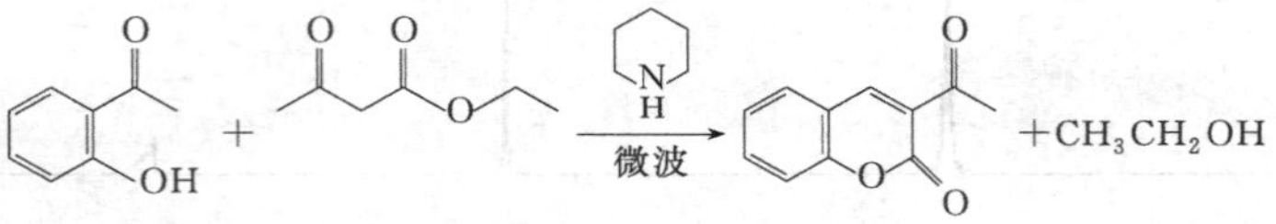

这种 3-乙酰香豆素的合成方法涉及两个关键的化学反应：酯交换和 Knoevenagel 缩合。羰基化合物和活泼亚甲基化合物之间由胺催化的缩合反应为 Knoevenagel 缩合

反应。

Knoevenagel 缩合反应常用的碱性催化剂有哌啶、吡啶、喹啉和其他一级胺、二级胺等。常用的活泼亚甲基化合物有丙二酸二乙酯、米氏酸、乙酰乙酸乙酯、硝基甲烷和丙二酸等，但事实上任何含有能被碱除去氢原子的 C—H 键化合物都能发生此反应。Knoevenagel 反应是活泼亚甲基化合物在弱碱作用下，产生足够浓度的碳负离子进行亲核加成的反应。弱碱的使用避免了醛酮的自身缩合，因此除芳香醛外，酮和脂肪醛均能进行反应，扩大了适用范围。该反应主要用来制备 α,β-不饱和化合物。

酯交换官能化反应是通过交换有机物将一种酯转化为另一种酯的过程。通过添加酸或碱来催化反应。

$$RCOOR^1 + HOR^2 \xrightarrow{\text{催化剂}} RCOOR^2 + HOR^1$$

三、实验用品

(1) 仪器

微波反应试管、量筒、布氏漏斗、烧杯、减压抽滤装置、微波合成仪器等。

(2) 试剂

水杨醛（AR）、乙酰乙酸乙酯（AR）、哌啶（AR）、己烷（AR）等。

四、实验步骤

(1) 在 10 mL 微波反应试管中，放置干净的磁力搅拌子。准确将 0.31 mL（3 mmol）水杨醛、0.38 mL（3mmol）乙酰乙酸乙酯和 0.030 mL（0.3 mmol）哌啶加入反应容器中，再使用量筒将溶剂乙酸乙酯（1.0 mL）添加到反应容器中。

(2) 用盖子密封反应容器，将密封的反应容器放入微波腔中。根据微波操作手册，对微波单元进行编程，以将容器中的内容物加热至 130 ℃，搅拌 2 min，温度保持 8 min。加热步骤完成后，待其在微波反应器中冷却至微波反应器舱门打开，然后再将其从微波腔中取出。

(3) 准备两个含有碎冰的烧杯来制备两个冰浴。打开反应容器，用干净的镊子将磁力搅拌子取出，缓慢加入己烷（4 mL），加入后将溶液在其中一个冰浴中冷却 10 min，在另一个冰浴中，用 25 mL 锥形瓶冷却 2～4 mL 己烷。当溶液冷却后，使用布氏漏斗，进行减压抽滤，并用冷却的己烷冲洗反应容器，然后令洗涤物进入过滤漏斗，用额外的冷己烷冲洗过滤器上的沉淀物。

(4) 将固体转移到大块滤纸上以使其完全干燥，称量干燥产品的质量，然后计算出产量和产率。

在熔点测定仪上确定所得产品的熔点，如果熔点表明产品不纯，请重新结晶，重新计算产率。

五、结果与分析

3-乙酰香豆素的红外光谱、核磁共振碳谱、核磁共振氢谱如图 5-13～图 5-15 所示。

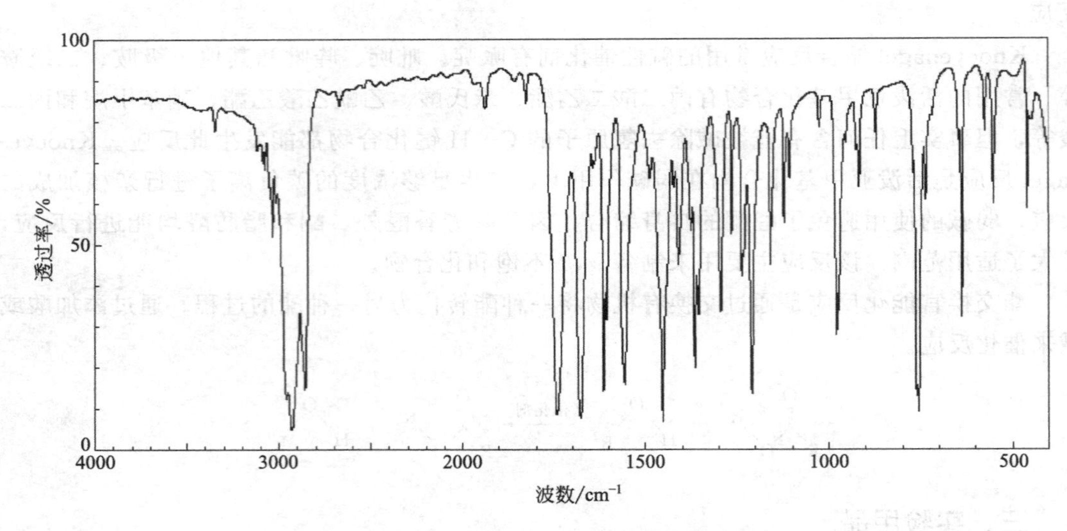

图 5-13 3-乙酰香豆素的红外光谱图

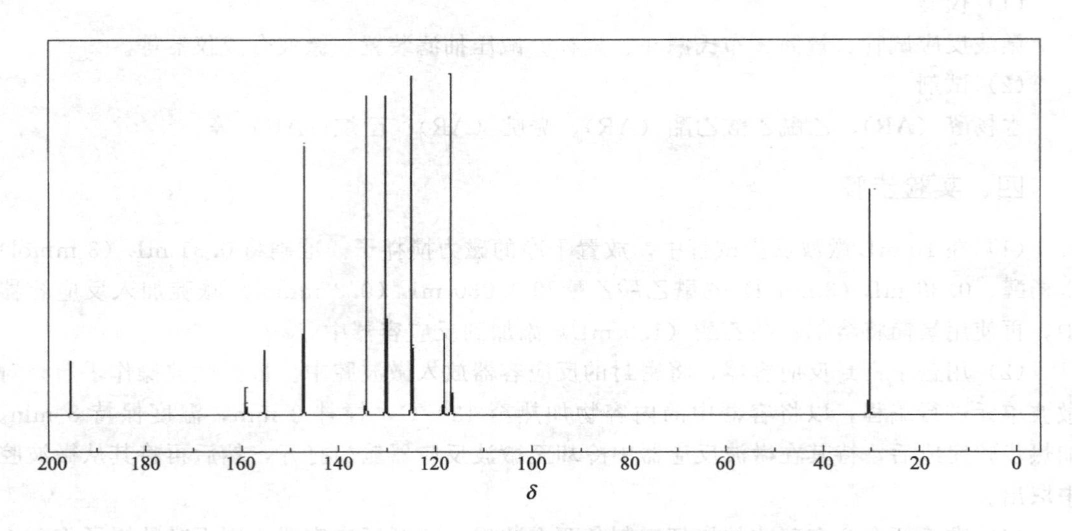

图 5-14 3-乙酰香豆素的核磁共振碳谱

六、注意事项

(1) 微波仪器在使用前需注意使用规范。

(2) 水杨醛、乙酰乙酸乙酯和哌啶具有一定的刺激性。水杨醛和哌啶还具有一定的毒性，应在通风橱中进行实验并采取一定的保护措施。

(3) 通常第一次进行反应的时候，必须要从最低的功率开始摸索，先从 20 W 开始，如果功率不够，可逐步提高到 35 W、50 W、80 W、100 W 等。

七、思考题

(1) Knoevenagel 缩合步骤是在酯交换步骤之前还是之后？有两种可能的机制使水杨

醛和乙酰乙酸乙酯反应生成 3-乙酰香豆素，请画出这两种机制。

Knoevenagel缩合反应

酯交换反应

（2）以四氢吡咯为催化剂的作用机理是什么？

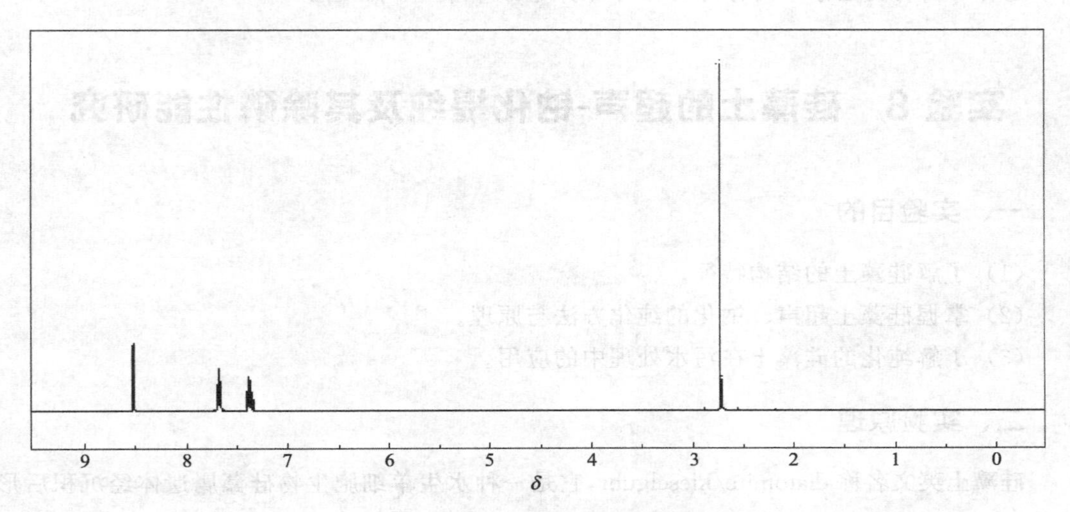

图 5-15　3-乙酰香豆素的核磁共振氢谱

八、参考资料

[1] 徐翠莲，杨 楠，刘善宇，等．香豆素-3-羧酸乙酯的无溶剂微波合成研究[J]．河南农业大学学报，2009，43(4)：468-471.

[2] 蒋达洪，向淇，张业．超声波辅助吗啡啉催化 Knoevenagel 缩合制备 3-乙酰基香豆素[J]. 精细化工，2015，32(8)：957-960.

[3] Bai H，Sun R，Liu S，et al. Construction of fully substituted 2-pyridone derivatives via four-component branched domino reaction utilizing microwave irradiation[J]. The Journal of organic chemistry，2018，83(20)：12535-12548.

[4] Li J，Duan W，Pan X，et al. Microwave irradiation tandem hydroamination and oxidative cyclization of natural amino acids with diethyl acetylenedicarboxylate for functionalized pyrrole derivatives[J]. ChemistrySelect，2019，4(12)：3281.

知识链接

微波（microwave，MW）指波长从 1 mm～1 m，频率从 300 MHz～300 GHz 的超高频电磁波，广泛应用于雷达和电子通信中。为避免相互干扰，国际上规定工业、科学研究、医学及家用等民用微波频率一般为（900±15）MHz 和（2450±50）MHz。

对于微波加速有机反应的原理，传统的观点认为是对极性有机物选择性加热，是微波的致热效应。极性分子由于分子内电荷分布不平衡，在微波场中能迅速吸收电磁波的能量，通过分子偶极作用以每秒 4.9 $\times 10^9$ 次的超高速振动，提高分子的平均能量，使反应温度与速度急剧提高。但其在非极性溶剂(如甲苯、正己烷、乙醚、四氯化碳等)中吸收微波能量后，通过分子碰撞而转移到非极性分子上，加热速率大为降低，所以微波不能使这类反应的温度得以显著提高。实际上微波对化学反应的作用是复杂的，除了具有热效应以外，还具有因对反应分子间行为的作用而引起的所谓“非热效应”。

实验 8　硅藻土的超声-钠化提纯及其除磷性能研究

一、实验目的

(1) 了解硅藻土的结构特征。

(2) 掌握硅藻土超声、钠化的纯化方法与原理。

(3) 了解纯化的硅藻土在污水处理中的应用。

二、实验原理

硅藻土英文名称 diatomite/kieselguhr，它是一种水生单细胞生物硅藻属遗体经沉积后形成的轻质无机非金属黏土矿物材料，其主要成分是水合的不定形 SiO_2 ($SiO_2 \cdot nH_2O$)或者是蛋白状的 SiO_2，理论上通用的结构式为 $Mg[Si_{12}O_{30}](OH)_4 \cdot 8H_2O$，结构一般为 2∶1 的链层状，里面包含有缺陷的$[SiO_4]$四面体结构，为三维多孔网状结构，硅藻土所表现的微观结构也是多种多样的，有圆筛藻、冠盘藻、直链藻、小环藻和羽纹硅藻等，硅藻土表面存在氢键和羟基(—OH)，使硅藻土呈现出了表面活性、吸附性以及酸性等性质。硅藻土有较大的表面积，具有较强的吸附能力，密度小，质地轻软，具有耐磨、耐酸、耐热、吸附性好等优良特性。

1. 硅藻土的超声-钠化提纯

目前，硅藻土提纯、改性的方法很多，化学纯化法(酸浸、碱浸)、物理纯化法(擦洗、焙烧)和物理-化学联合纯化法(微波、超声波等)等是目前比较常用的提纯方法。通过提纯、改性等方法克服硅藻土处理水体中的不足，依据其本身的多孔性和大的表面积等特性，可以较大程度地提高它的吸附性能，能快速有效地去除水中的某些污染物。

云南先锋硅藻土因矿层厚、储量大、开采条件好、位于昆明郊区、所处位置交通方便，而受到人们的关注。但该硅藻土既属于高烧失量型硅藻土，又属于黏土型低品位硅藻土，硅藻壳体整个都被黏土、有机类物质包裹，裸露的微孔较少。本实验选用超声清洗和 NaCl 溶液对云南寻甸先锋硅藻土进行纯化和改性，超声波可以通过空化作用，冲击硅藻土表面或渗入固体表面与杂质的间隙，擦洗硅藻内外表面，使固体表面出现孔洞或破坏杂质表面，使吸附在硅藻土表面的许多微细粒黏土杂质脱落的同时不破坏硅藻土表面结构，更好地体现硅藻土的多孔性能。NaCl 改性剂可以活化硅藻土的表面和孔洞结构，而且硅藻土表面能负载一定量的 Na^+，使改性后的硅藻土表面结构活性增强。钠化改性硅藻土具备离子交换和静电吸附的性能，对水体中磷酸根等阴离子具有良好的吸附能力，大大提高了硅藻土的磷吸附效果。

2. 超声-钠化硅藻土吸附磷的机理

硅藻土表面存在着 Si—O 键的水解断裂反应，水解断裂后生成的 R—OH 具有两性性质，可与 H^+ 和 OH^- 进一步发生反应。硅藻土的零电荷点约为 2，故只有当溶液 pH 小于 2 时，硅藻土表面才带有正电荷。由于静电排斥作用，带负电的表面不利于磷酸根离子的吸附，因此将 Na^+ 加入硅藻土中，可以提高硅藻土的整体零电荷点，使其在宽 pH 范围溶液中带有正电荷，更有利于磷酸根离子的吸附。

磷酸盐在水溶液中可能存在四种形态，即 H_3PO_4、$H_2PO_4^-$、HPO_4^{2-}、PO_4^{3-}，形态间存在平衡关系。不同的 pH 条件下磷酸盐以不同形态存在，pH 在 5～7 时，主要为 $H_2PO_4^-$；pH 在 7～10 时，主要为 HPO_4^{2-}；pH 为 10～12 时，磷主要以 HPO_4^{2-} 和 PO_4^{3-} 存在形式为主。改性硅藻土在 pH 为 6～12 时，吸附效果较优，其中 $H_2PO_4^-$ 和 HPO_4^{2-} 所占比例超过 PO_4^{3-}，使改性硅藻土表面的正电荷能通过静电作用吸附大部分磷酸盐。

三、实验用品

(1) 仪器

Thermo 红外光谱仪、X 射线衍射分析仪、扫描电镜及能谱分析、超声波清洗仪、分析天平、分光光度计、磁力搅拌器、离心沉淀机、烧杯、锥形瓶滴定管、容量瓶、锥形瓶移液管、圆底烧瓶等。

(2) 原料

硅藻土产于云南先锋，呈黑灰色，块状，岩质细腻，成岩程度较高。矿石的主要组成矿物为硅藻遗体蛋白石，其中硅藻遗体蛋白石的含量一般为 40%～50%，也有少数含量为 60%～70%，大部分常混有 25%～30%的高岭石和蒙脱石等黏土矿物和 17%～32%的有机质杂质，一些还含有少量的石英等物质。

(3) 试剂

磷酸二氢钾(GR)、酒石酸锑氧钾(AR)、酒石酸钾钠(AR)、四水合钼酸铵(AR)、氯化钠(GR)、氢氧化钠(AR)、硫酸(AR)和碳酸钠(AR)。

四、实验步骤

1. 改性硅藻土的制备

取两份磨细筛分好的硅藻土于大烧杯中，加入蒸馏水调制成 20%的浆液，用磁力搅拌器匀速搅拌擦洗 1 h 后，一份经超声分散清洗 1 h，静置沉降，另外一份直接静置沉降。分别将两份沉降后硅藻土的中间层取出，用蒸馏水洗至中性，110 ℃下烘干备用。利用 5%NaCl 溶液对超声擦洗后的硅藻土改性，对比原土、水洗、超声-钠化改性的硅藻土磷吸附效果，选择最优改性剂。称取超声清洗后的硅藻土 5 g，分别加入 250 mL 质量分数为 5%NaCl 溶液，在 95 ℃下搅拌加热 2 h，用蒸馏水洗至中性，无 Cl^- 后，110 ℃下干燥，吸附 50.00 mL 25.00 mg/L 含磷废水，对比改性剂浓度与去除率的关系。改性好的硅藻土放入马弗炉中煅烧，探究改性硅藻土对磷的去除率与焙烧温度的关系。

2. 改性硅藻土的表征

通过 SEM（NOVA NANOSEM450，美国 FET）对不同方式处理的硅藻土表面形貌进行表征。用 EDS（2SX100e，日本理学公司）表征不同硅藻土的元素含量。XRD（D/max-3B，日本理学公司）、用 FTIR（Nicolet iS10，美国）检测不同硅藻土的物质组成和官能团。

3. 吸附实验

（1）静态吸附

先在 100 mL 的锥形瓶中加入一定量的改性硅藻土，然后取 50.00 mL 25.00 mg/L 的模拟含磷废水溶液加入锥形瓶中，置于恒温摇床上进行振荡吸附，分别改变吸附过程中吸附剂投加量、温度、时间、pH 和模拟废水初始浓度进行吸附实验。待吸附基本完成后，取 10 mL 经吸附剂吸附的溶液于离心管中离心 20 min（1500 r/min），采用钼锑抗分光光度法测其上清液中磷的浓度。磷的吸附量 q 和去除率 R 按照下式计算：

$$q=\frac{X}{m}=\frac{(c_0-c_e)\times V}{m} \tag{5-4}$$

$$R=\frac{c_0-c_e}{c_0}\times 100\% \tag{5-5}$$

式中，c_0 为初始质量浓度，mg/L；c_e 为吸附达到平衡时溶液质量浓度，mg/L；V 为溶液体积，L；m 为吸附剂的质量，g；X 为吸附剂吸附溶质的总量，mg；q 为饱和吸附量，mg/g；R 为去除率，%。

（2）重复利用和再生

在实验所建立的条件下，使用一定量的改性硅藻土对一定浓度一定体积的模拟废水进行振荡吸附，将吸附后的改性硅藻土置于干燥箱中，50 ℃下烘干，将烘干后的硅藻土再次按照静态吸附实验进行吸附，重复上述过程 5 次。

分别称取一定质量的吸附过模拟废水的改性硅藻土，分别加入 5%的不同改性剂和蒸馏水，置于恒温摇床上充分振荡后离心分离，测定各溶液中目标物的含量。离心分离吸附剂，用蒸馏水洗 2～3 次，过滤，50 ℃下烘干再生备用，重复模拟废水吸附过程 5 次。

五、思考题

（1）简述硅藻土结构特征。

（2）如何去除硅藻土中的杂质？

（3）简述本实验的操作步骤。

六、参考资料

[1] 赵其仁，李林蓓．硅藻土开发应用及其进展[J]．化工矿产地质，2005，27(2)：96-102.

[2] 姜杉钰．我国硅藻土资源勘查开发现状分析及对策建议[J]．中国非金属矿工业导刊，2020，(1)：1-4，16.

[3] 徐梓铭，张寿庭，何鸿，等．对中国硅藻土产业可持续发展的战略思考[J]．资源与

产业，2009，11(4)：16-21.

[4] 喻福涛，周扬，张巍，等．云南某硅藻土提纯试验研究[J]. 现代矿业，2020，36(7)：142-144.

[5] 于澂．云南硅藻土提纯研究[J]. 非金属矿，1997(5)：24-26.

[6] 赵艳锋，苏鑫，张文华，等．改性硅藻土吸附处理含磷废水的研究[J]. 应用化工，2018，47(5)：883-886.

[7] 刘雁滨，韩学滨．硅藻土除磷概述[J]. 山东工业技术，2015，(6)：95.

[8] 国家环境保护总局《水和废水监测分析方法》编委会．水和废水监测分析方法[M]. 4 版．北京：中国环境科学出版社，2002.

知识链接

1833 年人们最先在德国的汉诺威发现了硅藻土，1870 年在美国密苏里州西南部也发现了硅藻土，并在 1872 年进行了开采，1892 年美国硅藻土公司在美国密苏里州西南部的迎太基成立。而我国首次发现硅藻土是在 1935 年，20 世纪 50 年代硅藻土催化剂载体开始生产，60 年代，助滤剂开始生产，80 年代至今，我国硅藻土不断被开发利用，各种硅藻土产品也相继问世。

目前美国是硅藻土储量最多的国家，我国次之，各国硅藻土的分布情况如图 5-16 所示。

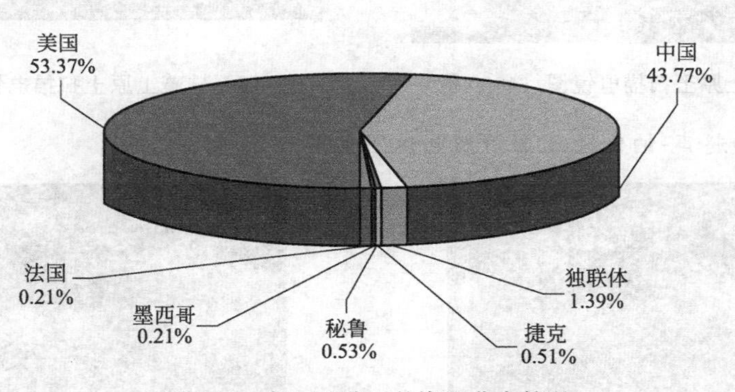

图 5-16　各国硅藻土的资源分布情况

我国储藏了大量硅藻土矿资源，据统计，储藏量超过了 20 亿吨，其中分布最广的是吉林，其次分布较广的有云南、福建、河北、广东、四川、内蒙古等地，另外也有新的硅藻土矿区不断被发现，比如浙江、黑龙江、山西、海南等地区。目前，我国已发现的硅藻土储藏地已超过了十几个，已经开发的规模较大的硅藻土矿区有吉林省长白县西大坡矿区、云南省寻甸县先锋矿区、浙江省浦义矿区等。

目前，硅藻土的特点是：硅藻土资源分布不平衡，其中吉林省所储藏的硅藻土资源占全国总资源的 54.8%，其他地区硅藻土资源的比例较小；此外，我国优质矿床少，中低品位硅藻土的储藏量所占比例大；硅藻土的开发利用水平层次低，利用领域窄，容易造成硅藻土资源的浪费，特别是一些低品位的硅藻土经常被舍弃浪费。

硅藻土是一种价廉、高效的吸附剂，活性炭价格是硅藻土的 20 倍。天然硅藻土本身就有许多独特的物理性质和化学性质，在环保方面扮演了重要的角色，特别是近几年，硅藻土的应用是人们研究的热点之一，目前已在环境、农业、工业、医学等方面都有了一定的研究。随着工业及其他行业的迅速发展，硅藻土及硅藻土产品的需求量不断增大，硅藻土的应用领域不断被扩大，硅藻土新的应用领域也不断被开发。例如，硅藻土密度较小且多孔的天然结构，使硅藻土主要应用于助滤剂、填料、建筑材料、保温绝热材料、催化剂载体、吸附剂等领域。近几年，依赖于硅藻土的吸附性以及它表面覆盖的特殊氢键及羟基，硅藻土及改性硅藻土主要用作水吸附剂，可用来处理饮用水，安全、健康、环保，还可用于各种污废水的水质处理，也取得了一定的效果。

硅藻土原土扫描电镜图如图 5-17、图 5-18 所示。

图 5-17　硅藻土原土扫描电镜图（4000 倍）

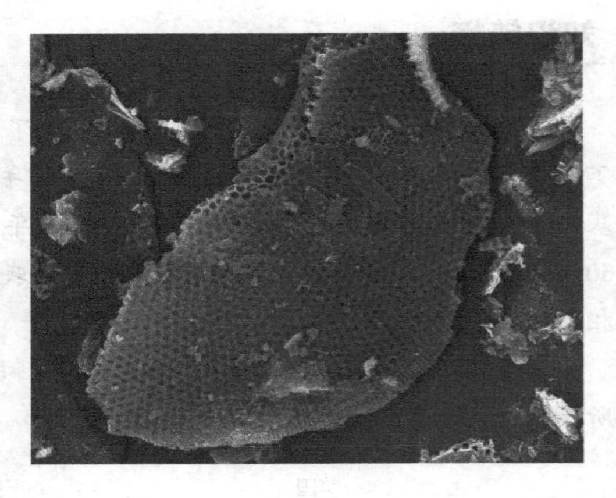

图 5-18　硅藻土原土扫描电镜图（40000 倍）

水洗-钠化和超声-钠化硅藻土扫描电镜图见图 5-19 和图 5-20。

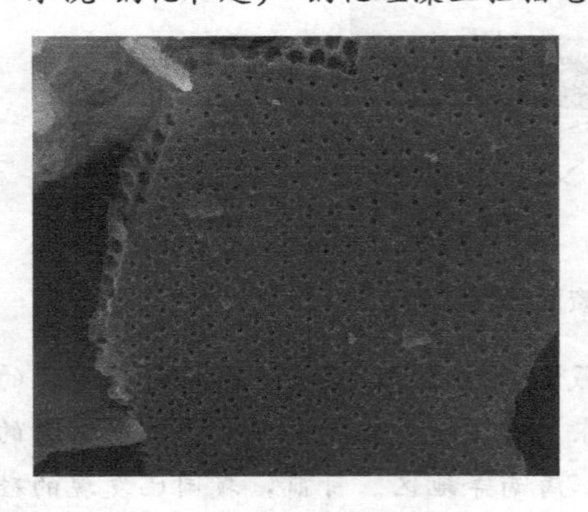

图 5-19　水洗-钠化硅藻土扫描电镜图（12500 倍）

图 5-20　超声-钠化硅藻土扫描电镜图（13000 倍）

附录

附录1　元素名称及其原子量表

（按照原子序数排列，以$^{12}C=12$为基准）

元素			原子序数	原子量	元素			原子序数	原子量
符号	名称	英文名			符号	名称	英文名		
H	氢	Hydrogen	1	1.008	Cl	氯	Chlorine	17	35.45
He	氦	Helium	2	4.002602(2)	Ar	氩	Argon	18	39.948(1)
Li	锂	Lithium	3	6.94	K	钾	Potassium	19	39.0983(1)
Be	铍	Beryllium	4	9.0121831(5)	Ca	钙	Calcium	20	40.078(4)
B	硼	Boron	5	10.81	Sc	钪	Scandium	21	44.955908(5)
C	碳	Carbon	6	12.011	Ti	钛	Titanium	22	47.867(1)
N	氮	Nitrogen	7	14.007	V	钒	Vanadium	23	50.9415(1)
O	氧	Oxygen	8	15.999	Cr	铬	Chromium	24	51.9961(6)
F	氟	Fluorine	9	18.998403163(6)	Mn	锰	Manganese	25	54.938044(3)
Ne	氖	Neon	10	20.1797(6)	Fe	铁	Iron	26	55.845(2)
Na	钠	Sodium	11	22.98976928(2)	Co	钴	Cobalt	27	58.933194(4)
Mg	镁	Magnesium	12	24.305	Ni	镍	Nickel	28	58.6934(4)
Al	铝	Aluminum	13	26.9815385(7)	Cu	铜	Copper	29	63.546(3)
Si	硅	Silicon	14	28.085	Zn	锌	Zinc	30	65.38(2)
P	磷	Phosphorus	15	30.973761998(5)	Ga	镓	Gallium	31	69.723(1)
S	硫	Sulphur	16	32.06	Ge	锗	Germanium	32	72.630(8)

续表

元素			原子序数	原子量	元素			原子序数	原子量
符号	名称	英文名			符号	名称	英文名		
As	砷	Arsenic	33	74.921595(6)	Os	锇	Osmium	76	190.23(3)
Se	硒	Selenium	34	78.971(8)	Ir	铱	Iridium	77	192.217(3)
Br	溴	Bromine	35	79.904	Pt	铂	Platinum	78	195.084(9)
Kr	氪	Krypton	36	83.798(2)	Au	金	Gold	79	196.966569(5)
Rb	铷	Rubidium	37	85.4678(3)	Hg	汞	Mercury	80	200.592(3)
Sr	锶	Strontium	38	87.62(1)	Tl	铊	Thallium	81	204.38
Y	钇	Yttrium	39	88.90584(2)	Pb	铅	Lead	82	207.2(1)
Zr	锆	Zirconium	40	91.224(2)	Bi	铋	Bismuth	83	208.98040(1)
Nb	铌	Niobium	41	92.90637(2)	Po	钋	Polonium	84	208.98243(2)*
Mo	钼	Molybdenum	42	95.95(1)	At	砹	Astatine	85	209.98715(5)*
Tc	锝	Technetium	43	97.90721(3)*	Rn	氡	Radon	86	222.01758(2)*
Ru	钌	Ruthenium	44	101.07(2)	Fr	钫	Francium	87	223.01974(2)*
Rh	铑	Rhodium	45	102.90550(2)	Ra	镭	Radium	88	226.02541(2)*
Pd	钯	Palladium	46	106.42(1)	Ac	锕	Actinium	89	227.02775(2)*
Ag	银	Silver	47	107.8682(2)	Th	钍	Thorium	90	232.0377(4)*
Cd	镉	Cadmium	48	112.414(4)	Pa	镤	Protactinium	91	231.03588(2)*
In	铟	Indium	49	114.818(1)	U	铀	Uranium	92	238.02891(3)*
Sn	锡	Tin	50	118.710(7)	Np	镎	Neptunium	93	237.04817(2)*
Sb	锑	Antimony	51	121.760(1)	Pu	钚	Plutonium	94	244.06421(4)*
Te	碲	Tellurium	52	127.60(3)	Am	镅	Americium	95	243.06138(2)*
I	碘	Iodine	53	126.90447(3)	Cm	锔	Curium	96	247.07035(3)*
Xe	氙	Xenon	54	131.293(6)	Bk	锫	Berkelium	97	247.07031(4)*
Cs	铯	Cesium	55	132.90545196(6)	Cf	锎	Californium	98	251.07959(3)*
Ba	钡	Barium	56	137.327(7)	Es	锿	Einsteinium	99	252.0830(3)*
La	镧	Lanthanum	57	138.90547(7)	Fm	镄	Fermium	100	257.09811(5)*
Ce	铈	Cerium	58	140.116(1)	Md	钔	Mendelevium	101	259.09843(3)*
Pr	镨	Praseodymium	59	140.90766(2)	No	锘	Nobelium	102	259.1010(7)*
Nd	钕	Neodymium	60	144.242(3)	Lr	铹	Lawrencium	103	262.110(2)*
Pm	钷	Promethium	61	144.91276(2)	Rf	𬬻	Rutherfordium	104	267.122(4)*
Sm	钐	Samarium	62	150.36(2)	Db	𬭊	Dubnium	105	270.131(4)*
Eu	铕	Europium	63	151.964(1)	Sg	𬭳	Seaborgium	106	269.129(3)*
Gd	钆	Gadolinium	64	157.25(3)	Bh	𬭛	Bohrium	107	270.133(2)*
Tb	铽	Terbium	65	158.92535(2)	Hs	𬭶	Hassium	108	270.134(2)*
Dy	镝	Dysprosium	66	162.500(1)	Mt	鿏	Meitnerium	109	278.156(5)*
Ho	钬	Holmium	67	164.93033(2)	Ds	𫟼	Darmstadtium	110	281.165(4)*
Er	铒	Erbium	68	167.259(3)	Rg	𬬭	Roentgenium	111	281.166(6)*
Tm	铥	Thulium	69	168.93422(2)	Cn	鎶	Copernicium	112	285.177(4)*
Yb	镱	Ytterbium	70	173.045(10)	Nh	鉨	Nihonium	113	286.182(5)*
Lu	镥	Lutetium	71	174.9668(1)	Fl	𫓧	Flerovium	114	289.190(4)*
Hf	铪	Hafnium	72	178.49(2)	Mc	镆	Moscovium	115	289.194(6)*
Ta	钽	Tantalum	73	180.94788(2)	Lv	𫟷	Livermorium	116	293.204(4)*
W	钨	Tungsten	74	183.84(1)	Ts	石田	Tennessine	117	293.208(6)*
Re	铼	Rhenium	75	186.207(1)	Og	气奥	Oganesson	118	294.214(5)*

附录 2 常用酸、碱溶液的密度和浓度

一、酸类

化学式	名称	密度(20℃)/(g/mL)	质量分数/%	物质的量浓度/(mol/L)	配制方法
H_2SO_4	浓硫酸	1.84	98	18	
	稀硫酸	1.18	25	3	将 167 mL 浓 H_2SO_4 稀释至 1 L
	稀硫酸	1.06	9	1	将 55 mL 浓 H_2SO_4 稀释至 1 L
HNO_3	浓硝酸	1.42	69	16	
	稀硝酸	1.20	32	6	将 375 mL 浓 HNO_3 稀释至 1 L
	稀硝酸	1.07	12	2	将 125 mL 浓 HNO_3 稀释至 1 L
HCl	浓盐酸	1.19	36～38	11.7～12.5	
	稀盐酸	1.10	20	6	将 498 mL 浓 HCl 稀释至 1 L
	稀盐酸	1.03	7	2	将 165 mL 浓 HCl 稀释至 1 L
H_3PO_4	浓磷酸	1.69	85	14.6	
	稀磷酸	1.15	26	3	将 205 mL 浓 H_3PO_4 稀释至 1 L
$HClO_4$	高氯酸	1.68	70	11.6	
CH_3COOH	冰醋酸	1.05	99	17.5	
	稀醋酸	1.02	12	2	将 116 mL 冰醋酸稀释至 1 L
HF	氢氟酸	1.13	40	23	
H_2S	氢硫酸			0.1	H_2S 气体饱和水溶液(新制)

二、碱类

化学式	名称	密度 (20°C) / (g/mL)	质量分数 /%	物质的量浓度 / (mol/L)	配制方法
$NH_3 \cdot H_2O$	浓氨水	0.88	25～28	12.9～14.8	
	稀氨水	0.96	11	6	将 400 mL 浓氨水稀释至 1 L
	稀氨水	0.98	4	2	将 133 mL 浓氨水稀释至 1 L
NaOH	浓氢氧化钠	1.43	40	14	将 572 g NaOH 用少量水溶解，并稀释至 1 L
	稀氢氧化钠	1.22	20	6	将 240 g NaOH 用少量水溶解，并稀释至 1 L
	稀氢氧化钠	1.09	8	2	将 80 g NaOH 用少量水溶解，并稀释至 1 L
$Ba(OH)_2$	饱和氢氧化钡	—	2	0.1	将 16.7 g $Ba(OH)_2$ 用 1 L 水溶解
$Ca(OH)_2$	饱和氢氧化钙	—	0.025	—	将 1.9 g $Ca(OH)_2$ 用 1 L 水溶解

附录3 常见无机酸、碱的解离常数

无机酸在水溶液中的解离常数（25℃）

序号	名称	化学式	K_a	pK_a
1	偏铝酸	$HAlO_2$	6.3×10^{-13}	12.20
2	亚砷酸	H_3AsO_3	6.0×10^{-10}	9.22
3	砷 酸	H_3AsO_4	$6.3\times10^{-3}(K_1)$	2.20
			$1.05\times10^{-7}(K_2)$	6.98
			$3.2\times10^{-12}(K_3)$	11.49
4	硼 酸	H_3BO_3	$5.8\times10^{-10}(K_1)$	9.24
			$1.8\times10^{-13}(K_2)$	12.74
			$1.6\times10^{-14}(K_3)$	13.80
5	次溴酸	$HBrO$	2.4×10^{-9}	8.62
6	氢氰酸	HCN	6.2×10^{-10}	9.21
7	碳 酸	H_2CO_3	$4.2\times10^{-7}(K_1)$	6.38
			$5.6\times10^{-11}(K_2)$	10.25
8	次氯酸	$HClO$	3.2×10^{-8}	7.49
9	氢氟酸	HF	6.61×10^{-4}	3.18
10	高碘酸	HIO_4	2.8×10^{-2}	1.55
11	亚硝酸	HNO_2	5.1×10^{-4}	3.29
12	次磷酸	H_3PO_2	5.9×10^{-2}	1.23
13	亚磷酸	H_3PO_3	$5.0\times10^{-2}(K_1)$	1.30
			$2.5\times10^{-7}(K_2)$	6.60
14	磷 酸	H_3PO_4	$7.52\times10^{-3}(K_1)$	2.12
			$6.31\times10^{-8}(K_2)$	7.20
			$4.4\times10^{-13}(K_3)$	12.36
15	焦磷酸	$H_4P_2O_7$	$3.0\times10^{-2}(K_1)$	1.52
			$4.4\times10^{-3}(K_2)$	2.36
			$2.5\times10^{-7}(K_3)$	6.60
			$5.6\times10^{-10}(K_4)$	9.25
16	氢硫酸	H_2S	$1.3\times10^{-7}(K_1)$	6.89
			$7.1\times10^{-15}(K_2)$	14.15
17	亚硫酸	H_2SO_3	$1.23\times10^{-2}(K_1)$	1.91
			$6.6\times10^{-8}(K_2)$	7.18
18	硫 酸	H_2SO_4	$1.0\times10^{3}(K_1)$	−3.0
			$1.02\times10^{-2}(K_2)$	1.99

续表

序号	名称	化学式	K_a	pK_a
19	硫代硫酸	$H_2S_2O_3$	2.52×10^{-1} (K_1)	0.60
			1.9×10^{-2} (K_2)	1.72
20	氢硒酸	H_2Se	1.3×10^{-4} (K_1)	3.89
			1.0×10^{-11} (K_2)	11.0
21	亚硒酸	H_2SeO_3	2.7×10^{-3} (K_1)	2.57
			2.5×10^{-7} (K_2)	6.60
22	硒酸	H_2SeO_4	1×10^{3} (K_1)	−3.0
			1.2×10^{-2} (K_2)	1.92
23	硅酸	H_2SiO_3	1.7×10^{-10} (K_1)	9.77
			1.6×10^{-12} (K_2)	11.80

无机碱在水溶液中的解离常数（25℃）

序号	名称	化学式	K_b	pK_b
1	氢氧化铝	$Al(OH)_3$	1.38×10^{-9} (K_3)	8.86
2	氢氧化银	AgOH	1.10×10^{-4}	3.96
3	氢氧化钙	$Ca(OH)_2$	3.98×10^{-2}	1.40
			3.72×10^{-3}	2.43
4	氨水	$NH_3\cdot H_2O$	1.78×10^{-5}	4.75
5	羟氨	NH_2OH	9.12×10^{-9}	8.04
6	氢氧化铅	$Pb(OH)_2$	9.55×10^{-4} (K_1)	3.02
			3.0×10^{-8} (K_2)	7.52
7	氢氧化锌	$Zn(OH)_2$	9.55×10^{-4}	3.02

附录4 常用缓冲溶液的配制

缓冲溶液组成	pK_{a1}	缓冲液 pH	缓冲溶液配制方法
一氯乙酸-NH_4Ac		2.0	取 0.1 mol/L 一氯乙酸 100 mL，加 10 mL 0.1 mol/L NH_4Ac，混匀
H_3PO_4-柠檬酸盐		2.5	取 113 g $Na_2HPO_4\cdot 12H_2O$ 溶于 200 mL 水后，加 387 g 柠檬酸，溶解，过滤，稀释至 1 L
一氯乙酸-NaOH	2.86	2.8	取 200 g 一氯乙酸溶于 200 mL 水中，加 40 g NaOH，溶解后，稀释至 1 L
邻苯二甲酸氢钾-HCl	2.95 (pK_{a1})	2.9	取 500 g 邻苯二甲酸氢钾溶于 500 mL 水中，加 80 mL 浓 HCl，稀释至 1 L

续表

缓冲溶液组成	pK_{a1}	缓冲液 pH	缓冲溶液配制方法
一氯乙酸-NaAc		3.5	取 250 mL 2 mol/L^{-1} 一氯乙酸，加 500 mL 1 mol/L^{-1} NaAc，混匀
NH_4Ac-HAc		4.5	取 77 g NH_4Ac 溶于 200 mL 水中，加 59 mL 冰 HAc，稀释至 1 L
NaAc-HAc	4.74	4.7	取无水 83 g NaAc 溶于水中，加 60 mL 冰 HAc，稀释至 1 L
NH_4Ac-HAc		5.0	取 250 g NH_4Ac 溶于水中，加 25 mL 冰 HAc，稀释至 1 L
六亚甲基四胺-HCl	5.15	5.4	取 40 g 六亚甲基四胺溶于 200 mL 水中，加 10 mL 浓 HCl，稀释至 1 L
NH_4Ac-HAc		6.0	取 600 g NH_4Ac 溶于水中，加 20 mL 冰 HAc，稀释至 1L
NaAc-H_3PO_4 盐		8.0	取 50 g 无水 NaAc 和 50 g $Na_2HPO_4 \cdot 12H_2O$ 溶于水中，稀释至 1L
Tris-HCl[Tris 为三羟甲基氨甲烷 $CNH_2(HOCH_3)_3$]	8.21	8.2	取 25g Tris 试剂溶于水中，加浓 18 mLHCl，稀释至 1L
NH_3-NH_4Cl	9.26	9.2	取 54 g NH_4Cl 溶于水中，加 63 mL 浓氨水，稀释至 1L
NH_3-NH_4Cl	9.26	9.5	取 54 g NH_4Cl 溶于水中，加 126 mL 浓氨水，稀释至 1 L
NH_3-NH_4Cl	9.26	10.0	取 54 g NH_4Cl 溶于水中，加 350 mL 浓氨水，稀释至 1 L
NaOH-$Na_2B_4O_7$		12.6	10 g NaOH 和 10 g NaB_4O_7 溶于水稀至 1 L

注：1. 缓冲液配制后可用 pH 试纸检查。如 pH 不对，可用共轭酸或碱调节。pH 欲调节精确时，可用 pH 计调节。

2. 若需增加或减少缓冲液的缓冲容量时，可相应增加或减少共轭酸碱对物质的量，再加以调节。